U0226949

普通高等教育"十三五"规划教材

材 料 力 学

主 编 黄 云
副主编 林鸿志 王燕楠 李 海

科学出版社

北 京

内 容 简 介

本书是根据教育部高等工科院校本科材料力学课程基本要求(中多学时)及教育部高等工科院校力学课程教学指导委员会面向 21 世纪工科力学课程教学改革的要求编写而成。该书阐述了材料力学的基础理论和方法，注重与工程实际相结合，通过大量例题深入浅出地阐述分析问题、解决问题的思路及方法。

全书共 14 章，内容包括：绪论、轴向拉伸与压缩、连接件的实用计算、扭转、弯曲内力、截面的几何性质、弯曲应力及弯曲强度、弯曲变形、应力状态及强度理论、组合变形、压杆稳定、能量法、动应力、交变应力，本书最后为附录和部分习题答案。

本书可作为工科非机械类各专业 56～80 学时"材料力学"课程的教材，也可供电大学生、自学者，以及工程技术人员参考。

图书在版编目(CIP)数据

材料力学/黄云主编. —北京：科学出版社，2016.8

普通高等教育"十三五"规划教材

ISBN 978-7-03-049332-3

Ⅰ.①材… Ⅱ.①黄… Ⅲ.①材料力学-高等学校-教材 Ⅳ.①TB301

中国版本图书馆 CIP 数据核字(2016)第 150952 号

责任编辑：张丽花 邓 静/责任校对：桂伟利
责任印制：徐晓晨 / 封面设计：迷底书装

科 学 出 版 社 出版
北京东黄城根北街 16 号
邮政编码：100717
http://www.sciencep.com

北京虎彩文化传播有限公司 印刷
科学出版社发行 各地新华书店经销

＊

2016 年 8 月第 一 版   开本：787×1092 1/16
2020 年 1 月第五次印刷   印张：16 1/2
字数：422 000

定价：49.80 元
(如有印装质量问题，我社负责调换)

前　言

随着高等教育改革的不断深入，材料力学课程体系、内容等都发生了较大的改变。各地已出版了一批材料力学教材。但从整体上看，具有普通一般院校教育特色的教材仍然匮乏。而且材料力学是高等学校机械、土木、材料、石油、环境等许多专业的重要基础课。因此，为适应新形势下教学实际的要求，本书结合教育部高等工科院校力学课程教学指导委员会面向 21 世纪工科力学课程教学改革的要求编写而成。本书吸取了目前一些材料力学教材的优点，在保证材料力学课程体系的系统性和完整性，充分考虑普通一般院校教学的实际情况，旨在加深学生对材料力学基本概念、基本理论的理解，掌握材料力学的分析和计算方法，为后续专业课的学习打下良好的基础。

在编写本书过程中，我们力求体现以教师为主导、学生为主体，内容重点突出、联系工程实际；语言上通俗易懂，便于自学。使用本教材时，可根据各专业的不同要求，对内容酌情取舍，文中加"*"的部分为选学内容，全部讲授本书内容约需 80 学时。

参加本书编写工作的有西南石油大学黄云(第 5～8、13～14 章)、林鸿志(第 4、9～11 章)、王燕楠(第 1～3、12 章)、李海(附录)。本书由西南石油大学黄云老师担任主编。在 2014～2016 年春季学期的试点教学后，黄云、林鸿志和王燕楠老师对教材进行了总结讨论并修订。在本书的编写过程中，西南石油大学力学教研室全体教师提出了宝贵的意见和建议，也得到了西南石油大学教材科、机电工程学院相关领导的关心、支持和帮助。陶春达教授、王维教授、邵永波教授和西南交通大学赵华教授审阅了全书，并提出了宝贵的意见和建议，在此一并表示衷心的感谢。

由于编者水平所限，若书中存在不妥之处，敬请读者指正。

编　者

2016 年 5 月

目　　录

第1章 绪 论

1.1 材料力学的研究内容及任务

工程中的机器设备和建筑结构的各个组成部分，称为**构件**(member)，如车床中的轴、齿轮，以及建筑结构中的立柱、大梁、屋顶等都是构件。构件都是由一些固体材料(如钢、铁、木材、混凝土等)制成，它在力的作用下形状和尺寸将发生改变，称为**变形**(deformation)。而将这种构件称为**变形固体**(deformable body)。构件上作用力较小时，构件将产生能够恢复的弹性变形；如果构件上作用的力过大，构件将产生不可恢复的塑性变形，丧失正常工作能力，这种现象称为**失效**(failure)或破坏。材料力学就是研究变形固体在外力作用下的变形与失效的学科。它是固体力学的入门课程。

1. 材料力学的研究内容

为了保证构件能安全工作，构件应有足够的承载能力，即必须具备足够的强度、刚度和稳定性等能力。材料力学的研究内容主要是研究构件的强度、刚度和稳定性问题。

(1)**强度**(strength)是指构件抵抗塑性变形或破坏的能力。因强度不够而失效的现象称为强度失效。如钢缆承载过大产生明显的塑性变形、变长、变细，甚至断裂，高压容器和管道在压力过大时爆裂等。

(2)**刚度**(stiffness)是指构件抵抗变形的能力。构件要正常安全工作，不但有足够的强度，还不允许产生过量的弹性变形，同样要具备足够的刚度。因刚度不够而失效的现象称为刚度失效。如变速箱里的齿轮轴，若变形过大(图 1-1(a))将使轴上的齿轮啮合不良，并引起轴承的不均匀磨损(图 1-1(b))。又如机床主轴，即使它具有足够强度，如果变形过大，也会影响工件的加工精度。摇臂钻床工作时，立柱变形过大将导致钻孔不正而影响加工精度，并使钻床振动加剧，影响孔的表面光洁度(图 1-2)。建筑物变形过大会使门窗卡住。

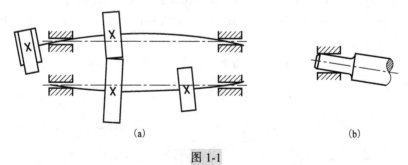

(a)   (b)

图 1-1

(3)**稳定性**(stability)是指构件保持原有的平衡形态的能力。如果构件丧失了原有的平衡形态，称为失稳，稳定性不够而失效的现象称为稳定性失效。如内燃机中的挺杆轴向受压过大时会突然变弯(图 1-3)，对于这类构件，为了能正常工作必须保持原有的直线平衡形态；又如潜水艇下潜过深会由于极大的水压使艇身(薄壳)突然被压扁，导致沉没。

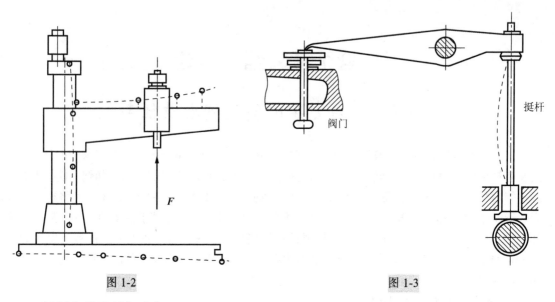

图 1-2

图 1-3

阀门

挺杆

2. 材料力学的研究对象

工程中的构件的形状多种多样，根据其形状和尺寸的不同，大致可以分为四类：杆、板、壳、块体。

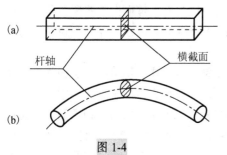

(a)

杆轴

横截面

(b)

图 1-4

(1) 杆(bar)：一个方向的尺寸远大于另两个方向尺寸的构件(图 1-4)。杆横截面形心的连线称为轴线，轴线为直线者称为直杆(图 1-4(a))；轴线为曲线者称为曲杆(图 1-4(b))。

(2) 板(plate)：一个方向的尺寸远小于另外两个方向尺寸的平面形状构件(图 1-5(a))。如黑板、汽车轮渡的甲板就属于板类构件。

(3) 壳(shell)：一个方向的尺寸远小于另外两个方向尺寸的曲面形状构件(1-5(b))。如穹形屋顶、压力容器等均属于壳类构件。

(4) 块体(body)：三个方向的尺寸属于同一个数量级的构件(图 1-5(c))。如水库的大坝、建筑物的基础均属此类构件。

材料力学的研究对象为等截面直杆，而板、壳及其块体的研究则属于"板壳理论"和"弹性力学"的范畴。

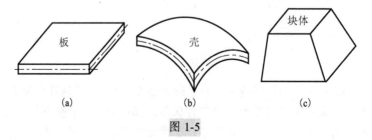

板

壳

块体

(a)

(b)

(c)

图 1-5

3. 材料力学的任务

构件的强度、刚度和稳定性与构件本身截面的几何形状和尺寸、所用材料、受力情况、工作环境以及构造情况等有密切的关系。如不恰当地加大横截面的尺寸、选用优质材料，虽然满足了构件的强度、刚度、稳定性要求，但是却增加了自重和加大了成本。因此，材料力学的任务就是在满足强度、刚度、稳定性的前提下，设计既经济又安全的构件，并为其他力学课程和专业课程提供坚实的理论基础。

在材料力学中，经过简化所建立的力学模型，按着外力—内力—应力—应变—变形的思路所得到的理论，需要由实验来验证，在这些理论中所需的材料力学性能参数也需要由实验来测定，对于尚无理论结果的工程问题又需要用实验的方法来解决。因此理论研究与实验分析相结合是材料力学解决工程问题的常用方法。

1.2 变形固体的性质与基本假设

组成构件的材料，其微观结构和性质一般都比较复杂，研究构件的受力和变形时，如果考虑微观结构上的差异，不仅在理论分析中会引起复杂的力学和数学问题，而且在进行工程实际应用时也会带来极大的不便。为了简单起见，在材料力学中，根据材料的主要性质对变形固体作出如下假设。

1. 连续性假设

连续性假设(continuity assumption)是指假设变形固体内连续不断地充满着物质，即物质毫无空隙地充满了变形固体所占的几何空间。根据这一假设，可以用连续函数来表示变形固体变形特点的物理量，也就可以使用微积分等数学方法来建立相应的力学模型。另外，根据材料的连续性假设，变形固体在变形前后其内部都不允许存在任何"空隙"，也不允许产生"重叠"，因此在其发生破坏之前，其变形必须满足几何上的变形协调条件。

虽然从微观结构看，物质的微观结构并非处处连续(图 1-6)，但从统计学的角度看，这并不影响物质从宏观上所表现出来的特性。只要所考察的物体的几何尺寸足够大，而且所考察的物体中的每一"点"都是宏观上的点，则可认为物体的全部体积内物质是连续分布的。

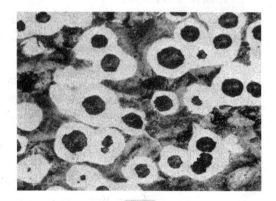

图 1-6

2. 均匀性假设

均匀性假设(homogenization assumption)是指假设变形固体内的物质是均匀的，即变形固体内各点处的力学性能相同。根据这一假设，可以通过实验得到试件一点处的力学性能，并将其结果应用于同种材料制成的不同构件各点的力学性能分析。

3. 各向同性假设

各向同性假设(isotropic assumption)是指假设变形固体内任一点沿各个方向的力学性能都相同。因此，可以通过研究一点某一个方向的力学性能来代替其他方向的力学性能，该点各个方向上的某种力学性能参数也就可以用一个参数来表示。

大多数工程材料虽然微观上不是各向同性的，如图 1-7 所示金属材料，其单个晶粒为各向异性(anisotropy)，但当它们形成多晶聚集体的金属时，由于各晶粒呈随机取向，而且在宏观上表现为各向同性，因此仍可认为各向同性假设适用该种材料。各个方向力学性能相同的材料称为各向同性材料。工程中常用的绝大多数金属材料均为各向同性材料。相反地，各个方向力学性能不同的材料，称为各向异性材料，如木材、纤维增强复合材料等。

虽然以上三个假设与实际的工程构件多少会有出入，如材料本身存在有微裂纹(图 1-8)、构件在铸造过程中总会存在气孔等缺陷、材料的组成颗粒大小和成分多样等，但是根据以上假设所得到的理论分析结果与实际情况的精确结果相差很小，而且能够满足工程中的实际要求，也能使研究的问题大大地简化。

图 1-7

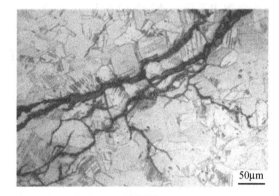
图 1-8

在材料力学的理论分析中构件材料除了满足以上三个假设外，对于实际的工程构件还需满足以下两个条件。

1) 线弹性条件

线弹性条件(condition of linear elasticity)：构件只发生能够恢复的弹性变形，而且变形与载荷为线性关系。大多数工程构件的实际变形均符合这一假设。

2) 小变形条件

小变形条件(condition of small deformation)：构件在外力作用下产生的变形远远小于构件原有几何尺寸。将这种变形称为"小变形"。因此，在研究小变形构件的平衡时，可以忽略构件由变形产生的微小位移对构件空间位置和尺寸的影响，只需按变形前的原始位置和尺寸进行计算，即转化成为刚体的平衡问题来计算。这样处理可以使计算大大简化，而且计算精度也可满足工程的实际要求。如图 1-9 中所示简易吊车，各杆件因受力而发生变形，进而引起吊车几何形状和外力的作用位置发生变化。由于变形(为能看清，图中为夸大画法)都远远小于吊车各杆件的原始尺寸，所以在计算各杆件受力时，只需按吊车变形前的几何形状和尺寸进行计算即可。若遇变形过大的实际工程问题，需按大变形理论进行分析，在材料力学中不予讨论。

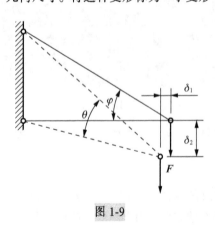
图 1-9

1.3　杆件的外力、内力与基本变形

1.3.1　外力

杆件的外力主要指作用在杆件上的载荷和约束反力。

(1) **载荷**(load)是作用在结构上的主动力。按载荷作用的范围和分布情况，载荷可分为分布载荷和集中载荷。分布载荷是指连续分布作用在结构某一部分上的载荷。当各处的分布载荷的集度相同时称为均布载荷，如图 1-10 所示，楼梯的自重可简化为均布载荷。当各处分布载荷的集度不相同时称为非均布载荷，如图 1-11 所示，作用在水坝上的压力可简化为沿水深变化的线性分布载荷。集中载荷是指载荷作用的区域尺寸远小于结构本身尺寸的载荷，可将此区域内分布载荷视为其总和作用在区域内某一点上。

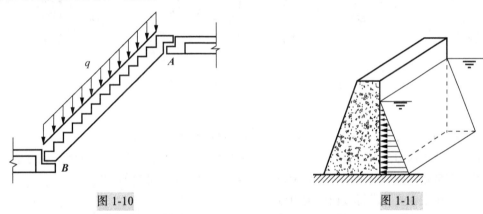

图 1-10　　　　　　　　　　　　　　　　图 1-11

作用于结构上的载荷，按其作用时间长短可以分为恒载和活载两类。

(2) **恒载**(dead load)是指永久作用在结构上的载荷，其作用位置、大小和方向均不发生变化。如自重、结构上固定设备的重量等。

(3) **活载**(live load)是指暂时作用在结构上且位置可以变动的载荷。如结构上临时设备、人群和移动吊车的重量，以及风力、雪重、水压力等。

根据载荷是否随时间变化的情况，又可分为静载荷和动载荷。

(1) **静载荷**(static load)是指缓慢由零增加到一定数值后，保持不变或变动不大的载荷。其不致使结构产生显著冲击或振动，因而可略去惯性力影响。恒载和上述大多数活载都可视为静载荷。

(2) **动载荷**(dynamic load)是指使结构内各质点的加速度较大且不能忽略不计的载荷，或者随时间而发生显著变化的载荷。动载荷对结构将产生显著冲击或引起其振动，在这类载荷作用下，结构将会产生不容忽视的加速度。例如，动力机械的振动、爆炸冲击、地震等所引起的载荷均为动载荷。

1.3.2　内力与截面法

组成变形固体的微粒之间有一定的相对位置和相互作用力(该力以维持固体的形状)，当变形固体受到外力作用而发生变形时，其内部各微粒之间的相对位置也将发生改变，从而引起相邻微粒之间的相互作用力发生改变以抵抗外力引起的变形。材料力学中将这种由外力引起相互作用力的改变量称为附加内力, 简称内力(internal force)。注意: 材料力学中的内力不同于静力学中刚体系统内力(刚体系统各构件的相互作用力), 也不同于物理学中的内力(基本粒子之间的相互作用力)。

如图 1-12(a)所示, 处于平衡状态的构件, 为了研究其内力, 必须用一假想截面将其截开, 以显示出该截面上的内力。若用截面将构件截开, 根据材料的连续性假设可知, 作用在该截面上的内力应是一个连续分布的复杂内力系, 如图 1-12(b)所示。通过力系简化, 可将这一连续分布的复杂内力系向截面的形心简化得到一个内力 F_R 和一个内力偶 M, 如图 1-12(c)所示。再将内力 F_R 和内力偶 M 沿三个坐标轴分解, 便得到该截面上的六个内力分量(components of internal forces), 如图 1-12(d)所示, 该六个内力分量可由空间一般力系的六个独立的平衡方程求得。这种用假想截面将构件截开, 揭示并确定截面上内力的方法称为截面法(section method)。

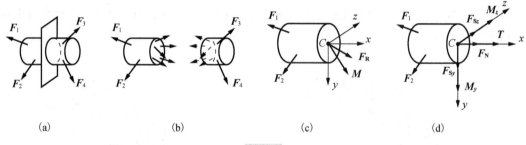

(a)　　　　　　　　(b)　　　　　　　　(c)　　　　　　　　(d)

图 1-12

截面法是求解内力的普遍方法, 通过以上分析可得截面法求内力的主要步骤为:

(1)截: 在待求内力的截面处, 用一假想截面将构件一分为二, 任取一部分为研究对象。

(2)代: 在被截开的截面上用内力分量来代替弃去部分对留下部分的作用。

(3)平: 利用平衡方程求得截面的内力分量。

【例 1-1】　小型压力机的框架如图 1-13 所示。在 F 的作用下, 试求其横截面 $m-m$ 上的内力。

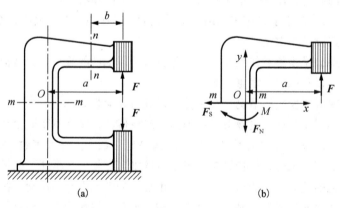

(a)　　　　　　　　　　　　(b)

图 1-13

解: (1)用截面 $m-m$ 将框架一分为二;

(2)取出截面 $m-m$ 以上部分为研究对象(图 1-13(b)), 并在截面 $m-m$ 上用内力 F_N、F_S 和内力偶 M 代替下部分对上部分的作用;

(3)列出平衡方程

$$\sum F_x = 0, \qquad -F_S = 0$$

$$\sum F_y = 0 , \qquad F - F_N = 0$$
$$\sum M_O = 0 , \qquad Fa - M = 0$$

解得 $m-m$ 截面上的内力

$$F_S = 0 , \qquad F_N = F , \qquad M = Fa$$

读者可以自己计算 $n-n$ 截面上的内力并讨论为何 $n-n$ 截面的高度随 b 值增大而增大。

1.3.3　内力分量与变形

实际构件的变形形式多种多样，但可以归纳为轴向拉伸或压缩、剪切、扭转和弯曲四种基本变形 (basic deformation) (表 1-1) 以及由两种或两种以上基本变形的组合。

表 1-1　内力分量与基本变形

基本变形	变形特点	外力特点	内力分量和符号	图示
轴向拉伸或压缩	轴线方向产生伸长或缩短	轴向力	轴力 F_N	
剪切	相邻截面沿横向产生相对错动	横向力	剪力 F_S	
扭转	相邻截面绕杆轴线产生相对转动	力偶矩矢沿着杆件轴线的外力偶	扭矩 T	
弯曲	杆件轴线由直线变成曲线	力偶矩矢垂直于杆件轴线的外力偶	弯矩 M	

(1) **轴向拉伸** (axial tension) 或**压缩** (axial compression)：在一对等值、反向、作用线与直杆轴线重合的外力 (习称为轴向力) 作用下，直杆将沿长度方向伸长或缩短，这种变形称为轴向拉伸或压缩。由截面法可知：发生轴向拉伸和压缩时，杆件横截面上只有沿着其轴线方向的内力，即为轴力 (axial force)，用 F_N 表示，如图 1-12 (d) 所示。

(2) **剪切** (shear)：直杆在一对等值、反向、作用线非常靠近的横向力 (transverse force) (作用线垂直于杆件轴线的集中力称为横向力) 作用下，杆件的相邻部分将沿横向力方向发生相对的错动，这种变形称为剪切。发生剪切变形时，杆件横截面上只有垂直于其轴线方向的内力，即为剪力 (shear force)，用 F_S 表示，如图 1-12 (d) 中的 F_{Sy} 和 F_{Sz}。

(3) **扭转** (torsion)：在一对绕向相反、作用面垂直于直杆轴线的外力偶作用下，直杆的相邻横截面仅绕轴线发生相对转动，杆件的轴线仍保持为直线，这种变形称为扭转。发生扭转变形时，杆件横截面上只有力偶矩矢沿着杆件轴线方向的内力偶，即为扭矩 (torsional moment)，用 T 表示，如图 1-12 (d) 所示。

(4) **弯曲** (bending)：在一对绕向相反、作用面在包含杆件轴线的纵向平面内的外力偶作用下，直杆的轴线由直线变成曲线，这种变形称为弯曲。发生弯曲时，杆件横截面上只有力偶矩矢垂直于杆件轴线方向的内力偶，即为弯矩 (bending moment)，用 M 表示，如图 1-12 (d) 中的 M_y 和 M_z。

综上所述，基本变形的特点与内力分量存在一一对应关系，由于内力是由外力引起，因此可以通过外力的特点来判断杆件的变形形式，外力、内力、变形这三者的关系如表 1-1 所示。

(5)**组合变形**(combined deformation)：若同时发生两种以上的基本变形，称为组合变形。如图 1-14(a) 所示，不正确地用单手操作攻丝，在 A 处用手加一作用力 F，将力 F 平移到 B 后得到力 F' 和力偶 M_e，如图 1-14(b) 所示，力偶 M_e 和力 F' 分别使丝锥发生扭转和弯曲变形，即弯扭组合变形。如采用两只手在 A、C 同时加等值反向力 F，两个力同时平移到 B 后只得到一力偶，该力偶使丝锥只发生扭转变形，而无弯曲变形，丝锥也不会因弯曲变形而破坏，因此，攻丝时应双手操作。再如图 1-14(c) 所示，厂房立柱偏心受压而发生压弯组合变形；如图 1-14(d) 所示，齿轮受周向力作用使齿轮轴发生弯扭组合变形。

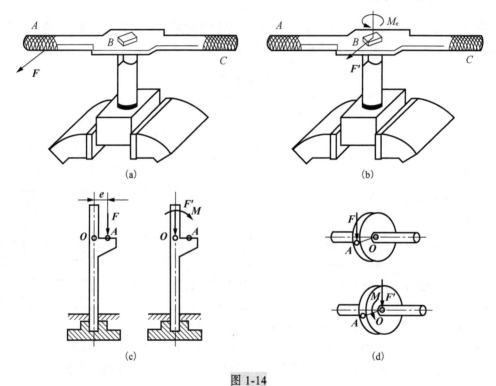

图 1-14

1.4　杆件的应力

如图 1-15 所示，由材料相同的粗细两段短绳连在一起形成的长绳在其两端承受一对拉力 F，由截面法知细绳和粗绳截面上的内力相同。但是随着拉力的增加，细绳将先断开，这说明绳子的破坏不但与绳子的内力有关，而且还与绳子的截面面积有关，应该用内力的**集度**(density)，即**应力**(stress)来判断绳子是否发生破坏。

为了研究杆件内部某 B 点应力大小，用一假想过 B 点的截面 Ⅰ—Ⅰ 将物体分为两部分，如图 1-16(a) 所示。在该截面上取包含 B 点的微小面积 ΔA，在 ΔA 上的内力合力为 ΔF_R，如图 1-16(b) 所示。在包含 B 点的微面积 ΔA 上单位面积的内力值 p_m 可表示为

$$p_m = \frac{\Delta F_R}{\Delta A} \tag{1-1}$$

其中，p_m 称为 B 点在 Ⅰ—Ⅰ 平面上的**平均应力**(average stress)。当 ΔA 不断缩小而趋于 B 点时，称为 B 点在 Ⅰ—Ⅰ 平面上的**应力**或**全应力**，记为 p

$$p = \lim_{\Delta A \to 0} \frac{\Delta \boldsymbol{F}_{\mathrm{R}}}{\Delta A} = \frac{\mathrm{d}\boldsymbol{F}}{\mathrm{d}A} \tag{1-2}$$

图 1-15

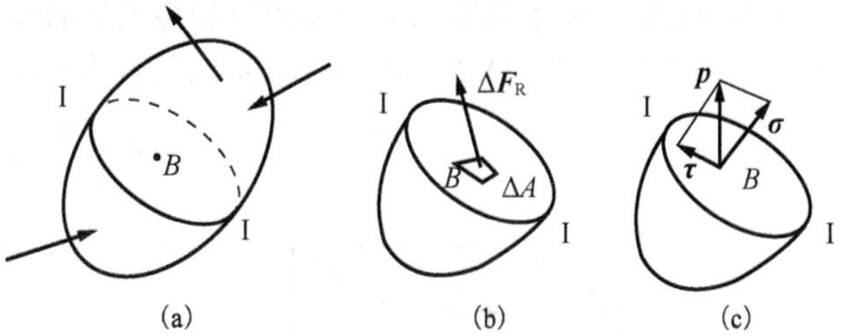

图 1-16

显然，全应力的大小和方向除了与点的位置有关外，还与过该点所在截面的方位有关。为了分析方便，通常将全应力沿截面的法向与切向分解为 σ 与 τ 两个分量(图 1-16(c))，则有

$$\sigma^2 + \tau^2 = p^2 \tag{1-3}$$

式中，σ 沿着截面的法线方向，称为**正应力**(normal stress)；τ 与截面相切，称为**切应力**(shear stress)。

应力的单位为 Pa(帕斯卡)，$1\mathrm{Pa} = 1\mathrm{N/m}^2$，工程上还常用 MPa 和 GPa，$1\mathrm{MPa} = 10^6\mathrm{Pa} = 1\mathrm{N/mm}^2$，$1\mathrm{GPa} = 10^9\mathrm{Pa}$。应力的量纲是[力][长度]$^{-2}$。

由于一点处的应力与该点所在截面的方位有关，一般选取包含该点的微元体(通常取正六面微元体)，并画出微元体各微面上的应力来表示一点处的受力状态。这样的微元体称为**应力单元体**(element)，如图 1-17 所示。因微面充分小，所以认为应力在微面上均匀分布。$\sigma_x, \sigma_y, \sigma_z$ 分别表示微面上沿 x, y, z 轴方向的正应力；τ_{xy}、τ_{xz}、τ_{yx}、τ_{yz}、τ_{zx}、τ_{zy} 分别表示作用在各微面上的切应力，各切应力的第 1 个下标表示切应力作用面法线的方位，第 2 个下标表示切应力的箭头指向。

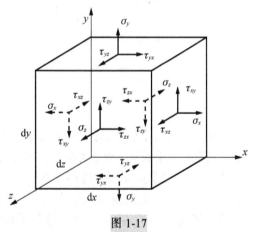

图 1-17

1.5　杆件的应变

由于截面上各点处的应力分布规律与构件各点的变形程度密切相关，为了研究构件的变形及其内部的应力分布规律，需要了解构件内部各点处的变形。因此，围绕变形固体内该点取一应力单元体如图 1-17 所示。下面考察两种最简单的情形，分别如图 1-18(a)、(b)所示。在图 1-18(a)所示只有正应力作用下的微元，沿着正应力方向和垂直于正应力方向将产生伸长和缩短，这种变形称为线变形。描写变形固体在一点处线变形程度的量，称为**线应变**(line strain)，用 ε 表示。设微元体棱边原长为 dx，当单元体在正应力 σ_x 作用下，沿 x 方向棱边的长度改变量为 du，则沿 x 方向的线应变定义为

$$\varepsilon_x = \frac{\mathrm{d}u}{\mathrm{d}x} \tag{1-4}$$

在图 1-18(b)所示只有切应力作用下的微元体将发生剪切变形，剪切变形程度用微元体直角的改变量来度量。微元体直角的改变量称为**切应变**(shear strain)，用 γ 表示。切应变定义为

$$\gamma_{xy} = \lim_{\substack{\mathrm{d}x \to 0 \\ \mathrm{d}y \to 0}} \left| \frac{\pi}{2} - \varphi \right| \tag{1-5}$$

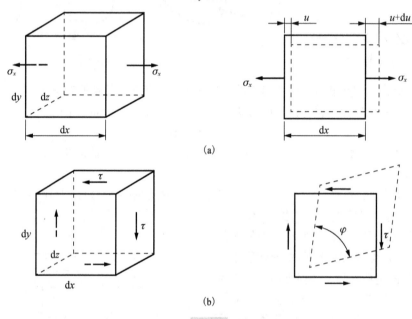

(a)

(b)

图 1-18

线应变 ε 和切应变 γ 是度量一点处变形程度的两个基本物理量，由应变的定义可知，线应变和切应变都是无量纲量。由于工程构件容许发生的变形一般都很小，故常用 μ (10^{-6})表示。

【例 1-2】　图 1-19 所示等厚度板件 $ABCD$，其变形如图 1-19 中虚线所示。试求棱边 AB 和 AD 的平均线应变以及 A 点处在 BAD 平面内的切应变。(图中尺寸单位皆为 mm)

解：棱边 AB 的长度未改变，故其平均线应变为

$$\varepsilon_{\mathrm{m},x} = 0$$

可以看出，棱边 AD 的长度改变量为

$$\Delta u = \overline{AD'} - \overline{AD} = \sqrt{(0.100 - 0.05 \times 10^{-3})^2 + (0.10 \times 10^{-3})^2}\,\mathrm{m} - 0.100\mathrm{m} = -4.99 \times 10^{-5}\,\mathrm{m}$$

所以，棱边 AD 的平均线应变为

$$\varepsilon_{\mathrm{m},y} = \frac{\Delta u}{AD} = \frac{-4.99 \times 10^{-5}}{0.100} = -4.99 \times 10^{-4} \tag{a}$$

负号表示棱边 AD 为缩短变形。

A 点处直角 BAD 的切应变 γ 为一很小的量，因此

$$\gamma \approx \tan\gamma = \frac{\overline{D'E}}{\overline{AE}} = \frac{0.10 \times 10^{-3}}{0.100 - 0.05 \times 10^{-3}} = 1.00 \times 10^{-3}\,(\mathrm{rad})$$

应当指出，一般构件的变形均很小。在这种情况下，由于切应变 γ 很小，直线 AD' 的长度与该直线在 y 轴上的投影 AE 的长度之差值极小。因此，在计算线应变 $\varepsilon_{m,y}$ 时，通常即以投影 AE 的长度代替直线 AD' 的长度，于是得棱边 AD 的平均线应变为

$$\varepsilon_{m,y} = \frac{\overline{AE} - \overline{AD}}{\overline{AD}} = \frac{(0.100 - 0.05 \times 10^{-3}) - 0.100}{0.100} = -5.00 \times 10^{-4} \text{（压缩）}$$

与式(a)所述解答相比，误差仅为 0.2%。

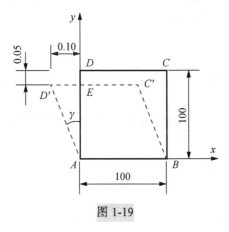

图 1-19

习 题

1.1 如图所示结构，试判断各指定部分发生的变形类型。

(a)铆钉；(b)曲柄滑块机构中的连杆 AB；(c)搅拌器的搅拌轴 AC。

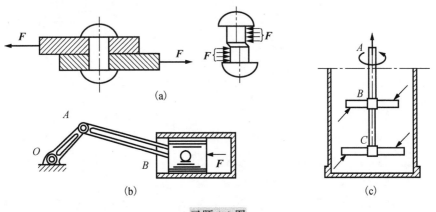

(a)   (b)   (c)

习题 1.1 图

1.2 如图所示结构，其载荷 F 位于杆端横截面面内，且作用点在截面形心。当载荷 F 作用的角度 $\alpha = 0°$、$0° < \alpha < 90°$、$\alpha = 90°$时，试判断杆件 AB 发生的变形类型。

1.3 简易吊车如图所示。试求截面 1-1 和 2-2 上的内力。

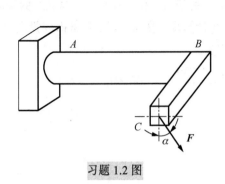

习题 1.2 图

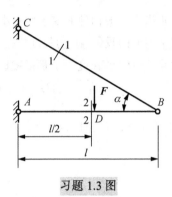

习题 1.3 图

1.4　如图所示圆形薄板的半径为 R，变形后 R 的增量为 ΔR。若 $R=100\text{mm}$，$\Delta R=0.003\text{mm}$，试求沿半径方向和外圆圆周方向的平均线应变。

1.5　图(a)和图(b)所示两个矩形微元体，虚线表示其变形后的情况，试确定该二微元体在图示平面 A 点处的切应变大小。

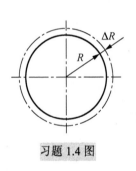

习题 1.4 图

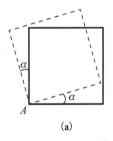 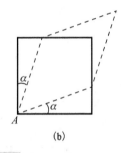

(a)　　　　　　　　(b)

习题 1.5 图

第2章 轴向拉伸与压缩

在建筑和机械等工程结构中，经常遇到承受轴向拉伸或压缩的杆件，这种杆称为**拉压杆** (axially loaded bar)。图 2-1(a)所示为液压传动中的活塞杆，工作时以拉伸或压缩变形为主；图 2-1(b) 所示为钢木组合的桁架中的钢拉杆，以拉伸变形为主。

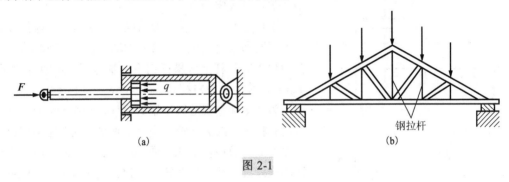

(a)   (b)

图 2-1

2.1 拉压杆的内力

2.1.1 轴力的正负规定

拉压杆的外力均沿杆件轴向方向，故产生的内力只有轴力 F_N，产生的变形只有轴向拉压变形。在用截面法计算轴力时，为了使计算出来的结果正负一致。对轴力的正负作如下规定：如图 2-2 所示，使杆件受拉的轴力为正，受压的轴力为负。在计算杆件轴力时，通常按照轴力的正方向来假设断开截面上的内力方向，这种方法称为"设正法"。

(+)   (−)

图 2-2

2.1.2 轴力方程、轴力图

【例 2-1】 如图 2-3(a)所示，直杆所受载荷 F_1=25kN，F_2=20kN，F_3=40kN，F_4=55kN，求该杆 1~4 各截面的轴力。

解：在 1~4 各截面处分别用假想的截面将杆截开，取右侧杆段为分离体，画出受力图如图 2-3(b) 所示。对分离体分别列出各段的平衡方程 $\sum F_x = 0$ 如下。

1-1 截面右侧段：$F_1 - F_{N1} = 0$，$F_{N1} = F_1 = 25\text{kN}$

2-2 截面右侧段：$F_1 - F_2 - F_{N2} = 0$，$F_{N2} = F_1 - F_2 = 5\text{kN}$

3-3 截面右侧段：$F_1 - F_2 + F_3 - F_{N3} = 0$，$F_{N3} = F_1 - F_2 + F_3 = 45\text{kN}$

4-4 截面右侧段：$F_1 - F_2 + F_3 - F_4 - F_{N4} = 0$，$F_{N4} = F_1 - F_2 + F_3 - F_4 = -10\text{kN}$

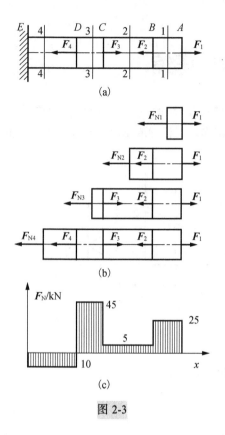

图 2-3

以上各段计算出的内力是正值的代表该段受拉，相反，是负值的代表该段受压。

由列平衡方程求解轴力的过程可以看出：任意 x 截面处的轴力在数值上等于该截面一侧所有轴向外力的代数和。即

$$F_{N}(x) = \sum F_i \qquad (2\text{-}1)$$

其中，F_i 相对于所求 x 截面拉为正，压为负，这一规律与轴力的正负规定一致。

由例 2-1 可知，在一般情况下，轴力随着杆件横截面位置不同而发生变化。若沿杆件轴线建立 x 坐标轴表示横截面位置，则杆上各横截面上的轴力可表示为 x 的函数 $F_{N}(x)$，称为**轴力方程**（equation of axial force）。

为了更加直观地表示轴力沿杆件轴线的变化规律，可以沿着杆件轴线为 x 轴，垂直于轴线方向为轴力坐标轴，绘出图 2-3（c）所示的**轴力图**（axial force diagram）。从轴力图不但能直观地看出各杆段是拉伸还是压缩，而且还能快速找到最大轴力所处横截面。对于等截面杆件，该截面通常是最易发生破坏的截面，称为**危险截面**（critical section）。找危险截面是画内力图的主要目的之一。

从图 2-3（c）所示的轴力图可以看到，在集中力作用的截面处，轴力将发生突变，其突变值等于集中力的大小。

2.2　拉压杆的应力

由于轴向拉压杆横截面上的应力分布规律与变形有关。因此，必须先通过轴向拉压实验找到其变形规律，进一步得到杆件的横截面上的应力分布规律。

2.2.1　横截面上的应力

轴向拉压实验：如图 2-4 所示，等截面直杆在拉伸变形之前在其表面画两条沿横截面的横向线和两条沿杆件轴线方向的纵向线，拉伸变形后可观察到如下实验现象：①横向线 1-1 与 2-2 仍为直线，且仍垂直于杆件轴线；②相邻横向线间的纵向线仅沿轴线方向伸长且伸长量相同。

1. 变形几何关系（变形-应变）

根据上述实验现象，提出如下**平面假设**（plane assumption）：横截面在变形后为平面，且仍与杆件的轴线垂直。由平面假设可知：相邻横截面之间的纵向线仅沿杆件的轴线方向产生变形，而且变形量相等。因此横截面各点沿纵向方向的线应变相等。由于相邻横截面并无垂直于杆轴线方向的错动，因此，横截面上各点在横截面方位并无切应变。

2. 物理关系（应变-应力）

由于横截面上各点的纵向线应变相等且在横截面方位并无切应变，因此横截面上各点只有正应力，而无切应力。再由材料的均匀性假设可知横截面上正应力均匀分布，如图 2-5 所示。

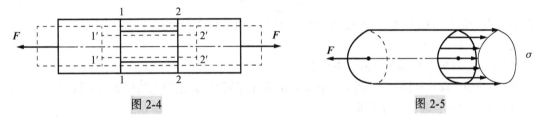

图 2-4　　　　　　　　　　　　　　　　　图 2-5

3. 静力关系（应力-内力）

由于横截面上各点正应力的合力即为横截面的轴力，因此有

$$F_N = \int_A \sigma \mathrm{d}A = \sigma A$$

式中，A 为横截面面积，F_N 为横截面上的轴力，即可得拉压杆横截面上各点的正应力公式为

$$\sigma = \frac{F_N}{A} \qquad (2\text{-}2)$$

对正应力的符号作如下规定：拉应力为正，压应力为负。

对于轴力沿轴线变化，或横截面的尺寸沿轴线缓慢变化的拉压杆，如图 2-6 所示。在杆件内可取一无穷小的微段分析，由于微段无穷小，因此可认为该微段的截面和轴力相同，可得横截面上的应力公式为

$$\sigma(x) = \frac{F_N(x)}{A(x)}$$

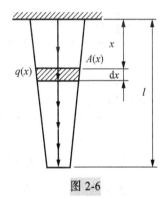

图 2-6

式中，$A(x)$、$F_N(x)$ 和 $\sigma(x)$ 分别为 x 截面的横截面面积、轴力和应力。

从正应力公式的推导过程可以看出，材料力学研究外力和变形规律的一般流程为：外力—内力—应力—应变—变形。其中，内力、应力和应变均是为了研究物体的受力和变形规律而人为设定的概念。

2.2.2　斜截面上的应力

对不同材料的实验表明，杆件发生破坏时并不都是沿横截面发生的，有时是沿着斜截面发生的。为了全面分析杆件的破坏情况，应进一步了解斜截面上的应力情况。

研究斜截面应力的方法与横截面应力分析方法类似：拉伸变形前，在等截面直杆的表面画两条平行斜线，如图 2-7(a)所示。拉伸变形后发现：斜线 1-1 与 2-2 仍为直线，且仍然平行，且其间距增大。由此，可得到如下推断：斜截面上的应力均匀分布，其方向与杆轴平行。

设杆件横截面和斜截面的面积分别为 A 和 A_α，斜截面的外法线与 x 轴的夹角用 α 表示，且规定以 x 轴正向逆时针绕至截面的外法线方向为正，顺时针为负。如图 2-7(b)所示，斜截面上各点处的应力公式为

$$p_\alpha = \frac{F_N}{A_\alpha} = \frac{F_N}{A/\cos\alpha} = \sigma\cos\alpha \qquad (2\text{-}3)$$

式中，σ 代表杆件横截面上的正应力。

如图 2-7(c)所示,将应力 p_α 沿斜截面法向与切向分解得到斜截面上的正应力和切应力分别为

$$\sigma_\alpha = \sigma \cos^2 \alpha \tag{2-4a}$$

$$\tau_\alpha = \frac{\sigma}{2} \sin 2\alpha \tag{2-4b}$$

对切应力的正负作如下规定:绕保留部分顺时针转向的切应力为正,反之为负。

由式(2-4)可见:

(1)斜截面上的应力与其所在截面方位有关。

如图 2-8 所示,即使是同一点,当其所在截面的方位不同时,其截面上的应力也不同。且当 $\alpha \neq 0$ 时,斜截面上不仅有正应力,还有切应力。

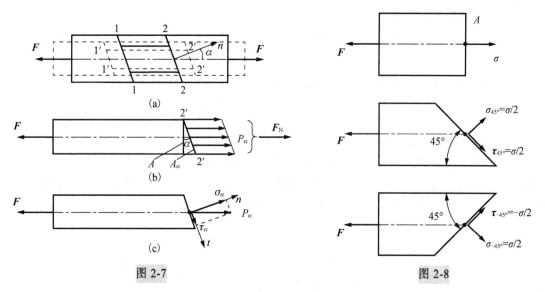

图 2-7　　　　　　　　　　　　　　图 2-8

(2)切应力互等定理。

把 α 和 $\alpha+90°$ 分别代入式(2-4b)可得:同一点的两个相互垂直的截面上的切应力大小相等,同时指向或背离两截面的交线,即为切应力互等定理。

(3)斜截面上的正应力和切应力的极值。

$\sigma_{\max}$: $\alpha = 0°$, $\sigma_{\max} = \sigma$, $\tau_{0°} = 0$,横截面上的正应力最大,切应力等于零。

$\tau_{\max}$: $\alpha = 45°$, $\sigma_{45°} = \sigma/2$, $\tau_{\max} = \sigma/2$,45°斜面上存在最大切应力。

$\sigma_{\min}$: $\alpha = 90°$, $\sigma_{\min} = 0$, $\tau_{90°} = 0$,纵向截面上无应力存在。

2.2.3　影响轴向拉(压)杆截面上应力的因素

在轴向拉压杆应力分析时引入了平面假设,若平面假设不成立,即在截面上变形是非均匀的,如图 2-9 所示,那么应力计算公式不成立。

1. 载荷形式的影响

图 2-9 和图 2-10 是杆件分别在杆端受到同等大小的轴向集中力和均布载荷作用时的变形现象,可以看出不同形式的载荷会在载荷作用附近的区域对变形和应力分布产生影响,但远离载荷作用处的变形和应力分布情况接近。1855 年法国力学家圣维南(A.J.C.B.de.Saint-Venant)在实验观察的基础上提出了著名的局部影响原理,也称圣维南原理(Saint-Venant's principle):不同的载荷的形式仅对载荷作用位置附近区域的应力分布有影响,而对远离作用区域的部分无影响。研究表

明：远离一个横截面尺寸的截面上应力分布可以认为与外力的作用方式无关（图 2-9(b)）。故在离载荷作用处较远的横截面上均可应用式(2-2)计算其正应力。

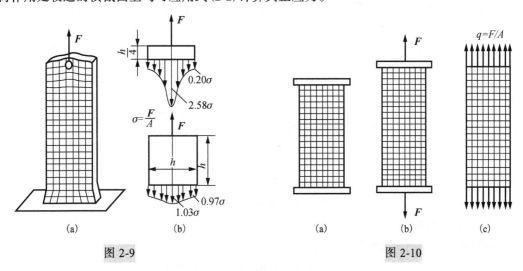

图 2-9　　　　　　　　　　　　　　　图 2-10

2. 截面形状变化的影响

图 2-11 所示为开孔板条承受轴向载荷其通过孔中心线截面上的应力分布。显然，该截面上的应力不再均匀分布。像这种几何形状不连续处应力局部增大的现象，称为**应力集中**(stress concentration)。故在该截面及附近区域横截面上的正应力也不能用式(2-2)计算，但距几何形状不连续处稍远的横截面上的正应力仍可用式(2-2)计算。

应力集中的程度用应力**集中因数**(stress concentration factor) K 表示，其定义为

$$K = \frac{\sigma_{\max}}{\sigma_{\mathrm{n}}} \tag{2-5}$$

式中，σ_{n} 为均匀分布的名义应力；$\sigma_{\max}$ 为最大局部应力。最大局部应力 $\sigma_{\max}$ 可由解析理论、实验等方法确定。一般来说，截面尺寸或形状改变越剧烈，K 值就越大，应力集中程度越严重。

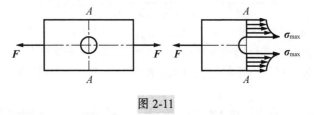

图 2-11

材料对应力集中的影响：

(1)塑性材料的屈服现象具有缓解应力集中的作用，因此，在静载作用下可不考虑应力集中的影响。

(2)脆性材料对应力集中的反应敏感，必须要考虑应力集中的影响。对于实际的铸铁构件，由于实验测试时已考虑了其内部许多引起严重应力集中的因素(如气孔、砂眼等)。因此不考虑这些因素对应力集中的影响。

【例 2-2】 图 2-12(a)所示右端固定的阶梯形圆截面杆，承受轴向载荷 F_1 与 F_2 作用，已知 AB 段的长度为 $3l$，BD 段和 DC 段的长度分别为 l 和 $2l$。载荷 $F_1 = 20\mathrm{kN}$，$F_2 = 50\mathrm{kN}$，直径 $d_1 = 20\mathrm{mm}$，$d_2 = 30\mathrm{mm}$。试计算杆内横截面上的最大正应力。

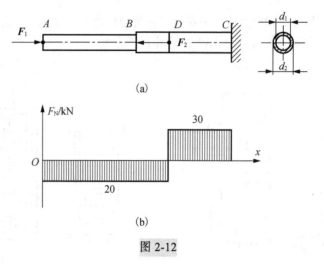

(a)

(b)

图 2-12

解：(1)轴力分析

阶梯形圆截面杆的轴力方程

$$F_N(x) = \begin{cases} -F_1 = -20\text{kN} & (0 < x < 4l) \\ -F_1 + F_2 = 30\text{kN} & (4l < x < 6l) \end{cases}$$

根据轴力方程，画出杆的轴力图如图 2-12(b)所示。

(2)应力分析

虽然 AB 段的轴力的绝对值小于 DC 段轴力绝对值的最大值，但是 AB 段的直径也小于 DC 段的直径，由式(2-2)可知，需分段计算 AB、BC 段的应力才能确定杆件的最大的正应力。

AB 段内横截面上的最大正应力为

$$\sigma_{\max,AB} = \frac{\left|F_{N,\max}\right|_{AB}}{A_{AB}} = \frac{4\left|F_{N,\max}\right|_{AB}}{\pi d_1^2} = \frac{4 \times (2.0 \times 10^4 \text{N})}{\pi \times (20 \times 10^{-3}\text{m})^2} = 6.37 \times 10^7 \text{Pa} = 63.7\text{MPa} \text{（压应力）}$$

DC 段内横截面上的最大正应力为

$$\sigma_{\max,DC} = \frac{\left|F_{N,\max}\right|_{DC}}{A_{DC}} = \frac{4\left|F_{N,\max}\right|_{DC}}{\pi d_2^2} = \frac{4 \times (3.0 \times 10^4 \text{N})}{\pi \times (30 \times 10^{-3}\text{m})^2} = 4.24 \times 10^7 \text{Pa} = 42.4\text{MPa} \text{（拉应力）}$$

可见，杆件横截面上的最大正应力为 $\sigma_{\max} = \sigma_{AB} = 63.7\text{MPa}$

思考：就例 2-2 所示阶梯形圆截面杆而言，能否断定应力最大的位置一定先发生破坏呢？不能，因为杆件的破坏还与杆件所用的材料有关，所以接下来还需要研究材料的力学性能。

2.3　材料在常温静载下的拉压力学性能

杆件的强度、刚度与稳定性，不仅与杆件的形状、尺寸及所受外力有关，而且与杆件所用材料有关。这就需要研究材料在外力作用下的变形或者破坏特性，即材料的**力学性能**(mechanical properties)。材料的基本力学性能主要通过实验结合理论分析来进行研究。本节将介绍材料的轴向拉伸和压缩试验，以及不同材料在拉伸和压缩时的力学性能。

2.3.1　轴向拉伸和压缩试验

1. 标准试件

为便于测试杆件的力学性能，将材料制成标准试件(standard specimen)，试件的形状、尺寸、加工精度和实验条件均由国家标准规定（GB/T 228.1—2010《金属材料拉伸试验第 1 部分：室温试验方法》）。图 2-13 所示为圆形截面和矩形截面的拉伸标准试件，在试件中部等直部分为工作段，其长度称为**标距**（gauge length）。对于圆形截面试件，通常将标距与横截面直径的比例规定为 $l = 5d$ 或 $l = 10d$，分别称为五倍试件或十倍试件，对于板形试件要求 $l = 11.3\sqrt{A}$ 或 $l = 5.65\sqrt{A}$（A 为横截面的面积）。

压缩标准试件通常采用图 2-14 所示的短柱体，这是为了避免在实验中试样发生压缩失稳，影响实验结果。

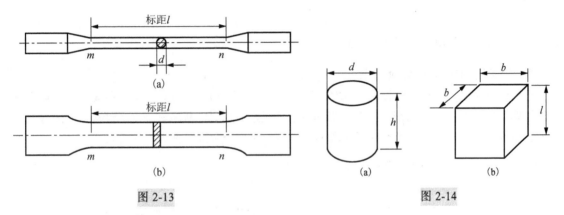

图 2-13　　　　　　　　　　　　　　图 2-14

2. 轴向拉（压）实验和应力-应变曲线

实验时，首先将式样安装在材料试验机的上、下夹头内（图 2-15），并在标记 m 与 n 处安装测量轴向变形的仪器。然后开始缓慢加载，随着载荷 F 的增大，试样逐渐被拉长，试验段的拉伸变形用 Δl 表示。拉力 F 与变形 Δl 之间的关系曲线如图 2-16(a) 所示，称为试样的**载荷-变形曲线图**。试验一直进行到试样断裂为止。

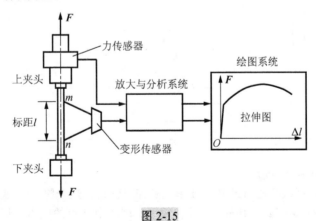

图 2-15

同种材料制成的不同几何尺寸试件将影响图 2-16(a) 所示试验力-变形曲线图，为了能更好地反映材料的力学性能，因此采用图 2-16(b) 所示的应力-应变曲线（stress-strain curve）关系图。

工程上常用的材料品种很多，这里将主要讨论工程中应用较广，且力学性能较典型的低碳钢和铸铁在常温静载荷作用下的力学性能。

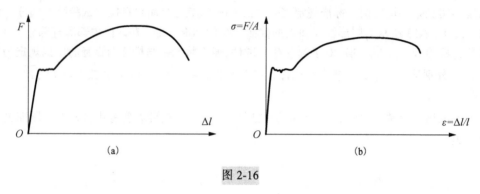

图 2-16

2.3.2　低碳钢拉伸时的力学性能

1. 低碳钢的应力-应变曲线图

含碳量低于 0.3%的低碳钢是工程中应用较广泛的金属材料。其应力-应变曲线图具有典型意义。由低碳钢的应力-应变曲线图(图 2-17)可知,从开始加载到拉断的整个变形过程可分为弹性阶段、屈服阶段、强化阶段和局部变形阶段四个阶段,后三个阶段统称为塑性阶段。

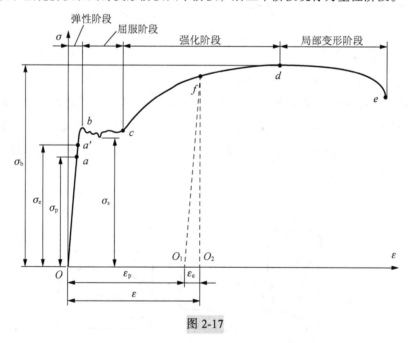

图 2-17

1) 弹性阶段(elastic stage)

在 Oa' 这一阶段,将载荷进行卸载,变形能够完全恢复,这个阶段为弹性阶段,在这一阶段的最大应力称为**弹性极限**(elastic limit),用 σ_e 表示,即图中 a' 点的应力。其中, Oa 段为直线段,直线阶段的最大应力称为材料的**比例极限**(proportional limit),用 σ_p 表示,即图中 a 点对应的正应力,在直线段表示应变与应力成正比,这就是 1678 年英国物理学家胡克(R. Hooke)在大量实验的基础上归纳出来的拉压**胡克定律**(Hooke's law):

$$\sigma = E\varepsilon \tag{2-6}$$

式中, E 称为**(拉压)弹性模量**(modulus of elasticity)或**杨氏模量**(Young's modulus),代表了材料抵抗发生变形的能力。 E 可根据实验曲线确定($E = \tan\alpha$),其中 α 为**线弹性阶段**的直线段与 ε 轴的

夹角。

　　Q235 钢的比例极限 $\sigma_p = 200\text{MPa}$，弹性模量 $E = 206\text{GPa}$。由于大部分材料的 σ_p 和 σ_e 很接近，因此，在工程运用时都认为整个弹性变形阶段材料都服从胡克定律，表现出线弹性的特点。

　　2）屈服阶段（yielding stage）

　　在 bc 阶段，应力在微小范围内波动，而应变却急剧增长（在屈服阶段产生的应变可达到最大弹性应变的 15 到 20 倍），这种现象称为**屈服**（yield）或塑性流动，标志着材料失去了抵抗变形的能力。产生这一现象主要原因是构成构件的金属晶体产生了滑移，在经过抛光的试样表面也可看到与试样轴线约成 45°角的明暗相间的**滑移线**（slip lines），如图 2-18 所示。由于晶体滑移是不可逆的，所以在屈服阶段将开始产生不可恢复的**塑性变形**（plastic deformation）。

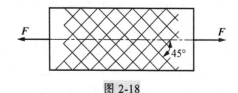

图 2-18

　　在屈服阶段内的最高应力和最低应力分别称为**上屈服极限**（upper yield strength）和**下屈服极限**（lower yield strength）。由于上屈服极限受加载速度等很诸多因素的影响而不太稳定，而下屈服极限比较稳定，故规定下屈服极限为材料的**屈服极限**（yield limit），用 σ_s 表示。Q235 钢的屈服极限 $\sigma_s = 235\text{MPa}$。对于低碳钢这类材料，σ_s、σ_e 和 σ_p 很接近，由于 σ_p 和 σ_e 很难用实验精确测定，而 σ_s 比较容易测定，故工程上常用 σ_s 来表示弹性阶段的结束。

　　3）强化阶段（hardening stage）

　　在 cd 阶段，当材料晶体的滑移累计到一定程度后，将加大继续发生滑移的阻力，故经过屈服阶段产生一定的塑性应变之后，材料重新呈现抵抗变形的能力，因此，要使材料继续变形，必须增大载荷，这种现象称为**应变硬化**（strain hardening）。强化阶段的最高点 d 所对应的正应力，称为材料的**强度极限**（ultimate strength），用 σ_b 表示。强度极限是材料所能承受的最大应力。低碳钢 Q235 的强度极限 $\sigma_b = 380\text{MPa}$。

　　4）局部变形阶段（stage of local deformation）

　　在 de 阶段，当应力增至最大值 σ_b 之后，试样的某一横截面的尺寸显著收缩（图 2-19），出现"缩颈"现象。这一阶段试样的变形集中发生在缩颈区，故称为**局部变形阶段**。在该阶段由于截面减小，试样承载能力降低，最后导致试样在缩颈区段最小截面处断裂，其断裂面呈杯锥状，如图 2-20 所示。

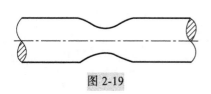

图 2-19

图 2-20

2. 塑性指标

试样断裂后,弹性变形消失,仅残留有塑性变形。工程上常用**断后伸长率**(percentage elongation after fracture)(又称为延伸率)δ 和**断面收缩率**(percentage reduction of area)(又称为截面收缩率)ψ 作为衡量材料产生永久变形的能力,即延性或塑性指标,分别定义为

$$\delta = (l_f - l)/l \times 100\% \tag{2-7}$$

$$\psi = (A - A_f)/A \times 100\% \tag{2-8}$$

式中,l_f 为试样标距段断后的长度,l 为标距段的原长;A 为标距段横截面的原面积,A_f 为断口处的最小截面面积。

延伸率 δ 和断面收缩率 ψ 越大,表明材料的塑性性能越好;延伸率 δ 和断面收缩率 ψ 越小,则材料的塑性性能越差。工程上按延伸率的大小把材料分为两大类:$\delta \geqslant 5\%$ 的材料称为**塑性材料**(ductile materials),如低碳钢、低合金钢和青铜等;$\delta < 5\%$ 的材料称为**脆性材料**(brittle materials),如铸铁、陶瓷、混凝土和石料等。低碳钢的延伸率 $\delta = 20\% \sim 30\%$,$\psi \approx 60\%$,是良好的塑性材料。塑性指标的高低制约着材料冷加工成型(如冲压、冷轧、冷拔等)的能力。

3. 卸载规律与冷作硬化

实验表明,在弹性阶段内加载到任意点位置并卸载,在卸载过程中应力与应变之间仍保持正比关系,并沿直线 Oa 回到 O 点(图 2-21)。在强化阶段加载至 f 点时并卸载,卸载路径沿着平行于 Oa 直线段的 fO_1 回到 O_1,说明弹性应变 ε_e 恢复,残留下塑性应变 ε_p。在强化阶段卸载完后如在短时期内再重新加载,应力、应变大致沿卸载直线段上升,到达卸载应力 σ'_p 时才沿原强化曲线直至破坏(图 2-21)。从现象看,这相当于材料的线弹性极限有了显著增加。这种经过预先加载至强化阶段再卸载的加工方式称为**冷作硬化**或**加工硬化**,f 点的应力为后继屈服极限。冷作硬化相当于将材料的线性阶段延长,显著提高了工程运用的线弹性范围。如工程中的钢筋和链条等,在出厂之前先通过预拉至强化阶段卸载,使其工程使用的线弹性极限得到提高。但与此同时,通过冷作硬化的材料已经发生了可观的塑性变形,与初始拉伸时的材料相比,也将减小了材料产生塑性变形的能力。

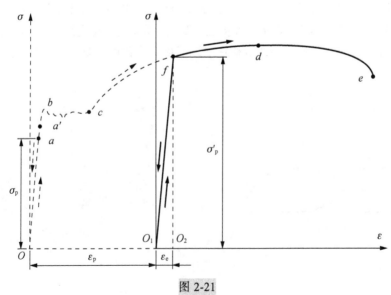

图 2-21

2.3.3　其他材料拉伸时的力学性能

1. 其他塑性材料拉伸时的力学性能

图 2-22 为锰钢与硬铝等塑性材料的应力-应变曲线图。与低碳钢拉伸性能不同的是这些塑性材料不存在明显的屈服阶段，工程中通常以卸载后产生数值为 0.2%的塑性应变的应力作为屈服应力，该应力称为名义屈服极限（nominal yield limit），用 $\sigma_{0.2}$ 表示，如图 2-23 所示。

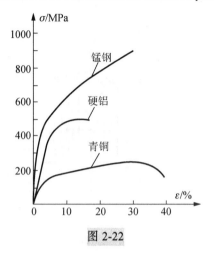

图 2-22

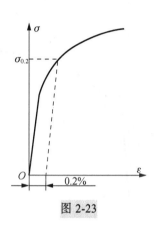

图 2-23

2. 脆性材料拉伸时的力学性能

图 2-24 为脆性材料灰口铸铁和玻璃钢的拉伸应力-应变曲线图，由于试样直到拉断时变形都很小，而且既不存在屈服阶段，也无局部缩颈现象。因此，拉伸强度极限 σ_{bt} 就成为脆性材料拉伸时的唯一强度指标。

对于铸铁不存在起始的线性阶段，可在某一不大的应力点，作一条割线近似代替起始段的曲线，其斜率称为**割线模量**（secant modulus），如图 2-24 虚线所示。铸铁拉伸断裂的断口见图 2-25，由于在该截面上存在最大正应力，所以灰口铸铁拉伸破坏是由拉应力所引起的。

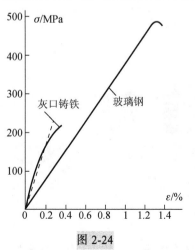

图 2-24

图 2-25

2.3.4　材料在压缩时的力学性能

1. 低碳钢的压缩力学性能

低碳钢的压缩应力-应变曲线如图 2-26(a)中的虚线所示,为便于比较,图中还画出了拉伸时的应力-应变曲线。可以看出,在屈服之前,压缩曲线与拉伸曲线基本重合,压缩与拉伸时的屈服极限与弹性模量大致相同。不同的是,随着压力不断增大,低碳钢试样将愈压愈"扁平",如图 2-26(b)所示。

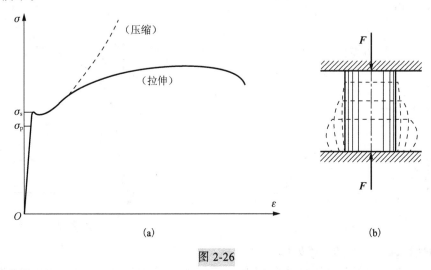

图 2-26

2. 铸铁的压缩力学性能

铸铁的压缩应力-应变曲线图如图 2-27(a)所示,压缩强度极限 σ_{bc} 为拉伸强度极限 σ_{bt} 的 3～5 倍。灰口铸铁压缩破坏前后的形状如图 2-27(b)所示,断面与试样的轴线为 55°～60°。由于破坏面上的切应力比较大,所以灰口铸铁压缩破坏的方式是剪断。由于铸铁易于浇铸成形状复杂的零部件,而且坚硬耐磨和价格低廉,因此广泛用于铸造机床床身、机座、缸体及轴承支座等主要受压的零部件。

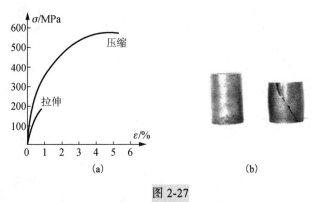

图 2-27

3. 混凝土压缩的力学性能

图 2-28(a)所示为混凝土立方体试样压缩时的应力-应变曲线图。混凝土是一种多相材料,内部细小裂纹多,随着所受压力的增大,裂纹经历稳定阶段,稳定扩展阶段和裂纹贯通非稳定扩展阶段,加载曲线呈现出明显的非线性。工程中常用割线 Oa ($\sigma = 0.4\sigma_b$ 时)的斜率来定义其弹性模

量 E。混凝土的 E 为 15～36GPa。

　　混凝土的抗压强度是以标准的立方体试样在标准养护条件下经过 28 天养护后测定的,且与实验方法有密切关系。在压缩实验中,若试样上下两端面不加减摩剂,由于试样两端面与试验机的加载面的摩擦力,使试样的横向变形受阻,提高了压缩强度极限。随着压力的增加,中部四周逐渐剥落,最后试样剩下两个相连的截顶角椎体而破坏,如图 2-28(b)所示。如在两个端面加上润滑剂,两端面的摩擦力减少,试样易于横向变形,因而降低了压缩强度极限。试样最后沿纵向开裂而破坏,如图 2-28(c)所示。标准的压缩实验在试样的两端面之间不加减摩剂。

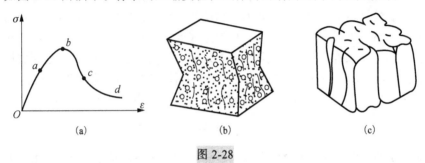

图 2-28

　　混凝土与石料的压缩强度极限约为其拉伸强度极限的 10～20 倍,由于拉伸强度极限很小,故适宜作受压构件。工程中,用钢筋混凝土做成抗弯构件(梁),其受拉一侧铺放较多钢筋,考虑该梁的拉伸强度时一般不考虑混凝土的作用,只考虑钢筋的作用。天然石料的力学性能与混凝土相似,但石料具有一定的各向异性,即沿岩层方向和垂直于岩层方向的力学性能不同。

　　常用材料在常温和静载下的力学性能如表 2-1 所示。

表 2-1　常用材料的主要力学性能

材料		牌号	$\sigma_s(\sigma_{0.2})$/MPa	$\sigma_{b,t}$/MPa	$\sigma_{b,c}$/MPa	δ_s/%
普通碳素钢		Q235	185～235	375～500	—	21～26
		Q275	225～275	490～630	—	15～20
优质碳素结构钢	低碳钢	20	245	411	—	25
	中碳钢	45	352	597	—	16
	高碳钢	85	980	1127	—	6
低合金钢		16Mn	274～343	470～509	—	20～22
灰铸铁		HT150		145	650	—
锡青铜		5-5-5	90	200		13
硬铝棒材		LY11	216	372		12
混凝土		C20	—	1.6	14.2	
杉木(顺纹)			—	77～97	36～41	

　　注:表中 δ_s 是指 $l=5d$ 时标准试样的延伸率。

2.4　轴向拉压杆的强度问题

2.4.1　材料失效形式

　　杆件工作时一般不允许发生断裂或产生显著的塑性变形,由轴向拉压实验现象可知,材料的**强度失效**(failure)有脆断和屈服两种形式。通常将材料失效时的应力称为材料的**极限应力**(ultimate stress)，用 σ_u 表示。对于轴向拉压这种单向应力状态，脆性材料的极限应力为强度极限 σ_b；塑性材料的极限应力为屈服极限 σ_s 或名义屈服极限 $\sigma_{0.2}$。

2.4.2　许用应力和安全因数

实际工程问题简化为理想力学模型有一定差异，如载荷的简化、约束简化等，这将影响到工作应力的准确性；再有，实际构件材料的组成与品质等难免与标准式样存在差异，不能保证构件所用材料与标准试样具有完全相同的力学性能，而且标准试样测试力学性能本身具有一定的分散性，这种差异在脆性材料中尤为显著；再有，试验环境和工作环境本身也存在一定的差异性。这些差异将会影响到材料极限应力的准确性。所有这些因素都有可能使构件的实际工作条件比设想的偏于不安全。为了确保构件安全，使构件具有足够的强度储备，特别是对于因破坏将带来严重后果的构件，更应给予较大的强度储备。因此，对于具体工程构件，必须限定工作应力的最大值，称为材料的**许用应力**(allowable stress)，用 $[\sigma]$ 表示。许用应力与极限应力的关系为

$$[\sigma] = \frac{\sigma_u}{n} \tag{2-9}$$

式中，n 为大于 1 的常数，称为**安全因数**(safety factor)。各种材料在不同工作条件下的安全因数或许用应力，可以从有关规范或设计手册中查到。在一般静强度计算中，对于塑性材料，按屈服极限所规定的安全因数 n_s 通常取为 1.5～2.2；对于脆性材料，按强度极限所规定的安全因数 n_b 通常取为 3.0～5.0，甚至更大。

2.4.3　强度条件和应用

根据以上分析，为了保证拉压杆在工作时不发生强度失效，杆内的最大工作应力 σ_{max} 不得超过材料的许用应力 $[\sigma]$，即

$$\sigma_{max} = \left(\frac{|F_N|}{A}\right)_{max} \leqslant [\sigma] \tag{2-10}$$

上述判据称为拉压杆的**强度条件**，又称强度设计准则(criterion for strength design)。

根据上述强度条件，可进行以下三方面的强度计算。

(1)**强度校核**(strength verification)：当构件的尺寸、材料许用应力和作用的载荷已知时，验证杆内的最大正应力是否满足设计准则的要求，这类问题称为强度校核问题。

(2)**截面尺寸设计**(allowable dimension design)：当构件的材料许用应力和作用的载荷已知时，可用强度条件计算构件所需的横截面积，即 $A \geqslant F_N/[\sigma]$，进一步确定结构的横截面尺寸，这类问题称为截面尺寸设计问题。

(3)**许可载荷设计**(allowable load design)：当构件截面尺寸和材料的许用应力已知时，可由强度条件确定杆件所能承受的最大轴力，即 $F_N \leqslant A[\sigma]$，进一步由平衡条件确定结构允许承受的最大载荷，这类问题称为**许可载荷**(allowable load)设计问题。

【例 2-3】　考虑图 2-29(a)所示的立柱，顶端作用载荷 F，材料的密度为 ρ，考虑自重的影响。要求立柱任一横截面上的正应力等于材料的许用应力 $[\sigma]$，试设计立柱横截面的尺寸。

解：取离立柱上端 x 处长为 dx 的一个微段分析，其受力图如图 2-29(a)所示。微段的上下端面的面积分别为 $A(x)$ 和 $A(x)+dA(x)$。由平衡方程 $\sum F_x = 0$ 可得

$$[\sigma]A(x) + \rho g A(x)dx - [\sigma][A(x) + dA(x)] = 0$$

$$dA(x)/A(x) = \rho g dx/[\sigma]$$

积分可得

$$\ln A(x) = \rho g x/[\sigma] + C$$

利用上端边界条件 $x=0$ 时，$A(x) = A_0$ 确定积分常数 $C = \ln(A_0)$，最后得

$$A(x) = A_0 e^{\rho g x/[\sigma]}$$

像这种各横截面上应力相等的杆，称为等强度杆。等强度杆有节省材料、减轻自重等优点。常见的电视转播塔，发电厂的冷却塔等，均采用了等强度的设计思想。若为圆截面杆，则 $A = \pi r^2$，$r^2(x) = r_0^2 e^{\rho g x/[\sigma]}$。但实际上建造或加工这种形状的杆是很困难的，且成本较高，故常用阶梯形杆（土木中的阶梯形立柱）或锥形杆（如烟囱）代替，如图 2-29(b)、(c)所示。

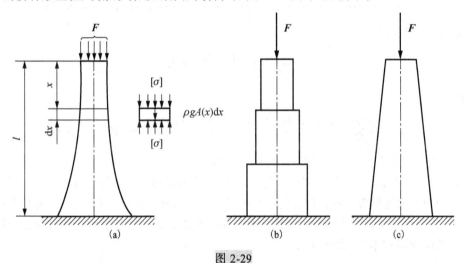

图 2-29

【例 2-4】 简易起重设备如图 2-30 所示，杆 AC 由两根 80mm×80mm×7mm 的等边角钢组成，杆 AB 由两根 No.10 工字钢组成。材料为 Q235，许用应力 $[\sigma] = 170$MPa。试求许可载荷 $[F]$。

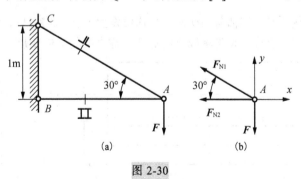

图 2-30

解：（1）轴力分析

杆 AB 和 AC 均为二力杆，取铰节点 A 进行受力分析，如图 2-30(b)所示。

则根据节点 A 的平衡方程

$$\sum F_x = 0, \qquad F_{N2} + F_{N1}\cos 30° = 0$$

$$\sum F_y = 0, \qquad F_{N1}\sin 30° - F = 0$$

得

$$F_{N1} = 2F \text{（拉力）}, \qquad F_{N2} = -\sqrt{3}F \text{（压力）}$$

(2)确定 F 的许用值

查型钢表得 AC 杆的横截面面积 $A_1 = 1086 \times 10^{-6}\,\text{m}^2 \times 2 = 2172 \times 10^{-6}\,\text{m}^2$，$AB$ 杆的横截面面积 $A_2 = 1430 \times 10^{-6}\,\text{m}^2 \times 2 = 2860 \times 10^{-6}\,\text{m}^2$。

杆 AC 的强度条件为

$$\sigma_{AC} = \frac{|F_{N1}|}{A_1} = \frac{2F}{A_1} \leqslant [\sigma]$$

由此得

$$F \leqslant \frac{A_1[\sigma]}{2} = \frac{\left(2172 \times 10^{-6}\,\text{m}^2\right) \times \left(170 \times 10^6\,\text{Pa}\right)}{2} = 1.84 \times 10^5\,\text{N} = 184\text{kN}$$

杆 AB 的强度条件为

$$\sigma_{AB} = \frac{|F_{N2}|}{A_2} = \frac{\sqrt{3}F}{A_2} \leqslant [\sigma]$$

由此得

$$F \leqslant \frac{A_2[\sigma]}{\sqrt{3}} = \frac{\left(2860 \times 10^{-6}\,\text{m}^2\right) \times \left(170 \times 10^6\,\text{Pa}\right)}{\sqrt{3}} = 2.80 \times 10^5\,\text{N} = 280\text{kN}$$

可见，该简易起重设备的许可载荷为 $[F] = 184\text{kN}$

由以上可知，当 AC 杆达到许用应力时，AB 杆的应力还远小于其许用应力，那么能不能减小 AB 杆横截面面积来达到节省材料的目的呢？如果只考虑强度的话，答案是可以，但是实际上杆件在受压时，失稳的压力往往小于构件强度所允许承受压力，故此时还需综合考虑压杆稳定性问题（压杆稳定性问题将在第 11 章介绍）。

2.5　轴向拉压杆的变形和位移

当杆件承受轴向载荷时，其轴向和横向尺寸均要发生变化（图 2-31），轴线方向的变形称为杆的轴向变形（又称为纵向变形）；垂直轴线方向的变形称为杆的横向变形。

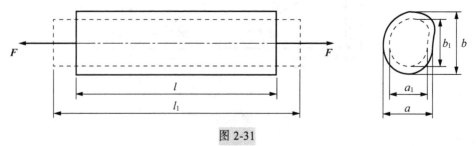

图 2-31

2.5.1　轴向变形

如图 2-31 所示杆件原长为 l，横截面面积为 A，在轴向拉力 F 作用下杆件长度变为 l_1，则杆的轴向变形与轴向线应变（又称为纵向应变）分别为

$$\Delta l = l_1 - l$$

$$\varepsilon = \frac{\Delta l}{l} \tag{a}$$

横截面上的正应力为

$$\sigma = \frac{F_N}{A} \tag{b}$$

将式(a)和式(b)代入胡克定律 $\sigma = E\varepsilon$ 可得

$$\Delta l = \frac{F_N l}{EA} \tag{2-11}$$

式中，EA 称为**抗拉(压)刚度**(tensile or compressive rigidity)，代表了构件抵抗发生轴向拉压变形的能力。

上述关系式是胡克定律的另一种形式，适用于等截面常轴力同材料的拉压杆。当杆的横截面尺寸或轴力沿轴线变化时，可取长为 dx 的一无穷小段研究，由于该段长度无穷小，因此，在微段内可以认为截面、轴力和材料都相同，可按式(2-11)计算其变形为

$$\Delta(\mathrm{d}x) = \frac{F_N(x)\mathrm{d}x}{EA(x)}$$

整根杆的变形可用积分求得

$$\Delta l = \int_0^l \frac{F_N(x)\mathrm{d}x}{EA(x)} \tag{2-12}$$

对于材料分段、轴力为分段常数的阶梯形直杆来说，可以通过分段将杆分成各段均为等截面常轴力同材料，进一步通过式(2-11)计算各段的变形，再相加得到整根杆的变形为

$$\Delta l = \sum \frac{F_{Ni} l_i}{E_i A_i} \tag{2-13}$$

如例 2-2 中阶梯杆的变形，若使用的是同一材料，可将该杆分成 AB、BD 和 DC 三段使得各段为等截面常轴力同材料，进一步用式(2-13)来计算其总变形。

2.5.2　横向变形和泊松比

如图 2-31 所示，杆件的原横向尺寸为 a 和 b，在轴向拉力 F 作用下，杆件横向尺寸变为 a_1 和 b_1，则杆的横向变形与横向线应变分别为

$$\Delta a = a_1 - a, \qquad \Delta b = b_1 - b$$

$$\varepsilon' = \frac{\Delta a}{a} = \frac{\Delta b}{b} \tag{2-14}$$

泊松(S. D. Poisson)1828 年在实验结果的基础上总结出横向变形实验定律：对线弹性各向同性材料来说，杆件的横向线应变和轴向线应变满足

$$\varepsilon' = -\mu\varepsilon \tag{2-15}$$

式中，比例系数 μ 称为**泊松比**(Poisson's ratio)或**横向变形因数**(factor of transverse deformation)，是无量纲材料常数。对大多数材料来说，其取值范围为：$0 < \mu < 0.5$。公式中的负号表示横向应变与轴向应变正负号相反，轴向拉伸时横截面变细，轴向压缩时横截面变粗。

工程常用材料的弹性模量 E 和泊松比 μ 如表 2-2 所示。

表 2-2　部分材料的弹性模量 E 和泊松比 μ

材料名称	弹性模量 E /GPa	泊松比 μ
碳钢	196～216	0.24～0.28
合金钢	186～206	0.25～0.30
灰铸铁	78.5～157	0.23～0.42
铝合金	70	0.33
橡胶	0.0078	0.47～0.49
混凝土	14～35	0.16～0.18
木材(顺纹)	9～12	—

2.5.3　轴向拉压杆变形和位移计算

【例 2-5】　图 2-32(a)所示矿井升降机。因钢缆很长，其自重引起的应力和变形应予以考虑。设钢缆长 l，横截面积为 A，材料弹性模量为 E，密度为 ρ。求钢缆匀速起吊重为 F 的吊笼时产生的变形。

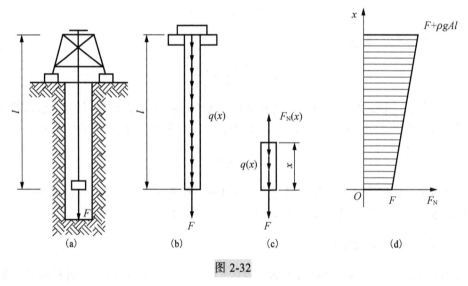

图 2-32

解：(1)内力计算

钢缆的力学计算简图如图 2-32(b)所示。自重看作均匀分布的线分布力，其载荷集度 $q(x) = \rho g A$，取出离下端长度为 x 的部分进行分析，其受力图如图 2-32(c)所示，x 截面处的轴力 $F_{\mathrm{N}}(x)$ 为

$$F_{\mathrm{N}}(x) = F + q(x) \cdot x = F + \rho g A x$$

画出轴力图如图 2-32(d)所示。最大轴力发生在上端，为

$$F_{\mathrm{N,max}} = F + \rho g A l$$

(2)变形计算

钢缆的变形可由式(2-12)计算，钢缆的总伸长量为

$$\Delta l = \int_0^l \frac{F_{\mathrm{N}}(x)\mathrm{d}x}{EA} = \frac{Fl}{EA} + \frac{\rho g A l^2}{2EA} = \frac{Fl}{EA} + \frac{F_{\mathrm{P}}l}{2EA}$$

式中，F_{P} 为钢缆的自重。结果表明，由自重和杆端集中力共同作用下产生的总变形等于自重和杆端集中力分别单独作用下产生变形的代数和。由胡克定律可知变形与载荷之间是线性关系，故产生的变形可以进行线性叠加。

【例 2-6】　图 2-33(a)所示托架，已知 $F = 40\text{kN}$，圆截面钢杆 AB 的直径 $d = 20\text{mm}$，杆 BC 是工字钢，其横截面面积为 1430mm^2，钢的弹性模量 $E = 200\text{GPa}$。试求托架在 F 力的作用下，节点 B 的铅垂位移和水平位移。

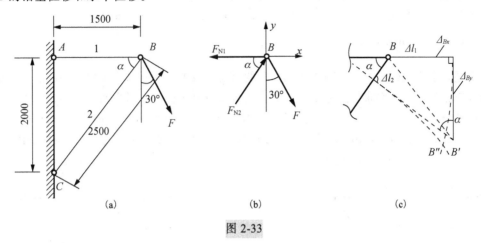

图 2-33

解：(1)计算 AB、BC 两杆的轴力

取节点 B 为研究对象，受力图如图 2-33(b)所示。

$$\sum F_x = 0, \quad F_{N1} - F\sin30° - F_{N2}\cos\alpha = 0$$
$$\sum F_y = 0, \quad -F\cos30° + F_{N2}\sin\alpha = 0$$

求解得

$$F_{N1} = 46\text{kN (拉力)}, \quad F_{N2} = 43.3\text{kN (压力)}$$

(2)计算 AB、BC 两杆的变形

$$\Delta l_1 = \frac{F_{N1}l_1}{EA_1} = \frac{46\times10^3\text{N}\times150\times10^{-2}\text{m}}{200\times10^9\text{Pa}\times\frac{\pi}{4}\times(20\times10^{-3})^2\text{m}^2} = 1.1\times10^{-3}\text{m} = 1.1\text{mm}$$

$$\Delta l_2 = \frac{F_{N2}l_2}{EA_2} = \frac{43.3\times10^3\text{N}\times250\times10^{-2}\text{m}}{200\times10^9\text{Pa}\times1430\times10^{-6}\text{m}^2} = 0.38\times10^{-3}\text{m} = 0.38\text{mm}$$

(3)求 B 点位移

以 A 点为圆心，$(l_1+\Delta l_1)$ 为半径作圆，再以 C 点为圆心，$(l_2-\Delta l_2)$ 为半径作圆，两圆弧相交于 B'' 点，如图 2-33(c)所示。因为 Δl_1 和 Δl_2 与原杆相比非常小，属于小变形，可以采用垂弦段代替微圆弧的近似方法，两垂弦段相交于 B' 点，利用三角关系求出 B 点的水平位移和铅垂位移。

水平位移

$$\Delta_{Bx} = \Delta l_1 = 1.1\text{mm}$$

铅垂位移

$$\Delta_{By} = \left(\frac{\Delta l_2}{\cos\alpha} + \Delta l_1\right)\cot\alpha = \left(0.38\times\frac{5}{3}\text{mm} + 1.1\text{mm}\right)\times\frac{3}{4} = 1.3\text{mm}$$

2.6　轴向拉压杆的超静定问题

2.6.1　静定和超静定的概念

在前面讨论的问题中，杆件的外力都可以通过静力平衡方程得到，这类问题称为**静定问题**

(statically determinate problem)。然而，工程中也经常遇到另一类结构，如图 2-34(a)所示，其未知力个数多于独立平衡方程数，这类问题称为**超静定问题**(statically indeterminate problem)。未知力个数与独立的平衡方程数之差，称为**超静定次数**(degree of statical indeterminancy)。通常把多于维持平衡与几何不变性所需的约束，称为**多余约束**(redundant constraint)。

2.6.2 超静定问题分析

由于超静定系统仅靠平衡方程无法求出其约束反力或内力，所以需要建立与超静定次数相同数目的补充方程。因此在求解超静定问题时，还必须研究各杆件变形之间的关系，并借助变形与内力之间的物理关系，建立补充方程。现以图 2-34(a)为例，介绍超静定问题的分析方法。

杆 1 与杆 2 的拉压刚度相同为 E_1A_1，杆 3 的拉压刚度为 E_3A_3，长度为 l，三根杆铰接于 B 点。在载荷 F 作用下，求三根杆的内力。

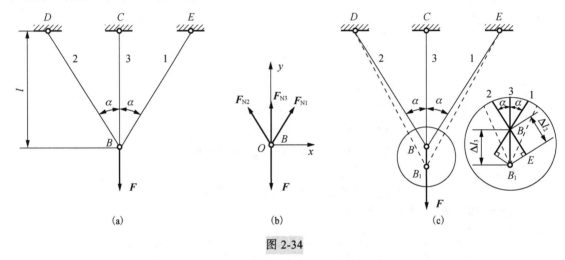

(a)   (b)   (c)

图 2-34

取铰接点 B 分析，其受力图如图 2-34(b)所示，其平衡方程为

$$\sum F_x = 0, \qquad F_{N2}\sin\alpha - F_{N1}\sin\alpha = 0 \tag{a}$$

$$\sum F_y = 0, \qquad F_{N1}\cos\alpha + F_{N2}\cos\alpha + F_{N3} - F = 0 \tag{b}$$

由对称性可知，节点 B 应沿铅垂方向下移，各杆的变形几何关系图如图 2-34(c)所示。可以看出，为保证三杆变形后仍铰接于一点，杆 1、杆 2 的变形 Δl_1、Δl_2 与杆 3 的变形 Δl_3 之间应满足如下关系：

$$\Delta l_1 = \Delta l_2 = \Delta l_3 \cos\alpha \tag{c}$$

为保证结构连续性所应满足的变形几何关系，称为变形协调条件或变形协调方程(compatibility equation of deformation)，后面将这类方程又称为几何方程。

设三杆均处于线弹性范围，则由胡克定律可知，各杆的变形与轴力之间的关系为

$$\Delta l_1 = \frac{F_{N1}l_1}{E_1A_1}, \qquad \Delta l_3 = \frac{F_{N3}l_3}{E_3A_3} \tag{d}$$

$$l_1 = l/\cos\alpha, \qquad l_3 = l$$

将式(d)代入式(c)，得到的补充方程为

$$F_{N1} = \frac{E_1A_1}{E_3A_3}\cos^2\alpha \cdot F_{N3} \tag{e}$$

最后，联立求解平衡方程(a)、(b)与补充方程(e)，于是得

$$F_{N1} = F_{N2} = \frac{F\cos^2\alpha}{\dfrac{E_3 A_3}{E_1 A_1} + 2\cos^3\alpha}$$

$$F_{N3} = \frac{F}{1 + 2\dfrac{E_1 A_1}{E_3 A_3}\cos^3\alpha}$$

综上所述，求解超静定问题必须考虑以下三个方面：满足平衡方程；满足变形协调条件；符合力与变形间的物理关系(如在线弹性范围之内，即符合胡克定律)。材料力学的许多基本理论都是从这三方面进行综合分析所得。

【例 2-7】　图 2-35 所示钢筋混凝土立柱，钢筋与混凝的横截面而积之比为 1:40，而它们的弹性模量之比为 10:1，作用的载荷 $F = 300\text{kN}$，问它们各承担多少载荷。

解：当钢筋混凝土受载后，钢筋和混凝各自产生了相同的轴向变形。设钢筋和混凝土分别承担的轴力为 $F_{N,st}$、$F_{N,co}$。

(1)平衡方程

$$F_{N,st} + F_{N,co} = F \qquad (a)$$

(2)变形协调条件(几何方程)

$$\Delta l_{st} = \Delta l_{co} \qquad (b)$$

(3)物理方程

$$\Delta l_{st} = \frac{F_{N,st} l_{st}}{(EA)_{st}}, \qquad \Delta l_{co} = \frac{F_{N,co} l_{co}}{(EA)_{co}} \qquad (c)$$

将物理方程带入变形协调条件中，得到补充方程

$$\frac{F_{N,st} l_{st}}{(EA)_{st}} = \frac{F_{N,co} l_{co}}{(EA)_{co}} \qquad (d)$$

移项可得

$$\frac{F_{N,st}}{F_{N,co}} = \frac{(EA)_{st} / l_{st}}{(EA)_{co} / l_{co}} \qquad (e)$$

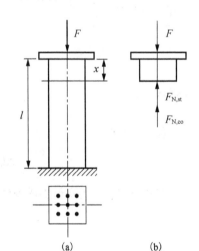

图 2-35

从上式可知，杆件承担载荷的多少与 EA/l 有关，EA/l 值越大，所承担的载荷就越大。把 EA/l 称为线刚度。

联立式(a)和式(e)求解得

$$F_{N,st} = \frac{1}{5}F = 60\text{kN}, \qquad F_{N,co} = \frac{4}{5}F = 240\text{kN}$$

2.6.3　超静定问题的特点

1. 超静定结构的内力与杆件的刚度有关

由例 2-7 可知，杆的轴力 F_N 不仅与载荷 F 有关，而且与杆的线刚度有关。一般说来，增大超静定结构某杆的刚度，该杆的轴力亦相应增大。

2. 温度变化会在超静定结构中产生温度应力

温度变化可引起构件的变形，即我们熟知的热胀冷缩现象。对于静定结构，各杆件能自由变形，因此温度变化不会引起构件的应力。但在超静定结构中，多余约束使各杆件的自由变形受到

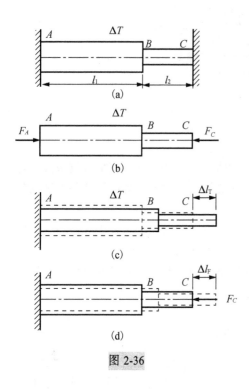

图 2-36

限制,从而在杆件中将引起应力。这种由于温度变化在超静定结构中产生的应力称为**温度应力**(temperature stress)。

【例 2-8】 图 2-36 所示,同种材料构成的阶梯形杆 AC,AB 段的面积 A_1,BC 段的面积为 A_2,$l_1 = 2l_2$,$A_1 = 2A_2$,材料的线膨胀系数为 α,当温度升高 ΔT 时,试计算杆 AC 的最大温度应力 σ。

解: 由于 AC 杆两端固定,当温度升高 ΔT 时,其变形受到限制而产生约束力,其受力图如 2-36(b)图所示。根据杆的受力图可知为一次超静定问题。

(1)平衡方程
$$F_A - F_C = 0$$
可得
$$F_A = F_C = -F_N$$

(2)变形协调条件

若解除 C 端约束,在温度升高 ΔT 时,杆件 AC 将自由膨胀产生轴向伸长量 Δl_T;由于两端约束力作用将使其产生压缩变形 Δl_F,如图 2-36(c)、(d)所示。在两者共同作用下,杆件 AC 的总变形量为零,则变形协调方程为

$$\Delta l_F + \Delta l_T = 0$$

(3)物理方程

$$\Delta l_F = \frac{F_N l_1}{EA_1} + \frac{F_N l_2}{EA_2}, \qquad \Delta l_T = \alpha \cdot \Delta T \cdot l$$

将物理方程带入变形协调条件中,得到补充方程

$$\frac{F_N l_1}{EA_1} + \frac{F_N l_2}{EA_2} + \alpha \cdot \Delta T \cdot l = 0$$

求解得

$$F_A = F_C = -F_N = \frac{3}{2}\alpha \cdot \Delta T \cdot E \cdot A_2$$

则温度应力为

$$\sigma_1 = \frac{F_N}{A_1} = -\frac{3}{4}\alpha \cdot \Delta T \cdot E, \qquad \sigma_2 = \frac{F_N}{A_2} = -\frac{3}{2}\alpha \cdot \Delta T \cdot E$$

所以杆的最大温度应力 $\sigma = \frac{3}{2}\alpha \cdot \Delta T \cdot E$ (受压),当温度降低时,杆中温度应力为拉应力。

3. 加工误差会在超静定结构中产生装配应力

构件在制造加工时,尺寸上的误差总是难以避免的。对静定结构来说,加工误差只会引起构件装配后结构形状的微小变化,不会引起应力。但对于超静定结构来说,当构件的尺寸有误差时,如果强行装配,这将在构件上引起应力,这种应力称为**装配应力**(assemble stress)。

【例 2-9】 如图 2-37(a)所示,吊桥链条的一节由三根长为 l 的钢杆组成。若三根杆的横截面积相等,中间杆略短于名义长度,误差值 $\delta = l/2000$,试求强行装配后各杆的装配应力。

解： 如不计两端连接螺栓的变形，可将链条的一节简化为图 2-37(b)所示的超静定结构。当强行装配时，中间杆将受到拉伸，而两侧杆受到压缩，最后组装成图 2-37(b)所示结构。

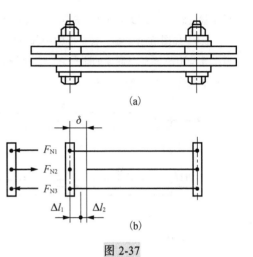

（1）平衡方程

$$F_{N1} + F_{N3} = F_{N2}$$

由对称性有

$$F_{N1} = F_{N3}$$

（2）变形协调条件

$$\Delta l_1 + \Delta l_2 = \delta$$

（3）物理方程

$$\Delta l_1 = \frac{F_{N1}l}{EA}, \quad \Delta l_2 = \frac{F_{N2}l}{EA}$$

图 2-37

将物理方程带入变形协调条件中，得到补充方程

$$F_{N1} + F_{N2} = \frac{EA}{2000}$$

联立求解得

$$F_{N1} = \frac{EA}{6000}, \quad F_{N2} = \frac{EA}{3000}$$

若取 $E = 200\text{GPa}$ ，则装配应力为

$$\sigma_1 = \sigma_3 = \frac{F_{N1}}{A} = \frac{E}{6000} = 33.3(\text{MPa}), \quad \sigma_2 = \frac{F_{N2}}{A} = \frac{E}{3000} = 66.6(\text{MPa})$$

可见，很小的加工误差（千分之一）就将引起较大的装配应力。

习　题

2.1　试判断图示杆件哪些属于轴向拉伸或压缩？

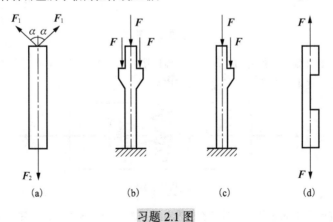

习题 2.1 图

2.2　试画出图示各杆的轴力图。

2.3　如图所示一端固定的等截面平板，自由端作用均匀分布拉力 q，受载前在其表面画斜直线 AB，试

问受载后斜直线 *A'B'* 是否与 *AB* 保持平行？为什么？

2.4　如图所示，在一长平板的中部打出一小圆孔和切出一横向裂纹。若小圆孔的直径与裂缝的长度相等，且均不超过平板宽度的十分之一。小圆孔和裂缝均位于平板宽度的中间，然后在平板两端均匀受拉，试问平板将从何处破裂，为什么？

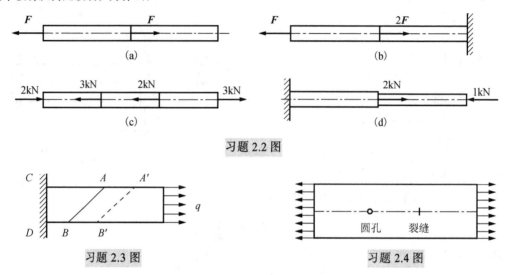

习题 2.2 图

习题 2.3 图　　　　　　　　　　　习题 2.4 图

2.5　图示结构的 1 和 2 部分皆可视为刚体，钢拉杆 *BC* 的截面为圆，直径为 10mm，试求钢拉杆的应力。

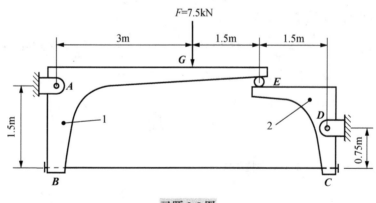

习题 2.5 图

2.6　图示为两块矩形截面平板的粘接部位，这种连接方式称为指接，受轴向力 $F=800\text{N}$ 作用，平板宽 80mm，厚度为 10mm，试求粘接面上的正应力和切应力。

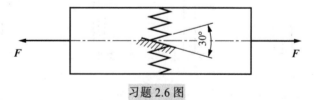

习题 2.6 图

2.7　表格中是直径为 14mm 的拉伸试件在轴向拉伸试验时得到的数据，已知该试件的标距为 50mm，试用 Excel 软件画出应力-应变曲线，并求其比例极限、弹性模量、屈服极限和强度极限。

习题 2.7 表

载荷/N	伸长量/mm	载荷/N	伸长量/mm
0	0	46200	1.25
6310	0.010	52400	2.50
12600	0.020	58500	4.50
18800	0.030	65400	7.50
25100	0.040	69000	12.50
31300	0.050	67800	15.50
37900	0.060	65000	20.00
40100	0.163	61500	断裂
41600	0.433		

2.8　某材料的应力-应变曲线如图所示，试根据该曲线确定：

(1)材料的弹性模量 E 与比例极限 σ_p；

(2)当应力增加到 $\sigma = 350\text{MPa}$ 时，材料的线应变 ε，以及相应的弹性应变 ε_e 与塑性应变 ε_p。

2.9　某拉伸试验机结构如图所示，试验机的杆 CD 材料与试样 AB 材料相同，均为低碳钢，$\sigma_p = 200\text{MPa}$，$\sigma_s = 240\text{MPa}$，$\sigma_b = 400\text{MPa}$，试验机最大拉力为 $F_{\max} = 100\text{kN}$。试求：

(1)试验机作拉断试验时，试样的最大直径；

(2)取安全因数 $n = 2$ 时杆 CD 的横截面面积；

(3)试样直径 $d = 10\text{mm}$，欲测弹性模量 E 时的最大载荷。

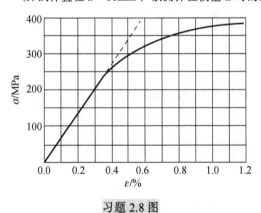

习题 2.8 图

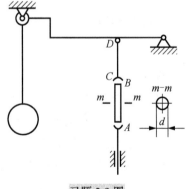

习题 2.9 图

2.10　汽车离合器踏板如图所示。已知踏板受到压力 $F_1 = 400\text{N}$，杠杆臂长 $L=300\text{mm}$，$l=55\text{mm}$，拉杆 AB 的直径 $D=9\text{mm}$，其许用应力 $[\sigma] = 50\text{MPa}$，校核拉杆 AB 的强度。

2.11　图示桁架，杆 AB 为圆截面钢杆，直径 $d=20\text{mm}$，钢的许用应力 $[\sigma_s] = 160\text{MPa}$。杆 AC 为正方形截面木杆，边长 $b=84\text{mm}$，木的许用应力 $[\sigma_w] = 10\text{MPa}$。在节点 A 处承受铅垂方向的载荷 F 作用，试确定许可载荷 $[F]$ 的大小。

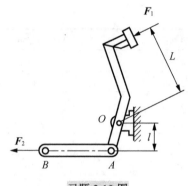

习题 2.10 图

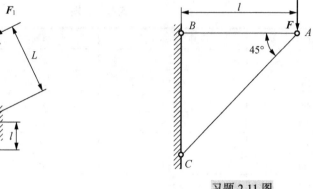

习题 2.11 图

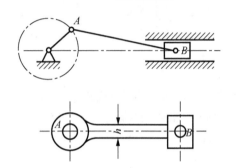

习题 2.12 图

2.12　曲柄滑块机构如图所示。工作时连杆接近水平位置，承受压力 $F = 1100\text{kN}$。连杆截面为矩形截面，高度与宽度之比为 $h/b = 1.4$，材料为 45 号钢，许用应力 $[\sigma] = 58\text{MPa}$，试确定截面尺寸 h 及 b。

2.13　如图所示的桁架，水平杆 AB 的长度 l 保持不变，斜杆 AC 的长度可随夹角 θ 的改变而变化，两杆由同一材料制造，如果两杆的应力同时达到许用应力 $[\sigma]$，且使结构具有最小重量。试求：

(1) 两杆的夹角；

(2) 此时两杆的横截面面积之比。

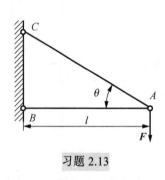

习题 2.13

习题 2.14 图

2.14　汽缸如图所示，内径 $D = 560\text{mm}$，气体压强 $p = 2.5\text{MPa}$，活塞杆直径 $d = 100\text{mm}$，杆材料的屈服极限 $\sigma_s = 300\text{MPa}$。

(1) 试求活塞杆的工作安全因数；

(2) 若连接汽缸与汽缸盖的螺栓直径 $d_1 = 30\text{mm}$，螺栓材料的许用应力 $[\sigma] = 60\text{MPa}$，求所需螺栓数。

2.15　图示一块均质等厚矩形板，承受一对集中载荷 F，材料服从胡克定律，弹性模量 E 与泊松比 μ 均已知。设板具有单位厚度，试求板横截面积 A 的改变量 ΔA。

2.16　如图所示，一内半径为 r，厚度为 δ（$\delta \leqslant r/10$），宽度为 b 的薄壁圆环。在圆环的内表面承受均匀分布的压力 p，试求：

(1)由内压力引起的圆环径向截面上的应力;

(2)由内压力引起的圆环半径的伸长。

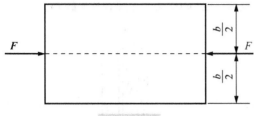

习题 2.15 图

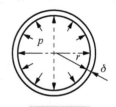

习题 2.16 图

2.17　图示阶梯形杆 AC，$l_1 = l_2 = 400\text{mm}$，$A_1 = 2A_2 = 100\text{mm}^2$，$E = 200\text{GPa}$，$F = 10\text{kN}$，试计算杆 AC 的轴向变形 Δl。

2.18　图示结构，已知 AB 杆直径 $d = 30\text{mm}$，$a = 1\text{m}$，$E = 210\text{GPa}$。

(1)若测得 AB 杆的应变 $\varepsilon = 7.15 \times 10^{-4}$，试求载荷 F 值。

(2)设 CD 杆为刚杆，若 AB 杆的许用应力 $[\sigma] = 160\text{MPa}$，试求许可载荷 $[F]$ 及对应 D 点铅垂位移。

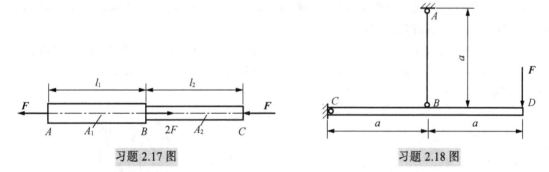

习题 2.17 图　　　　　　　　　　　　　　习题 2.18 图

2.19　在图示结构中，设 AC 为刚杆，1、2、3 三杆的横截面面积相等，材料相同。试求三杆的轴力。

2.20　如图所示，在图示桁架结构中，1、2 号杆件的材料和横截面面积相同，以下哪个措施能够减小 3 号杆的内力:

(1)增大 3 号杆材料的弹性模量;

(2)增加 1、2 号杆的横截面面积;

(3)预先将 3 号杆的长度做得略长一些。

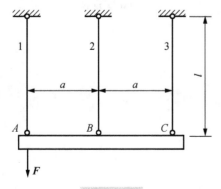

习题 2.19 图

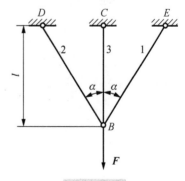

习题 2.20 图

2.21　图示结构中两根钢杆截面面积相同，$A = 1000\text{mm}^2$，$E = 200\text{GPa}$，钢的线胀系数

$\alpha = 12.5 \times 10^{-6} \, (1/℃)$。若杆 BC 温度下降 $20℃$，杆 BD 温度不变。求两杆内的应力。

2.22 图示木制短柱的四角用四个 $40\text{mm} \times 40\text{mm} \times 4\text{mm}$ 的等边角钢加固。已知角钢的许用应力 $[\sigma_s] = 160\text{MPa}$，$E_s = 200\text{GPa}$；木材的许用应力 $[\sigma_w] = 12\text{MPa}$，$E_w = 10\text{GPa}$。试求许可载荷 $[F]$。

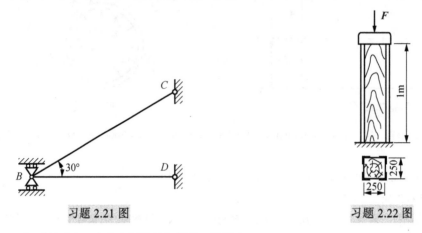

习题 2.21 图　　　　习题 2.22 图

2.23 如图所示为一个套有铜管的钢螺栓，螺距为 3mm，$E_{铜} = 100\text{GPa}$，$E_{钢} = 200\text{GPa}$，试求螺母拧紧 $1/4$ 转时，螺栓及管子横截面上的应力。

2.24 图示结构，杆 AB、AC 在 A 点铰接，长度均为 0.5m，横截面面积为 A，弹性模量 $E = 200\text{GPa}$。杆 DF 的横截面面积为 $2A$，弹性模量 $E = 200\text{GPa}$。DF 杆在制造时短了 0.8mm，强行将其与 A 点连接。试求其装配应力。

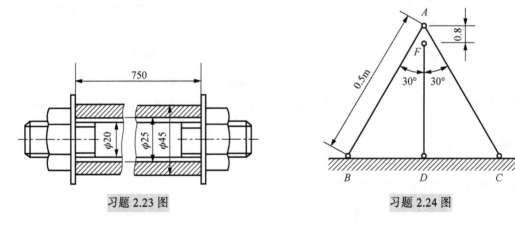

习题 2.23 图　　　　习题 2.24 图

第3章 连接件的实用计算

3.1 引　言

在工程结构中，构件与构件之间常采用螺栓、铆钉、销轴、键块、焊缝等部件连接，这些起连接作用的部件统称为连接件。例如，图 3-1 所示钢结构中的铆钉连接，图 3-2 所示传动机构中轴与齿轮间的键连接。由受力图可以看出，一般连接件的尺寸较小，受力与变形复杂，而且在很大程度上还受到加工工艺的影响，要精确计算其应力和变形比较困难，同时也不实用。因此工程中通常采用简化分析的方法，即实用计算法。其要点是：对连接件的受力简化并对其应力分布进行简化和假设，从而计算出连接件的"名义应力"；同时根据简化假设，做同类连接件的破坏实验，并采用同样的计算方法，由破坏载荷确定材料的极限应力。实验表明，只要简化合理，并有充分的实验依据，这种简化分析方法能够保障结构的安全。

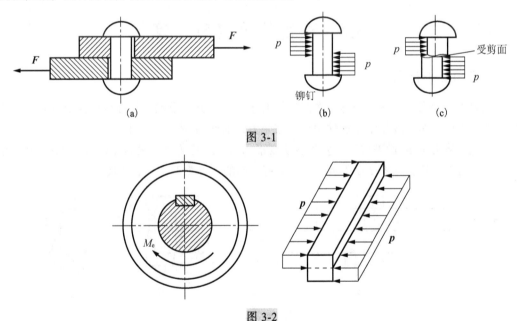

图 3-1

图 3-2

连接件的连接方式，主要有以下几种形式。

（1）铆钉连接：将一端带有预制钉头的铆钉，插于被连接构件的钉孔中，利用铆钉枪或压铆机将另一端压为封闭钉头，如图 3-1 所示。

（2）键块连接：主要用于轴传动的连接，如图 3-2、图 3-3 所示。

（3）螺栓连接：主要用于安装连接可装拆的结构中，如图 3-4 所示。

（4）焊缝连接：焊接是钢结构的主要连接方式，如图 3-5 所示。

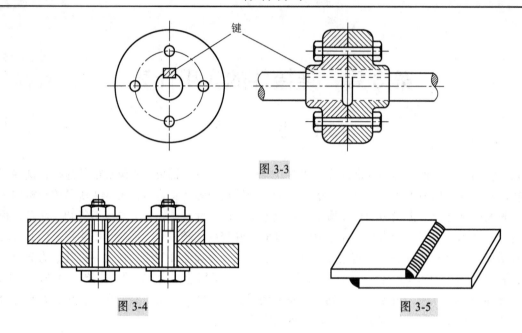

图 3-3

图 3-4   图 3-5

3.2　连接件的实用计算

3.2.1　剪切实用计算

考虑图 3-6(a)所示的螺栓连接，在两钢板上施加拉力 F，显然螺栓在两侧面上分别受到大小相等、方向相反、作用线相距很近的两组分布外力系的作用(图 3-6(b))。试验表明，当上述外力过大时，螺栓将沿 $m\text{-}m$ 面被剪断。发生剪切变形的截面，称为**剪切面**(shear surface)；有一个剪切面的，称为单剪切，如图 3-6 所示；有两个剪切面的，称为双剪切，如图 3-7 所示。

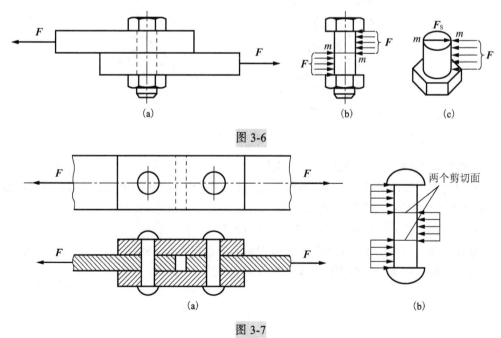

图 3-6

图 3-7

讨论剪切的内力和应力时,利用截面法从剪切面将受剪构件分成两部分,并以其中一部分为研究对象,如图 3-6(c)所示。剪切面上剪力 F_s 由平衡方程即可求得。

实用计算中,假设在剪切面上的剪切应力是均匀分布的。以 A 表示剪切面面积,则剪切面上的应力为

$$\tau = \frac{F_s}{A} \tag{3-1}$$

上式所得的 τ 称为**名义切应力**。

在连接件的剪切面上,应力的实际分布情况比较复杂,切应力并非均匀分布。所以要用实验的方式,使试样受力尽可能地接近连接件的实际情况,求得试样失效时的极限载荷。用式(3-1)得到剪切破坏时材料的极限切应力 τ_u,再除以安全因数 n,即得到材料的许用切应力 $[\tau]$。则剪切的强度条件可表示为

$$\tau = \frac{F_s}{A} \leqslant [\tau] \tag{3-2}$$

根据以上的剪切强度条件,可以进行①强度校核;②截面尺寸设计;③许用载荷设计等强度计算。

【**例 3-1**】　如图 3-8(a)所示,已知 $F = 100\text{kN}$,销钉直径 $d = 30\text{mm}$,材料的许用切应力 $[\tau] = 60\text{MPa}$,试校核销钉的剪切强度。若强度不够,应该用多大直径的销钉?

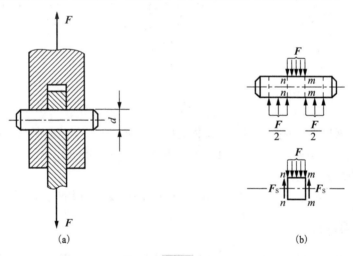

(a)　　　　　　　　　　　　　　　　　　　(b)

图 3-8

解:销钉受力如图 3-8(b)所示。根据受力情况,销钉中段相对于左、右两段,沿 $m-m$ 和 $n-n$ 两个面上下错动,有两个剪切面,为双剪切。由平衡方程容易求出

$$F_s = \frac{F}{2}$$

销钉横截面上的切应力为

$$\tau = \frac{F_s}{A} = \frac{100 \times 10^3\,\text{N}}{2 \times \dfrac{\pi}{4} \times (30 \times 10^{-3}\,\text{m})^2} = 70.77 \times 10^6\,\text{Pa} = 70.77\text{MPa}$$

$$\tau = 70.77\text{MPa} > [\tau]$$

故销钉不满足强度要求。

由材料的强度条件可知

$$\tau = \frac{F_S}{A} = \frac{F_S}{\pi d^2 / 4} \leqslant [\tau]$$

满足强度条件的销钉的直径为

$$d \geqslant \sqrt{\frac{4 \times F_S}{\pi[\tau]}} = \sqrt{\frac{4 \times 100 \times 10^3 \, \text{N}}{2 \times 3.14 \times 60 \times 10^6 \, \text{Pa}}} \approx 3.26 \times 10^{-2} \, \text{m} = 32.6 \text{mm}$$

取 $d = 33$mm。

【例 3-2】　已知钢板厚度 $\delta = 10$mm，其剪切极限应力为 $\tau_u = 300$MPa，如图 3-9(a)所示。若用冲床将钢板冲出直径 $d = 25$mm 的孔，问需要多大的冲剪力 F？

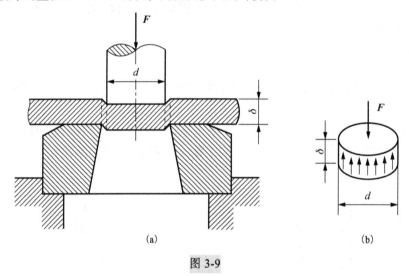

图 3-9

解：剪切面是钢板内被冲头冲出的圆饼体的柱形侧面，如图 3-9(b)所示。其面积为

$$A = \pi d \delta = \pi(25 \times 10^{-3} \, \text{m}) \times (10 \times 10^{-3} \, \text{m}) = 785 \times 10^{-6} \, \text{m}^2$$

冲孔所需要的冲剪力应为

$$F \geqslant A\tau_u = (785 \times 10^{-6} \, \text{m}^2) \times (300 \times 10^6 \, \text{Pa}) = 236 \times 10^3 \text{N} = 236 \text{kN}$$

3.2.2　挤压实用计算

连接件和被连接件在相互传递力时，将发生彼此间的局部承压现象，称为**挤压**(bearing)。在接触面上的总压紧力称为**挤压力**(bearing force)，并记为 F_{bs}，相应的应力称为**挤压应力**(bearing stress)。例如在图 3-10 所示销钉连接中，销钉与钢板就相互压紧。这就可能使销钉或钢板的铆钉孔产生局部塑性变形，也就是销钉孔被压成椭圆孔的情况，当然销钉也可能被压成椭圆柱。显然挤压力可根据被连接件所受的外力，并由静力平衡条件求得。

在挤压面上，应力分布一般也比较复杂，如图 3-11 所示，所以在实用计算时，可以采用以下公式近似计算挤压面上的最大挤压应力，其具体表达式为

$$\sigma_{bs} = \frac{F_{bs}}{A_{bs}} \tag{3-3}$$

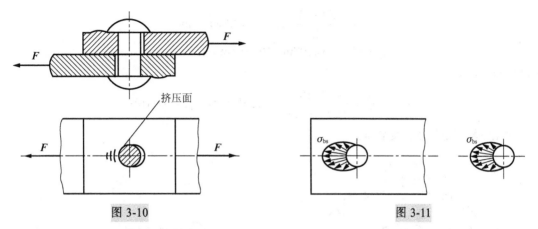

图 3-10　　　　　　　　　　　　　　　　　　图 3-11

根据式(3-3)计算所得的应力称为**名义挤压应力**。其中 A_{bs} 表示有效挤压面积，当接触面为平面时，有效挤压面面积 A_{bs} 即为实际接触面的面积，如图 3-12(a)所示；当接触面为圆柱面时，有效挤压面面积 A_{bs} 为实际接触面在直径平面上的投影面积，如图 3-12(b)所示。实验分析表明，这类圆柱状连接件与钢板孔壁间接触面上的理论挤压应力沿柱面的变化情况如图 3-11 所示，其挤压应力的最大值与按式(3-3)计算得到的名义挤压应力值相近。

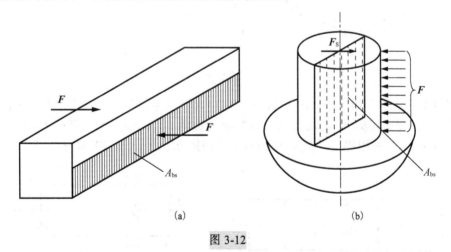

(a)　　　　　　　　　　　　　　　　(b)

图 3-12

然后通过直接实验，并按名义挤压应力公式得到材料的极限挤压应力，从而确定许用挤压应力 $[\sigma_{bs}]$。于是挤压强度条件为

$$\sigma_{bs} = \frac{F_{bs}}{A_{bs}} \leqslant [\sigma_{bs}] \tag{3-4}$$

【**例 3-3**】　如图 3-13(a)所示机床花键主轴有 8 个齿。轮与轴的配合长度 $l = 60\text{mm}$，外力偶矩 $M_e = 4\text{kN·m}$。轮与轴的许用挤压应力为 $[\sigma_{bs}] = 140\text{MPa}$，试校核花键轴的挤压强度。

解：由于花键轴齿的位置对称，故每个挤压面上的挤压力相等，挤压应力分布如图 3-13(b)所示。挤压力大小为

$$F_{bs} = \frac{M_e}{8r_0} = \frac{4 \times 10^3 \text{N·m}}{8 \times \left[\dfrac{47}{2} + \dfrac{1}{2} \times \left(\dfrac{52-47}{2} \right) \right] \times 10^{-3}\text{m}} = 20.2 \times 10^3 \text{N}$$

有效挤压面积

$$h = \frac{52-47}{2} \times 10^{-3} \,\mathrm{m} = 2.5 \times 10^{-3} \,\mathrm{m}$$

$$A_{bs} = hl = 2.5 \times 10^{-3} \,\mathrm{m} \times 60 \times 10^{-3} \,\mathrm{m} = 150 \times 10^{-6} \,\mathrm{m}^2$$

则键的挤压应力

$$\sigma_{bs} = \frac{F_{bs}}{A_{bs}} = \frac{20.2 \times 10^3 \,\mathrm{N}}{150 \times 10^{-6} \,\mathrm{m}^2} = 135\mathrm{MPa} < [\sigma_{bs}] = 140\mathrm{MPa}$$

故花键轴满足挤压强度要求。

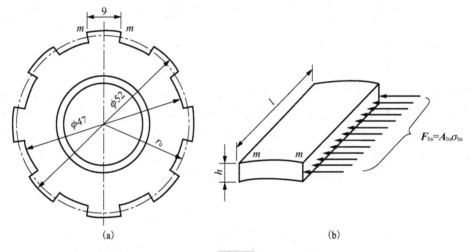

图 3-13

【例 3-4】　如图 3-14(a)所示铆钉接头，铆钉和板的材料相同，受轴向力 F 作用，试求该拉力的许用值。已知板宽 $b = 15\mathrm{mm}$，板厚 $\delta = 2\mathrm{mm}$，边距 $a = 10\mathrm{mm}$，铆钉直径 $d = 4\mathrm{mm}$，许用拉应力 $[\sigma] = 160\mathrm{MPa}$，许用切应力 $[\tau] = 100\mathrm{MPa}$，许用挤压应力 $[\sigma_{bs}] = 300\mathrm{MPa}$。

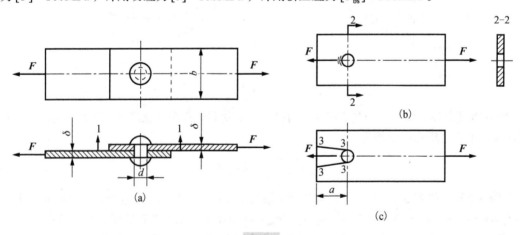

图 3-14

解：(1)接头破坏形式分析

铆接接头的破坏形式可能有以下 4 种：铆钉沿横截面 1-1 被剪断(图 3-14(a))；铆钉与孔壁互相挤压，产生显著塑性变形(图 3-14(b))；板沿截面 2-2 被拉断(图 3-14(b))；板沿截面 3-3 被剪断(图 3-14(c))。

实验表明，当边距 a 足够大且大于铆钉直径 d 的 2 倍时（图 3-14(c)），最后一种形式的破坏通常即可避免。因此，铆接接头的强度分析，主要是针对前三种破坏形式而言。

（2）剪切强度分析

铆钉剪切面 1-1 上的切应力为

$$\tau = \frac{F_S}{A} = \frac{4F_S}{\pi d^2}$$

根据切应力强度条件 $\tau = \frac{4F}{\pi d^2} \leqslant [\tau]$ 有

$$F \leqslant \frac{\pi d^2 [\tau]}{4} = \frac{\pi \times (4 \times 10^{-3}\,\text{m})^2 \times 100 \times 10^6\,\text{Pa}}{4} = 1257\text{N}$$

（3）挤压强度分析

铆钉与孔壁的名义挤压应力为

$$\sigma_{bs} = \frac{F_{bs}}{A_{bs}} = \frac{F}{d\delta}$$

由挤压强度条件 $\sigma_{bs} = \frac{F_{bs}}{A_{bs}} \leqslant [\sigma_{bs}]$ 有

$$F \leqslant \delta d [\sigma_{bs}] = 2 \times 10^{-3}\,\text{m} \times 4 \times 10^{-3}\,\text{m} \times 300 \times 10^6\,\text{Pa} = 2400\text{N}$$

（4）拉伸强度分析

横截面 2-2 上的正应力最大，其值

$$\sigma_{max} = \frac{F_N}{A} = \frac{F}{(b-d)\delta}$$

由拉压强度条件 $\sigma_{max} = \frac{F_N}{A} = \frac{F}{(b-d)\delta} \leqslant [\sigma]$ 有

$$F \leqslant (b-d)\delta[\sigma] = (15 \times 10^{-3}\,\text{m} - 4 \times 10^{-3}\,\text{m}) \times 2 \times 10^{-3}\,\text{m} \times 160 \times 10^6\,\text{Pa} = 3250\text{N}$$

综合考虑以上三方面，可见接头的许用拉力 $[F] = 1257\text{N}$ 。

习　　题

3.1　图示木榫接头，截面为正方形，承受轴向拉力 $F = 10\text{kN}$ ，已知木材的顺纹许用应力 $[\tau] = 1\text{MPa}$ ，$[\sigma_{bs}] = 8\text{MPa}$ ，截面边长 $b = 114\text{mm}$ ，试根据剪切与挤压强度确定尺寸 a 及 l 。

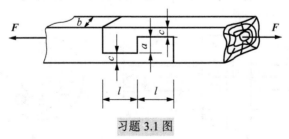

习题 3.1 图

3.2　图示拉杆头部的尺寸如图所示，杆的许用切应力 $[\tau] = 100\text{MPa}$ ，许用挤压应力 $[\sigma_{bs}] = 240\text{MPa}$ ，试确定许可载荷 F 。

3.3　如图所示夹剪，销子的直径 $d = 6\text{mm}$ 。现欲剪与销子同直径的铜丝，若力 $F = 280\text{N}$ ，$a = 40\text{mm}$ ，

$b = 200\text{mm}$。求铜丝与销子截面上的平均切应力。

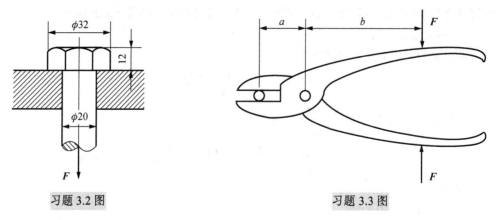

习题 3.2 图　　　　　　　　　　　习题 3.3 图

　　3.4　如图所示螺栓连接。$F = 80\text{kN}$，$b = 80\text{mm}$，$\delta = 10\text{mm}$，$d = 22\text{mm}$，螺栓的许用切应力 $[\tau] = 135\text{MPa}$，钢板的许用挤压应力 $[\sigma_{\text{bs}}] = 300\text{MPa}$，许用拉应力 $[\sigma] = 175\text{MPa}$。试校核接头的强度。

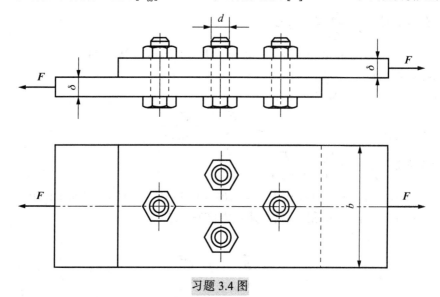

习题 3.4 图

　　3.5　如图所示凸缘联轴节传递的力偶矩 $M_{\text{e}} = 200\text{N} \cdot \text{m}$，凸缘之间用 8 只螺栓连接，对称地分布在 $D_0 = 100\text{mm}$ 的圆周上。若螺栓的许用切应力 $[\tau] = 60\text{MPa}$，试求螺栓所需的直径。

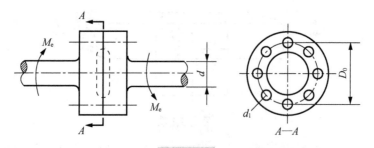

习题 3.5 图

　　3.6　如图所示齿轮与轴用平键连接。已知轴的直径 $d = 70\text{mm}$，键的尺寸为 $b \times h \times l = 20\text{mm} \times 12\text{mm} \times 100\text{mm}$，传递的力偶矩为 $M_{\text{e}} = 2\text{kN} \cdot \text{m}$；键材料的许用切应力 $[\tau] = 80\text{MPa}$，$[\sigma_{\text{bs}}] = 200\text{MPa}$。试校核键的

强度。

3.7　图示用两个铆钉将 $140\text{mm} \times 140\text{mm} \times 12\text{mm}$ 的等边角钢铆接在立柱上，构成支托。若 $F = 30\text{kN}$ 且离两铆钉的距离相同，铆钉的直径 $d = 21\text{mm}$，试求铆钉的切应力和挤压应力。

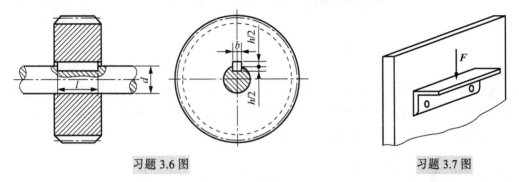

习题 3.6 图　　　　　　　　　　　　　　　　习题 3.7 图

3.8　图示销钉式安全离合器，允许传递的外力偶矩 $M_e = 300\text{N} \cdot \text{m}$，销钉材料的极限应力 $\tau_u = 360\text{MPa}$，轴的直径 $D = 30\text{mm}$，为保证 $M_e > 300\text{N} \cdot \text{m}$ 时销钉被剪断，试设计销钉的直径 d。

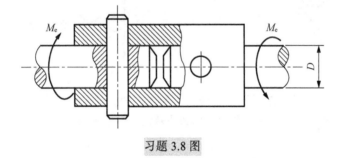

习题 3.8 图

3.9　如图所示接头受到楔形构件 $F = 30\text{kN}$ 的轴向力作用，试求作用于截面 AB 和 BC 上的应力。假设构件接触面光滑，宽度为 30mm。

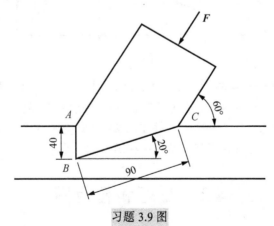

习题 3.9 图

第4章 扭 转

4.1 引 言

在工程实际中，有很多以扭转变形为主的杆件。例如：攻丝的丝锥在攻丝时(图 4-1)，通过绞杆在丝锥上端作用一个力偶，丝锥下端则受到工件的阻力偶的作用，丝锥将产生扭转变形。又如，拧螺丝的螺丝刀(图 4-2)、车床的光杆、搅拌机轴、汽车传动轴等。

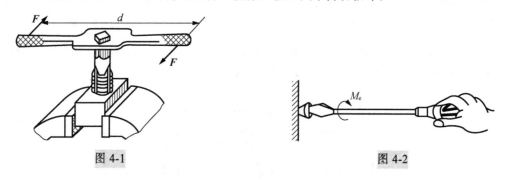

图 4-1   图 4-2

以上受扭杆件的特点是：作用于垂直杆轴平面内的力偶使杆件发生扭转变形，致使杆件任意横截面都绕杆件轴线相对转动了一个角度，称为**扭转角**(relative torsion angle)，用 φ 表示，如图 4-3 所示。

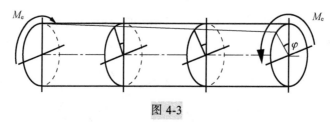

图 4-3

工程上通常将产生扭转变形的构件称为**轴**(shaft)，上面提到的承受扭转变形的轴类零件，其截面大都为圆形，这是工程中最常见也是最简单的情况，所以本章着重讨论圆截面等直杆的扭转问题，包括轴的外力、内力、应力和变形，并在此基础上研究轴的强度和刚度问题。至于非圆截面轴的扭转的应力和变形只作简单介绍，给出一些结论。

4.2 扭矩和扭矩图

4.2.1 外力偶矩的计算

传动轴是通过转动传递动力的构件，其外力偶矩一般不是直接给出，而轴传递的功率和转速通常只是已知的。因此，在分析传动轴的内力前，首先需要根据转速与功率计算轴所承受的外力偶矩。若轴的转速为 $n(\text{r/min})$ (图 4-4)，带轮的功率为 $P(\text{kW})$，由 $P = M_e \cdot \omega = M_e \cdot 2\pi n/60$ 得

$$\{M_e\}_{N\cdot m} = 9549 \frac{\{P\}_{kW}}{\{n\}_{r/min}} \qquad (4\text{-}1)$$

在传动轴上，主动轮外力偶的转向与轴的转动方向相同，而从动轮上的外力偶的转向与轴的转动方向相反。在轴匀速转动时，主动轮上的外力偶矩等于从动轮上外力偶矩之和。

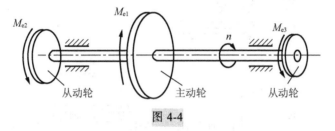

图 4-4

4.2.2　轴的扭矩

计算出作用在轴上的外力偶矩后，即可利用截面法计算任意截面上的内力。以图 4-5(a) 所示圆轴为例，用一假想平面 $m\text{-}n$ 将轴分为两段，取其中一部分(图 4-5(b) 或 (c))进行受力分析。因力偶只能与力偶平衡，所以横截面上必存在一内力偶来平衡外力偶，由对轴线的力矩平衡方程

$$\Sigma M_x = 0, \qquad T - M_e = 0$$

得

$$T = M_e$$

T 称为**扭矩**，扭矩的正负规定为：扭矩矢量的指向与横截面外法线方向一致时为正；反之为负。按照这一规则，在图 4-5 中无论就哪一部分来说，截面上的扭矩都是正的。

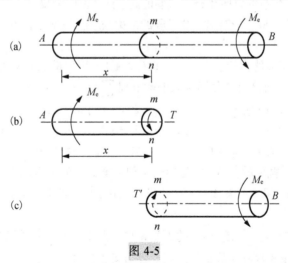

图 4-5

4.2.3　扭矩图

由于轴内各横截面的扭矩一般不同，与轴向拉压问题中作轴力图一样，也可用函数 $T(x)$ 和图形表示扭矩的变化情况，该函数称为**扭矩方程**，该图形称为**扭矩图**(torsion diagram)。下面用例题来说明扭矩图的绘制方法。

【**例 4-1**】　图 4-6(a) 所示传动轴，主动轮 A 输入功率 $P_A = 36kW$，从动轮 B、C、D 输出功率分别为 $P_B = P_C = 11kW$，$P_D = 14kW$，轴的转速 $n = 300r/min$。试作轴的扭矩图。

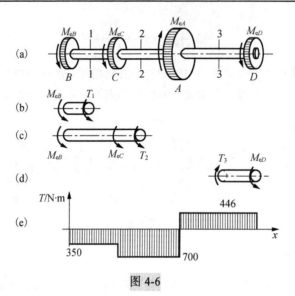

图 4-6

解：(1)按式(4-1)计算外力偶矩。

$$M_{eA} = 9549\frac{P_A}{n} = (9549 \times \frac{36}{300})\text{N·m} = 1146\text{N·m}$$

$$M_{eB} = M_{eC} = 9549\frac{P_B}{n} = (9549 \times \frac{11}{300})\text{N·m} = 350\text{N·m}$$

$$M_{eD} = 9549\frac{P_D}{n} = (9549 \times \frac{14}{300})\text{N·m} = 446\text{N·m}$$

(2)分段(轴中间存在集中力偶和分布力偶的起、止截面时需要分段)。由于轴的中间段 C、A 截面分别作用集中力偶，BC、CA 和 AD 三段的内力(扭矩 T)不同，因此需将轴分成 BC、CA 和 AD 三段分析。

(3)计算各段任意截面的扭矩。在 BC、CA 和 AD 分别用横截面将轴截开，画出受力图如图 4-6(b)、(c)、(d)所示。对分离体分别建立平衡方程 $\sum M_x = 0$ 如下：

$$T_1 + M_{eB} = 0, \qquad T_1 = -M_{eB} = -350\text{N·m}$$
$$T_2 + M_{eB} + M_{eC} = 0, \qquad T_2 = -M_{eB} - M_{eC} = -700\text{N·m}$$
$$-T_3 + M_{eD} = 0, \qquad T_3 = M_{eD} = 446\text{N·m}$$

(4)以横坐标表示横截面的位置，纵坐标表示相应截面上的扭矩，作出轴的扭矩图如图 4-6(e)所示。从图中可以看到，最大扭矩发生在 CA 段，且 $|T_{max}| = 700\text{N·m}$。

结论：

(1)轴的扭矩方程 $T(x) = \sum M_{ei}$（M_{ei} 的矢量背离于所求截面的外法线为正，反之为负）。

(2)传动轴的主动轮通常放在从动轮之间。读者可以思考为什么？

4.3　圆轴扭转的应力分析

4.3.1　圆轴扭转的应变和应力的特点

工程上对圆轴进行强度计算，首先必须了解横截面上的应力。下面通过实心圆轴的变形实验来了解实心圆轴的应力和应变的分布规律。显然，此种情况仅仅利用静力条件是无法解决的，而应从研究变形入手，并利用应力应变关系以及**静力关系**，即从几何、物理与静力关系三方面进行综合分析。

1．实验现象

考虑一端固定的等直圆轴，在自由端受力偶 M_e 作用发生扭转变形，为了观察圆轴的变形，在其表面等距离画上圆周线和纵向线，形成矩形网格（图 4-7(a)）。如图 4-7(b) 所示，在受扭发生小变形后，轴表面发生变形，可以观察到圆轴表面上各圆周线的形状、大小和间距均未改变，仅是各圆周线作了相对转动，各纵向线均倾斜一微小角度 γ。

根据上述观察到的现象，圆轴扭转变形有如下特点：

(1) 圆轴扭转变形前的横截面，变形后仍保持为平面，仍与轴线垂直，即**平面假设**。

(2) 变形后圆周线的形状和大小不变，半径线仍为直线。

(3) 各横截面的间距保持不变。

换言之，圆轴在扭转时各横截面如同刚性圆片，仅绕轴线作相对转动。比较扭转前后的小方格可以看出，小方格变形后在轴向和圆周方向均无伸长或缩短，即在这两个方向上无线应变，但小方格的两对边发生了相对错动，使直角改变了一角度 γ。这种直角的改变在第 1 章中称为"切应变"。根据平面假设，圆轴由外表面至轴线的所有同心圆柱面上的小方格也都只发生切应变。这表明，圆轴扭转时，其横截面上只有切应力而无正应力，且切应力垂直纵向线。

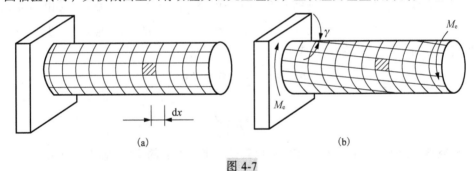

图 4-7

2．切应力互等定理

用相邻的两个横截面和两对纵截面，从圆轴中取出边长分别为 dx、dy 和 dz 的微小单元体（图 4-8）。单元体左、右两侧面是圆轴横截面的一部分，所以并无正应力只有切应力，数值相等方向相反。于是组成一个力偶矩为 $(\tau dz dy)dx$ 的力偶。为保持平衡，单元体的上、下面上必须有切应力，由 $\sum F_x = 0$ 知上、下两个面上存在大小相等、方向相反的切应力 τ'，并组成力偶矩为 $(\tau' dz dx)dy$ 的力偶与左右面上的力偶平衡。由平衡方程

$$\sum M_z = 0 , \quad (\tau dz dy)dx = (\tau' dz dx)dy$$

得

$$\tau = \tau' \tag{4-2}$$

这表明，在相互垂直的两个平面上，切应力必然成对出现，而且数值相等，两者都垂直于两个平面的交线，方向共同指向或者共同背离该交线，此结论称为**切应力互等定理**（theorem of conjugate shear stress）。需要指出的是，切应力互等定理不仅在扭转时满足，其他任何变形下也同样满足。

图 4-8 所示为单元体各面上只有切应力的状态称为**纯剪切状态**。

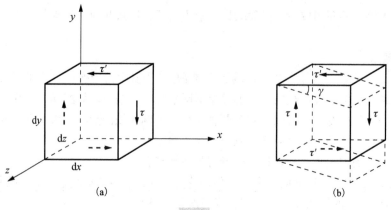

图 4-8

4.3.2　等直圆轴横截面上的应力

通过前面的研究知道横截面上只有切应力没有正应力，为了研究应力的分布规律，就必须了解切应变的分布规律，然后研究应力和应变之间的关系。

1．变形几何关系

为了研究应变的分布规律，在圆轴上用相距 $\mathrm{d}x$ 的横截面分离出一个微段，如图 4-9(a)所示。由实验可知变形后，圆轴表面纵向线段 $\overline{AB}$ 变为 $\overline{AB'}$，$\overline{AB}$ 和 $\overline{AB'}$ 的夹角为 γ（切应变），$\overset{\frown}{BB'}$ 对应横截面的圆心角 $\mathrm{d}\varphi$，由几何关系得

$$\overline{BB'} \approx \overset{\frown}{BB'} \Rightarrow \gamma \mathrm{d}x = R\mathrm{d}\varphi$$

即

$$\gamma = R\frac{\mathrm{d}\varphi}{\mathrm{d}x}$$

为了研究横截面上任意点的切应变，从横截面内半径为 ρ 的位置取微段，如图 4-9(b)所示，同理可得

$$\gamma_\rho = \rho\frac{\mathrm{d}\varphi}{\mathrm{d}x} \tag{4-3}$$

上式表明，横截面上任意点的切应变同该点到圆心的距离 ρ 成正比关系。

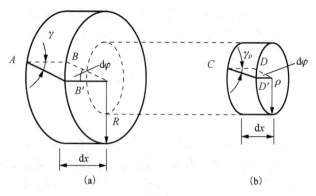

图 4-9

2．物理关系

实验结果表明，切应力与切应变的关系如图 4-10 所示。在弹性范围内，当切应力小于剪切比

例极限 τ_p 时，τ 与 γ 呈线性正比关系：

$$\tau = G\gamma \qquad (4-4)$$

式 (4-4) 称为**剪切胡克定律** (Hooke's law in shear)，式中 G 为比例常数，称为材料的**切变模量** (shear modulus) (又称为**剪切模量**)，其单位与应力相同。

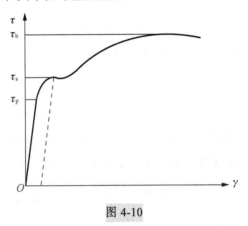

图 4-10

对于各向同性材料，在弹性范围内，三个弹性常量 E、μ 和 G 存在以下关系

$$G = \frac{E}{2(1+\mu)} \qquad (4-5)$$

将式 (4-3) 代入式 (4-4) 得

$$\tau_\rho = G\gamma_\rho = G\rho \frac{\mathrm{d}\varphi}{\mathrm{d}x} \qquad (4-6)$$

上式表明，圆轴在扭转时横截面上的切应力沿直径线性分布，截面中心的切应力为零，周边上的点切应力最大。因为 γ_ρ 发生在垂直于半径的平面内，所以 τ_ρ 也与半径垂直且切应力的指向与横截面上的扭矩 T 的转向一致，分布如图 4-11 所示 (横截面) 和图 4-12 所示 (纵、横截面)。

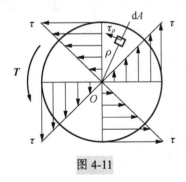

图 4-11

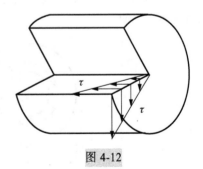

图 4-12

3. 静力关系

根据图 4-11 所示，横截面上任意点的切应力和扭矩有如下静力学关系

$$\int_A \rho\tau_\rho \mathrm{d}A = T$$

将式 (4-6) 代入得

$$G\frac{\mathrm{d}\varphi}{\mathrm{d}x}\int_A \rho^2 \mathrm{d}A = T$$

式中的积分 $\int_A \rho^2 \mathrm{d}A = I_p$ 仅与截面尺寸有关，称为截面的极惯性矩，代入上式，得

$$\frac{\mathrm{d}\varphi}{\mathrm{d}x} = \frac{T}{GI_\mathrm{P}} \tag{4-7}$$

把式(4-7)代入式(4-6)，得到圆轴扭转横截面上任意点的切应力公式

$$\tau_\rho = \frac{T}{I_\mathrm{P}}\rho \tag{4-8}$$

而其方向则垂直该点处的半径，此即为圆轴扭转切应力的一般表达式。

当 $\rho = R$ 时，即圆轴边缘处的切应力最大，其值为

$$\tau_{\max} = \frac{T}{I_\mathrm{P}}R = \frac{T}{\dfrac{I_\mathrm{P}}{R}} = \frac{T}{W_\mathrm{P}} \tag{4-9}$$

式中，$W_\mathrm{P} = \dfrac{I_\mathrm{P}}{R}$ 称为**抗扭截面系数**，它也是一个仅与截面尺寸有关的量。

对于图 4-13(a)所示实心圆截面，取宽度为 $\mathrm{d}\rho$ 的环形区域为微面积，则 $\mathrm{d}A = 2\pi\rho\mathrm{d}\rho$，则有

$$I_\mathrm{P} = \int_0^{\frac{D}{2}} \rho^2 \cdot 2\pi\rho\mathrm{d}\rho = \frac{\pi D^4}{32}, \qquad W_\mathrm{P} = \frac{I_\mathrm{P}}{D/2} = \frac{\pi D^3}{16} \tag{4-10}$$

对于空心圆截面(图 4-13(b))：

$$I_\mathrm{P} = \frac{\pi D^4}{32}(1-\alpha^4), \qquad W_\mathrm{P} = \frac{\pi D^3}{16}(1-\alpha^4) \tag{4-11}$$

式中，$\alpha = d/D$，d 和 D 分别为圆截面的内外直径。

对于薄壁圆管，由于其内外径的差值很小，式中的 ρ 可用平均半径 R 表示，即

$$I_\mathrm{P} = \int_A \rho^2\mathrm{d}A \approx R^2 \int_A \mathrm{d}A = R^2 A$$

由此得薄壁圆截面的极惯性矩和抗扭截面系数为

$$I_\mathrm{P} = 2\pi R^3 \delta, \qquad W_\mathrm{P} = 2\pi R^2 \delta \tag{4-12}$$

圆轴扭转应力公式是在平面假设的基础上建立的。试验表明，只要圆轴内的最大扭转切应力不超过材料的剪切比例极限，上述公式的计算结果，与试验结果一致。这说明基于平面假设的圆轴扭转理论是正确的。

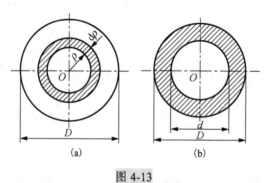

图 4-13

4.4　圆轴扭转的强度问题

4.4.1　扭转失效和极限应力

用低碳钢和铸铁制成标准扭转试件，在扭转试验机上进行扭转试验。低碳钢试件破坏断口和

铸铁试件破坏断口如图 4-14(a)、(b)所示。

　　低碳钢材料在受扭时，经过弹性阶段后将开始产生塑性屈服，此时横截面上的最大切应力，称为材料的**扭转屈服极限**，用 τ_s 表示，在此阶段试件表面的横向与纵向出现滑移线(图 4-14(c))。如果继续增加扭转力偶矩，试件最后沿横截面被剪断。铸铁试件受扭时，变形始终很小，最后在与轴线约成 45° 的倾角的螺旋线发生断裂，这时所对应的切应力称为材料的**抗扭强度极限**，并用 τ_b 表示。

　　低碳钢的扭转屈服强度 τ_s 和铸铁的抗扭强度极限 τ_b 统称为**扭转极限应力**，用 τ_u 表示。

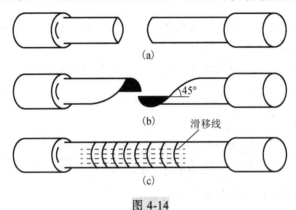

图 4-14

4.4.2　圆轴扭转强度计算

　　将材料的扭转极限应力 τ_u 除以安全因数 n，得到材料的扭转许用应力为

$$[\tau] = \frac{\tau_u}{n}$$

　　为保证轴在工作中不致因强度不足而破坏，工程上要求圆轴扭转时的最大切应力不得超过材料的许用切应力 $[\tau]$，即

$$\tau_{max} = \left(\frac{T}{W_P}\right)_{max} \leqslant [\tau] \tag{4-13}$$

而对于等截面圆轴

$$\tau_{max} = \frac{T_{max}}{W_P} \leqslant [\tau] \tag{4-14}$$

式(4-13)和式(4-14)称为**圆轴扭转强度条件**，公式中的 T 和 T_{max} 皆取绝对值。

　　理论与实验研究均表明，材料许用正应力 $[\sigma]$ 和许用切应力 $[\tau]$ 有如下近似关系。

　　塑性材料：$[\tau] = (0.5 \sim 0.6)[\sigma]$；脆性材料：$[\tau] = (0.8 \sim 1.0)[\sigma]$。

　　【**例 4-2**】　汽车传动轴外径 $D = 76mm$，壁厚 $\delta = 2.5mm$，汽车功率 $P = 66.2kW$，传动轴转速 $n = 320 r/min$，传动轴材料的许用切应力 $[\tau] = 100MPa$，试校核轴的强度。

　　解：(1)按式(4-1)计算传动轴的扭矩

$$T_{max} = M_e = 9549\frac{P}{n} = 9549 \times \frac{66.2}{320} N \cdot m = 1975 N \cdot m$$

　　(2)按式(4-9)计算最大切应力

　　主传动轴的内外径之比

$$\alpha = \frac{d}{D} = \frac{D - 2\delta}{D} = \frac{76\text{mm} - 2 \times 2.5\text{mm}}{76\text{mm}} = 0.934$$

抗扭截面系数为

$$W_{\text{P}} = \frac{\pi D^3}{16}(1 - \alpha^4) = \frac{\pi \times (76 \times 10^{-3}\,\text{m})^3}{16}(1 - 0.934^4) = 2.06 \times 10^{-5}\,\text{m}^3$$

$$\tau_{\text{max}} = \frac{T_{\text{max}}}{W_{\text{P}}} = \frac{1975\text{N} \cdot \text{m}}{2.06 \times 10^{-5}\,\text{m}^3} = 9.59 \times 10^7\,\text{Pa} = 95.9\text{MPa} < [\tau]$$

故该轴满足强度条件。

【例 4-3】　　如果把上题中的汽车传动轴改为实心轴，要求它与原来的空心轴强度相同，试确定实心轴的直径，并和原空心轴进行比较。

解：要求强度相同，即实心轴的最大切应力 τ_{max} 也为 95.9MPa，仍可由强度设计准则确定实心轴的直径 d。

由 $\tau_{\text{max}} = \dfrac{T_{\text{max}}}{W_{\text{P}}} \leqslant [\tau]$，$W_{\text{P}} = \dfrac{\pi d^3}{16}$ 得

$$d \geqslant \sqrt[3]{\frac{16 \times T_{\text{max}}}{\pi \tau_{\text{max}}}} = \sqrt[3]{\frac{16 \times 1975\text{N} \cdot \text{m}}{3.14 \times 95.9 \times 10^6\,\text{Pa}}} = 4.72 \times 10^{-2}\,\text{m}$$

取 $d = 47\text{mm}$，实心轴和空心轴的截面积分别为

$$A_{\text{实}} = \frac{\pi d^2}{4} = 1735\text{mm}^2, \quad A_{\text{空}} = \frac{\pi D^2}{4}(1 - \alpha^2) = 577\text{mm}^2$$

即 $A_{\text{实}}/A_{\text{空}} = 3$。

可见实心轴截面积为空心轴的 3 倍。采用空心轴节省 2/3 的材料，自重也相应减少 2/3。这是由于实心轴横截面上的切应力沿半径呈线性规律分布，圆心附近的应力很小，这部分材料没有充分发挥作用，而空心轴的材料潜力得到较充分的发挥（特别是 α 较大，即壁较薄时）。从强度考虑，空心圆轴比实心轴设计合理。因而空心轴主要用在对构件重量要求比较严格的构件，如飞机、汽车的传动轴、钻杆等。但是，空心轴的加工工艺复杂，成本高，壁厚太薄时还会发生局部皱褶而失稳（即局部失稳）。

设计轴时还应注意另一个重要问题，应尽量减少截面尺寸的急剧改变以减缓应力集中。对于工程上经常使用的阶梯形轴，在粗细两段的交接处，宜配置适当尺寸的过渡圆角。

4.5　圆轴扭转的变形和刚度问题

4.5.1　圆轴扭转的变形

轴的扭转变形是用两横截面之间绕轴线的相对扭转角 φ 来度量的。

图 4-9(b)所示长度为 $\text{d}x$ 的微段左右两个截面间的相对扭转角 $\text{d}\varphi$，由式 $\dfrac{\text{d}\varphi}{\text{d}x} = \dfrac{T}{GI_{\text{P}}}$ 得

$$\text{d}\varphi = \frac{T}{GI_{\text{P}}}\text{d}x$$

沿轴线积分，便可求出距离为 l 的两个横截面间的相对扭转角为

$$\varphi = \int_l \frac{T}{GI_{\text{P}}}\text{d}x$$

当扭矩为常数，且 GI_P 也为常量时，相距 l 的两横截面的相对扭转角为

$$\varphi = \frac{Tl}{GI_\mathrm{P}} \tag{4-15}$$

当扭矩分段为常数时，应分段计算各段的扭转角，然后代数相加，得到两端截面的相对扭转角为

$$\varphi = \sum \frac{T_i l_i}{G_i I_{\mathrm{P}i}} \tag{4-16}$$

式中，GI_P 称为圆轴的**抗扭刚度**(torsional rigidity)，它反映了截面抵抗扭转变形的能力。

若两截面之间 T 有变化，或极惯性矩 I_P 有变化，亦或材料不同（G 变化），则应通过积分或者分段计算出各段的扭转角，然后代数相加。

4.5.2　圆轴扭转刚度条件

扭转角与两截面间的距离 l 的大小有关，为了消除 l 的影响，工程中受扭圆轴的刚度常用单位长度扭转角(torsional angle per unit length)来度量，即

$$\theta = \frac{\mathrm{d}\varphi}{\mathrm{d}x} = \frac{T}{GI_\mathrm{P}} \tag{4-17}$$

在进行轴的刚度设计时，工程上习惯用(°)/m 来表示许用扭转角 $[\theta]$，将式(4-17)得到的 θ 进行单位换算，可得

$$\theta = \frac{T}{GI_\mathrm{P}} \times \frac{180}{\pi} \tag{4-18}$$

圆轴的刚度设计准则为

$$\theta_{\max} = \left(\frac{T}{GI_\mathrm{P}}\right)_{\max} \times \frac{180}{\pi} \leqslant [\theta] \tag{4-19}$$

对于等截面圆轴

$$\theta_{\max} = \frac{T_{\max}}{GI_\mathrm{P}} \times \frac{180}{\pi} \leqslant [\theta] \tag{4-20}$$

单位长度许用扭转角 $[\theta]$ 的大小可根据轴的使用精度、生产要求和工作条件等因素决定，可从有关设计手册中查到。对一般传动轴，$[\theta]$ 为 $0.5 \sim 1°/\mathrm{m}$，对于精密机器的轴，常取 $0.15 \sim 0.30°/\mathrm{m}$。

【例 4-4】　如图 4-15 所示钻探机，钻杆的外径 $D = 60\mathrm{mm}$，内径 $d = 50\mathrm{mm}$，$l = 80\mathrm{m}$。A 端的输入功率 $P = 15\mathrm{kW}$，钻杆的转速 $n = 180\mathrm{r/min}$，B 端力偶 $M_{\mathrm{e}B}$ 为钻头的破岩力矩。材料的切变模量 $G = 80\mathrm{GPa}$，如土壤对钻杆的阻力形成力偶矩为 $m = 6.20\mathrm{N \cdot m/m}$ 的均布力偶，试求钻杆 AB 两端的相对扭转角。

解：（1）外力偶计算

由式(4-1)求得钻杆的驱动力矩

$$M_{\mathrm{e}A} = 9549 \frac{P}{n} = 9549 \frac{15\mathrm{kW}}{180\mathrm{r/min}} = 796\mathrm{N \cdot m}$$

由方程 $\sum M_x = 0$ 得

$$M_{\mathrm{e}B} + ml - M_{\mathrm{e}A} = 0$$

求得

$$M_{\mathrm{e}B} = M_{\mathrm{e}A} - ml = 796\mathrm{N \cdot m} - 6.20 \times 80 \times 10^{-3}\mathrm{N \cdot m} = 300\mathrm{N \cdot m}$$

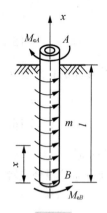

图 4-15

(2)内力计算

以 B 端为坐标原点建立图示坐标系，则任一截面上的扭矩为

$$T(x) = -M_{eB} - mx$$

(3)变形计算

$$\phi_{AB} = \int_0^l \frac{T(x)}{GI_P} dx = \int_0^l \frac{-M_{eB} - mx}{GI_P} dx = -0.832 \text{rad} = -47.7°$$

【例 4-5】　主传动钢轴，传递功率 $P = 60\text{kW}$，转速 $n = 250\text{r}/\text{min}$，传动轴的许用切应力 $[\tau] = 40\text{MPa}$，许用单位长度扭转角 $[\theta] = 0.5°/\text{m}$，切变模量 $G = 80\text{GPa}$，试计算传动轴所需的直径。

解：(1)轴的扭矩

$$T_{\max} = M_e = 9549 \frac{P}{n} = 9549 \times \frac{60}{250} \text{N} \cdot \text{m} = 2292 \text{N} \cdot \text{m}$$

(2)按强度条件计算轴的直径

$$\tau_{\max} = \frac{T_{\max}}{W_P} \leqslant [\tau]$$

$$d \geqslant \sqrt[3]{\frac{16 \times T_{\max}}{\pi[\tau]}} = \sqrt[3]{\frac{16 \times 2292\text{N} \cdot \text{m}}{\pi \times 40 \times 10^6 \text{Pa}}} = 66.3 \times 10^{-3} \text{m} = 66.3 \text{mm}$$

(3)按刚度条件计算轴的直径

$$\theta_{\max} = \frac{T_{\max}}{GI_P} \times \frac{180°}{\pi} \leqslant [\theta]$$

$$d \geqslant \sqrt[4]{\frac{32 \times T_{\max} \times 180°}{G\pi^2[\theta]}} = \sqrt[4]{\frac{32 \times 180° \times 2292\text{N} \cdot \text{m}}{\pi^2 \times 0.5° \times 80 \times 10^9 \text{Pa}}} = 76.0 \times 10^{-3} \text{m} = 76\text{mm}$$

故应按刚度条件确定轴的直径，取 $d = 76\text{mm}$。可见，在该传动轴的设计中，刚度要求是决定性因素。

【例 4-6】　如图 4-16(a)所示，两端固定的圆截面杆 AB，在截面 C 处受到一扭转力偶矩 M_e 作用。已知杆的扭转刚度为 GI_P，试求杆两端的约束力偶矩。

解：(1)平衡方程。研究 AB 杆，受力分析如图 4-16(b)所示，由平衡方程 $\sum M_x = 0$ 得

$$M_e - M_{eA} - M_{eB} = 0 \tag{a}$$

(2)变形协调条件。由于 A、B 两端固定，所以 A、B 两端的相对扭转角等于零。

$$\varphi_{AB} = \varphi_{AC} + \varphi_{CB} = 0 \tag{b}$$

(3)物理方程。在弹性范围内变形与力之间满足线性关系，有

$$\varphi_{AC} = \frac{T_{AC} l_{AC}}{GI_P} = \frac{M_{eA} a}{GI_P}, \quad \varphi_{CB} = \frac{T_{CB} l_{CB}}{GI_P} = -\frac{M_{eB} b}{GI_P} \tag{c}$$

式(a)、(b)、(c)联立求解，得

$$M_{eA} = \frac{M_e b}{l}, \quad M_{eB} = \frac{M_e a}{l}$$

结果为正，表明原假设方向是正确的。当约束力偶确定后，也可进行轴的强度与刚度计算。

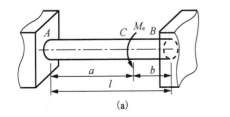 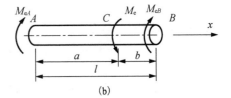

图 4-16

*4.6 非圆截面杆的扭转

4.6.1 引言

在工程中，圆轴是最常用的。但也经常会遇到非圆截面杆的扭转问题。例如内燃机曲柄臂就是矩形截面，农业机械中有时采用方轴作为传动轴。对于非圆截面杆，平面假设不再成立。横截面将由原来的平面变为曲面，即发生了**翘曲**(warping)，如图 4-17 所示。

根据横截面的翘曲是否受到约束限制，非圆截面杆的扭转可分为自由扭转和约束扭转两种。如果杆件扭转时，各横截面均可自由翘曲，不受到约束的影响，横截面上没有正应力只有切应力，称为**自由扭转**(free torsion)。反之，如果杆件扭转时，各横截面的翘曲受到限制，则横截面上不仅有切应力，还有正应力，称为**约束扭转**(constrained torsion)。

自由扭转只有在等直杆两自由端受扭转力偶作用时才会发生，这种情况在工程实际中较少。但是，对于矩形、椭圆形等实体截面杆来说，因不均匀翘曲所产生的正应力一般很小，可以忽略不计，可作为自由扭转处理。下面简单介绍矩形截面杆的自由扭转问题。

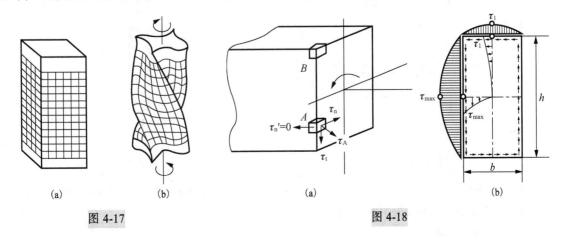

图 4-17   图 4-18

4.6.2 矩形截面杆的自由扭转

矩形截面杆自由扭转时横截面上的切应力分布十分复杂，由切应力互等定理可知：截面周边各点处的切应力与周边平行；截面凸角处的切应力为零。横截面切应力分布如图 4-18(b)所示，最大切应力发生在长边中点

$$\tau_{max} = \frac{T}{\alpha h b^2} \tag{4-21}$$

短边中点的切应力 τ_1 的大小为

$$\tau_1 = \gamma\tau_{\max} \tag{4-22}$$

单位长度扭转角 θ 的大小为

$$\theta = \frac{T}{\beta G b^3 h} \tag{4-23}$$

式中，α、β、γ 是和边长比 h/b 有关的系数，见表 4-1。当 $h/b \geqslant 10$ 时，即为狭长矩形时，$\alpha \approx \beta \approx 1/3$，$\gamma \approx 0.74$。

表 4-1　矩形截面扭转计算系数

$\dfrac{h}{b}$	1.00	1.20	1.50	1.75	2.00	2.50	3.00	4.00	5.00	6.00	8.00	10.00	∞
α	0.208	0.219	0.231	0.239	0.246	0.258	0.267	0.282	0.291	0.299	0.307	0.313	0.333
β	0.141	0.166	0.196	0.214	0.229	0.249	0.263	0.281	0.291	0.299	0.307	0.313	0.333
γ	1.00	0.93	0.86	0.82	0.80	0.77	0.75	0.74	0.74	0.74	0.74	0.74	0.74

习　　题

4.1　试求下列轴指定截面的扭矩并作出轴的扭矩图。

4.2　钻机功率 $P = 10\text{kW}$，转速 $n = 180\text{r} / \text{min}$，钻杆钻入土层深度 $l = 40\text{m}$，若土壤对钻杆的阻力可以看作沿钻杆均布的力偶，试求阻力偶的分布集度 m，并作钻杆的扭矩图。

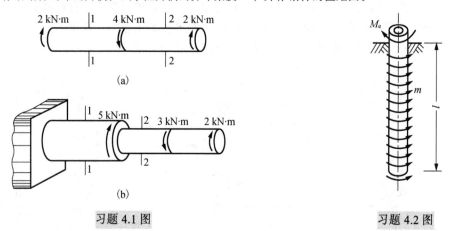

习题 4.1 图　　　　　　　　习题 4.2 图

4.3　如图所示传动轴，转速 $n = 350\text{r} / \text{min}$，主动轮 II 的输入功率 $P_2 = 70\text{kW}$，从动轮 I 和 III 传递的功率为 $P_1 = P_3 = 20\text{kW}$，从动轮 IV 传递的功率为 $P_4 = 30\text{kW}$。

(1) 试作轴的扭矩图；

(2) 若将轮 II 和轮 III 的位置互换，试比较扭矩图有何变化并分析对轴的受力是否有利？

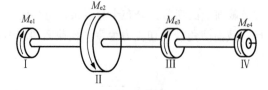

习题 4.3 图

4.4 直径 $D = 50\text{mm}$ 的圆轴，受到扭矩 $T = 2.15\text{kN}\cdot\text{m}$ 的作用。试求距离轴心 10mm 处的切应力，并求轴横截面上的最大切应力。

4.5 如图所示实心圆轴承受扭转外力偶作用，其力偶矩 $M_e = 3\text{kN}\cdot\text{m}$。试求：

(1)轴横截面上的最大切应力；

(2)轴横截面上半径 $r = 15\text{mm}$ 以内部分承受扭矩占全部横截面上扭矩的百分比；

(3)去掉 $r = 15\text{mm}$ 以内部分，横截面上的最大切应力增加的百分比。

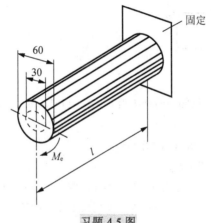

习题 4.5 图

4.6 已知汽车主传动轴外径 $D = 89\text{mm}$，壁厚 $\delta = 2.5\text{mm}$，材料为 20 号钢，许用切应力 $[\tau] = 70\text{MPa}$，传递的最大扭矩 $T = 1930\text{N}\cdot\text{m}$。试校核此轴的强度。

4.7 扭转实心轴和空心轴通过牙嵌式离合器连接在一起，已知轴的转速 $n = 100\text{r}/\text{min}$，传递的功率 $P = 7.5\text{kW}$，材料的许用切应力 $[\tau] = 40\text{MPa}$。试选择实心轴直径 D_1 和内外径比值 $\alpha = 0.5$ 的空心轴的外径 D_2。

4.8 阶梯形圆杆，AE 段为空心轴，外径 $D = 140\text{mm}$，内径 $d = 100\text{mm}$；BC 段为实心，直径 $d = 100\text{mm}$。外力偶矩 $M_{eA} = 18\text{kN}\cdot\text{m}$，$M_{eB} = 32\text{kN}\cdot\text{m}$，$M_{eC} = 14\text{kN}\cdot\text{m}$。已知 $[\tau] = 80\text{MPa}$，$[\theta] = 1.2°/\text{m}$，$G = 80\text{GPa}$。试校核轴的强度和刚度。

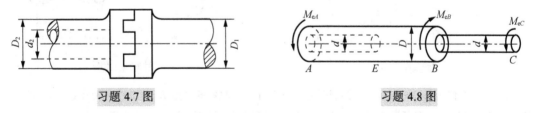

习题 4.7 图　　　　　　　　　　习题 4.8 图

4.9 图示圆轴承受集度为 m 的均匀分布的外力偶作用，已知轴的抗扭刚度 GI_p 和长度 l，试求 B 截面的扭转角 φ_B。

4.10 图示钻杆直径 $d = 20\text{mm}$，下部受均布的摩擦力偶 m 作用。材料的许用应力 $[\tau] = 70\text{MPa}$，切变模量 $G = 80\text{GPa}$。试求：

(1)许用的最大驱动力矩 M_e；

(2)最大驱动力矩作用下上端相对下端的扭转角。

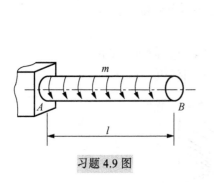

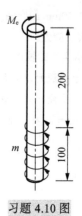

习题 4.9 图   习题 4.10 图

4.11 变截面圆轴受力如图。已知扭转外力偶矩 $M_{e1} = 1765\text{N·m}$ ， $M_{e2} = 1171\text{N·m}$ ，材料的切变模量 $G = 80\text{GPa}$ ，试求：

(1)确定轴内的最大切应力，并指出其作用位置；

(2)确定轴内最大单位长度扭转角 θ_{max} 。

4.12 如图所示某传动轴设计要求转速 $n = 500\text{r}/\text{min}$ ，输入功率 $P_1 = 370\text{kW}$ ，输出功率为 $P_2 = 150\text{kW}$ 及 $P_3 = 220\text{kW}$ 。已知材料的许用切应力 $[\tau] = 70\text{MPa}$ ，切变模量 $G = 80\text{GPa}$ ，许用单位长度扭转角 $[\theta] = 1°/\text{m}$ 。试求：

(1)AB 段直径 d_1 和 BC 段直径 d_2 ；

(2)若全轴选同一直径，该值应为多少？

(3)主动轮与从动轮如何安排才使传动轴的受力更为合理？

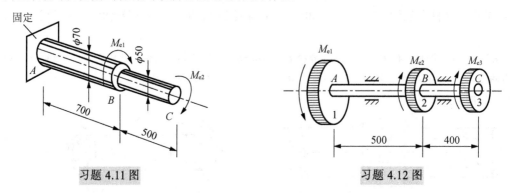

习题 4.11 图   习题 4.12 图

4.13 某钢轴直径 $D = 80\text{mm}$ ，受到扭矩 $T = 2.4\text{kN·m}$ ，材料的许用切应力 $[\tau] = 45\text{MPa}$ ，单位长度许用扭转角 $[\theta] = 0.5°/\text{m}$ ，切变模量 $G = 80\text{GPa}$ ，试校核此轴的强度和刚度。

4.14 一钢轴扭矩 $T = 1.2\text{kN·m}$ ，材料的许用切应力 $[\tau] = 50\text{MPa}$ ，单位长度许用扭转角 $[\theta] = 0.5°/\text{m}$ ，切变模量 $G = 80\text{GPa}$ ，试选择轴的直径。

4.15 AB 和 CD 两轴的 B、C 两端以凸缘相连接，A、D 两端则都是固定端。由于两个凸缘的螺栓孔的中心线未能完全重合，形成一角度为 ψ 的误差(见图)。当两个凸缘由螺栓连接后，试求两轴的装配扭矩。

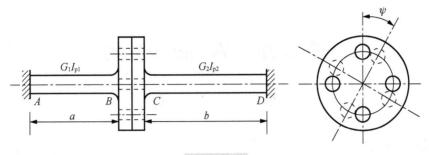

习题 4.15 图

4.16 图示圆轴的两端固定，在 C、D 两截面上分别作用矩为 M_{e1} 和 M_{e2} 的扭转力偶，试求约束力偶矩。

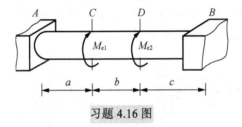

习题 4.16 图

4.17 如图所示阶梯形圆轴，两端刚性固结。左段直径 $d_1 = 60\text{mm}$，右段直径 $d_2 = 40\text{mm}$，在变截面处作用一外力偶矩 M_e。材料的单位长度许用扭转角 $[\theta] = 0.35°/\text{m}$，切变模量 $G = 80\text{GPa}$，试确定容许外力偶矩 $[M_e]$。

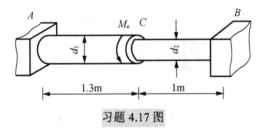

习题 4.17 图

第5章 弯曲内力

5.1 引言

5.1.1 弯曲的概念

当杆件受到垂直于杆件轴线的外力(通常称为横向力)或外力偶(外力偶矩矢垂直于杆的轴线)作用时,杆件将发生弯曲变形。弯曲变形特点:杆件轴线由直线变成曲线;任意两横截面绕垂直杆轴线的轴作相对转动。如图 5-1 所示的行车大梁和图 5-2 所示的火车轮轴均发生弯曲变形。凡以弯曲变形为主的杆件通常称为梁(beam)。

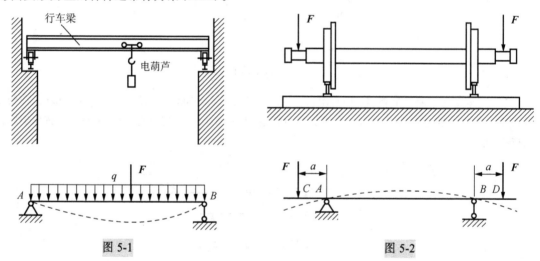

图 5-1   图 5-2

在弯曲变形中,如果直杆的轴线变形成一条平面曲线,这类弯曲称为**平面弯曲**(plane bending)。工程中常用的梁,其横截面一般都有一个对称轴(图 5-3),各横截面的对称轴组成梁的纵向对称面,如图 5-4 所示。当所有载荷都作用在纵向对称面内时,梁的轴线将在加载平面内变形成一条平面曲线,工程中将这种弯曲称为**对称弯曲**(symmetric bending)。

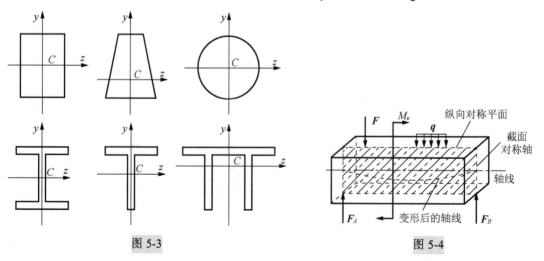

图 5-3   图 5-4

本章讨论梁横截面上的内力,在第 7 章和第 8 章将分别讨论梁的应力和变形。

5.1.2 梁的计算简图及分类

1. 梁结构简化

不管直梁的横截面形状多么复杂,都可以简化为一直杆并用梁的轴线来表示,如图 5-1 和图 5-2 所示。

2. 支座的几种基本形式

(1) **可动铰支座**(roller):图 5-2 所示火车轮轴右侧车轮处,当钢轨不与车轮凸缘靠紧挤压时,钢轨仅限制车轮在支承面的线位移,可简化为可动铰支座。

(2) **固定铰支座**(hinged support):图 5-2 所示火车轮轴左侧车轮处,当钢轨与车轮凸缘靠紧挤压时,钢轨不仅限制车轮在支承面的线位移,还限制了轮轴轴线方向线位移。这种限制支承处任何方位的线位移的约束可简化为固定铰支座。

(3) **固定支座**(fixed support):图 5-5 所示水闸立柱下端处,地基对立柱约束使其既不能有相对移动,也不能有相对转动,这种形式约束可简化为固定支座或简称为固定端。

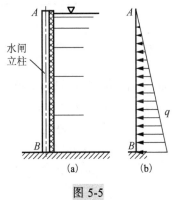

图 5-5

3. 载荷的简化

图 5-1 所示吊车对梁的作用力,其作用力分布范围远小于吊车梁的长度,所以可简化为集中力,而梁的自重则连续分布作用于梁上,其分布范围与梁自身长度相同,它可简化为分布载荷。沿梁轴线分布的力称为线分布载荷,其大小用单位长度上所受的力,常用载荷集度 q 表示,单位为 N/m(图 5-5)。集中力偶可理解为梁上力向轴线简化后所得的力偶矩。

4. 静定梁的分类

梁的支座反力可由静平衡方程确定,这种梁称为静定梁。而支座反力不能全由平衡方程确定的梁称为超静定梁,这类梁支座反力的求解将在第 8 章中讨论。常见的单跨静定梁有以下三种。

(1) **简支梁**(simply supported beam):一端是可动铰支座,另一端是固定铰支座的梁,如图 5-6(a)所示。

(2) **外伸梁**(overhang beam):一端或两端伸出支座外的简支梁,如图 5-6(b)所示。

(3) **悬臂梁**(cantilever beam):一端为固定支座,另一端自由的梁,如图 5-6(c)所示。

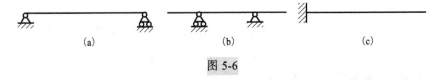

(a)　　　　　　　(b)　　　　　　　(c)

图 5-6

5.2 梁的内力——剪力和弯矩

若静定梁上的载荷已知,并利用平衡方程求出支座反力,则作用于梁上的外力均为已知量。此时可用截面法求梁的内力。为求任意截面 $m-m$(距 A 端 x 远处)上内力,用假想截面将梁从该处截开(图 5-7(a))。可任选一段分析,若取左段分析(图 5-7(b)),为使左段梁保持平衡,截面上

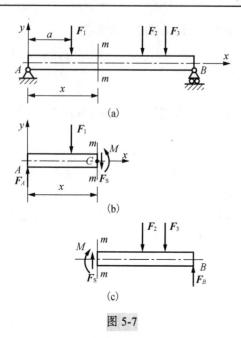

图 5-7

的分布内力向截面形心 C 点简化，必得到一个与梁轴线垂直的内力 F_S（显然轴线方向的轴力为 0）和内力偶 M。其中，内力 F_S 称为**剪力**，内力偶 M 称为**弯矩**。

根据左段梁的平衡条件，由平衡方程

$$\sum F_y = 0，\quad F_A - F_1 - F_S = 0$$
$$\sum M_C = 0，\quad M + F_1(x-a) - F_A x = 0$$

得

$$F_S = F_A - F_1 \tag{a}$$
$$M = F_A x - F_1(x-a) \tag{b}$$

由式（a）、（b）可以看出，剪力 F_S 等于截面 $m-m$ 以左所有外力在 y 轴（梁轴的垂线）上投影的代数和；弯矩 M 等于截面 $m-m$ 以左所有外力对截面形心的力矩的代数和。

如取梁右段分析，可用相同的方法求得截面 $m-m$ 上的内力 F_S 和 M，为了使取左段或取右段计算同一截面上的剪力和弯矩不但数值相等而且符号一致，把剪力和弯矩的符号规定与梁的变形联系起来，并作如下规定：若剪切变形与图 5-8（a）相同，即梁段发生左侧截面向上，右侧截面向下相对错动时，剪力为正，反之为负（也可理解剪力绕所取研究对象顺时针转动为正，逆时针转动为负）；若弯曲变形与图 5-8（c）相同，即梁段发生上凹下凸的变形时，弯矩为正，反之为负（也可理解使梁下部受拉的弯矩为正，受压为负）。

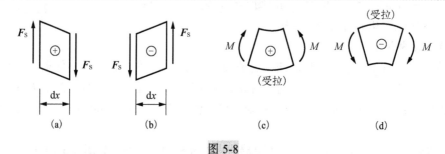

图 5-8

【例 5-1】　求图 5-9（a）所示外伸梁上 1-1，2-2，3-3，4-4 横截面上的剪力 F_S 和弯矩 M。

解：（1）求支座反力

首先取整个梁为研究对象，由平衡条件 $\sum M_A = 0$ 和 $\sum F_y = 0$ 求得支座反力

$$F_A = 3F(\uparrow)，\quad F_B = -2F(\downarrow)$$

（2）求 1-1 截面上的剪力 F_{S1} 和弯矩 M_1

取 1-1 截面左段梁为分离体，并假设截面上 F_{S1} 和 M_1 均为正，如图 5-9（b）所示，根据分离体平衡条件，列平衡方程

$$\sum F_y = 0，\quad -F - F_{S1} = 0$$
$$\sum M_{C1} = 0，\quad M_1 + Fa = 0$$

得

$$F_{S1} = -F，\quad M_1 = -Fa$$

(3)求 2-2 截面上的剪力 F_{S2} 和弯矩 M_2

取 2-2 截面左段梁为分离体,并设 F_{S2} 和 M_2 均为正,如图 5-9(c)所示,列平衡方程

$$\sum F_y = 0, \quad F_A - F - F_{S2} = 0$$
$$\sum M_{C2} = 0, \quad M_2 + Fa = 0$$

得

$$F_{S2} = F_A - F = 2F, \quad M_2 = -Fa$$

(4)求 3-3 截面上的剪力 F_{S3} 和弯矩 M_3

取 3-3 截面左段梁为分离体,并设 F_{S3} 和 M_3 均为正,如图 5-9(d)所示,列平衡方程

$$\sum F_y = 0, \quad F_A - F - F_{S3} = 0$$
$$\sum M_{C3} = 0, \quad M_3 + F \times 2a - F_A \times a = 0$$

得

$$F_{S3} = F_A - F = 2F, \quad M_3 = Fa$$

(5)求 4-4 截面上的剪力 F_{S4} 和弯矩 M_4

为计算简便,取 4-4 截面右段梁为分离体,并设 F_{S4} 和 M_4 均为正,如图 5-9(e)所示,列平衡方程

$$\sum F_y = 0, \quad F_{S4} + F_B = 0$$
$$\sum M_{C4} = 0, \quad -M_4 + F_B \times a = 0$$

得

$$F_{S4} = -F_B = 2F, \quad M_4 = F_B \cdot a = -2Fa$$

以上四个截面的剪力和弯矩计算结果为正的,说明剪力和弯矩实际方向与假设正方向相同;计算结果为负的,说明剪力和弯矩实际方向与假设正方向相反。

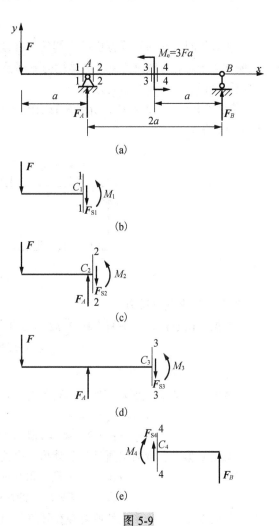

图 5-9

由此例可得以下结论:

(1)在集中力作用处,该横截面上的剪力值发生突变,且突变值为集中力的大小,而该横截面上的弯矩无突变。

(2)在集中力偶作用处,该横截面上的弯矩值发生突变,且突变值为集中力偶的大小,而该横截面上的剪力无突变。

(3)梁横截面上的内力可直接由该横截面任意一侧梁上的外力来计算,即

横截面的剪力 F_S,在数值上等于横截面左侧或右侧所有外力(包括集中力和分布载荷)在垂直于梁轴线方向投影的代数和,即

$$F_S = \sum F_y \tag{5-1}$$

在计算时,一定是取横截面同一侧的所有外力,而且在上述求和表达式中的外力相对所求截面为顺时针绕向取正,相反取负。此规律可记为"顺时针转向剪力为正"。

横截面的弯矩 M,在数值上等于横截面左侧或右侧所有外力对所求横截面形心 C 点的力矩的代数和,即

$$M = \sum M_C \tag{5-2}$$

在计算时，仍只取横截面同一侧的所有载荷，而且按上述表达式求截面弯矩时，需假想将所求横截面固定，若载荷使所考虑梁段的下部受拉时，该载荷对所求截面形心取矩为正，相反为负。此规律可记为"下部受拉弯矩为正"。

【例 5-2】　一外伸梁，所受荷载如图 5-10 所示，求截面 C、截面 B 偏左和截面 B 偏右上的剪力和弯矩。

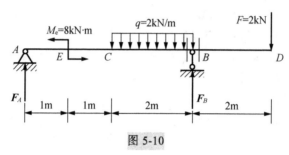

图 5-10

解：（1）求支座反力

根据平衡条件，由平衡方程 $\sum M_A = 0$ 和 $\sum M_B = 0$ 得

$$F_B = 4\text{kN}(\uparrow), \quad F_A = 2\text{kN}(\uparrow)$$

（2）求指定截面上的剪力和弯矩

截面 C：取 C 截面左侧所有载荷计算，由式（5-1）和式（5-2）得

$$F_{SC} = F_A = 2\text{kN}$$

$$M_C = F_A \times 2 - M_e = 2\text{kN} \times 2\text{m} - 8\text{kN} \cdot \text{m} = -4\text{kN} \cdot \text{m}$$

截面 B 偏左：取右侧所有载荷计算，由式（5-1）和式（5-2）得

$$F_{SB左} = F - F_B = 2\text{kN} - 4\text{kN} = -2\text{kN}$$

$$M_{B左} = -F \times 2 = -2\text{kN} \times 2\text{m} = -4\text{kN} \cdot \text{m}$$

截面 B 偏右：仍取右侧所有载荷计算，由式（5-1）和式（5-2）得

$$F_{SB右} = F = 2\text{kN}$$

$$M_{B右} = -F \times 2 = -2\text{kN} \times 2\text{m} = -4\text{kN} \cdot \text{m}$$

5.3　剪力方程、弯矩方程、剪力图和弯矩图

由例 5-1 可知，在一般情况下，剪力和弯矩随梁的横截面位置而变化。若沿梁轴线方向建立 x 坐标轴表示横截面位置，则梁的各横截面上的剪力和弯矩可表示为 x 的函数，即

$$F_S = F_S(x)$$

$$M = M(x)$$

这两个函数表达式称为梁的**剪力方程**（equation of shear force）和**弯矩方程**（equation of bending moment）。

由于在集中力作用处，剪力发生突变，在集中力偶作用处，弯矩发生突变。因此通常在梁全长上各横截面的剪力和弯矩不能由同一个函数描述，而需用分段函数进行分段描述。一般情况下，梁中集中力，集中力偶以及分布载荷的起、止截面处需要分段。

为了一目了然地看出梁的各横截面上的剪力和弯矩随着横截面位置而变化的情况，并确定梁内最大剪力与弯矩发生的位置及其数值，可仿照轴力图和扭矩图类似的作图方法，在直角坐标系 $F_S - x$ 和 $M - x$ 中画出二者的变化图，即**剪力图**(shear force diagram)和**弯矩图**(bending moment diagram)。由于弯矩图一般画在梁的受拉一侧，结合前面弯矩的正负规定并使之统一，因此在画弯矩图时，弯矩坐标是向下为正。

绘制剪力图和弯矩图的具体步骤如下。

(1)分段(在集中力、集中力偶作用处以及分布载荷起止横截面处)，并写出各段的剪力方程和弯矩方程(一般情况，简支梁和外伸梁需要先求支座反力)

(2)建立 $F_S - x$ 和 $M - x$ 坐标系，由剪力方程 $F_S(x)$ 和弯矩方程 $M(x)$ 描绘剪力图和弯矩图。

(3)在图形控制点处标出剪力值和弯矩值。

下面举例说明。

【例 5-3】 图 5-11(a)所示简支梁在 C 截面处作用集中力 F，试写出此梁的剪力方程和弯矩方程，并作出剪力图和弯矩图。

解：(1)求支座反力

由平衡方程 $\sum M_B = 0$ 和 $\sum M_A = 0$ 求得支座反力为

$$F_A = \frac{Fb}{l}(\uparrow), \quad F_B = \frac{Fa}{l}(\uparrow)$$

(2)分段

在集中力 F 处将梁分为 AC 和 CB 两段。写两段的剪力方程和弯矩方程。

AC 段：在 AC 段内任意横截面左侧的外力只有支座反力 F_A，取出左侧，剪力方程和弯矩方程可分别由式(5-1)和式(5-2)快速写出为

$$F_S(x) = F_A = \frac{Fb}{l} \quad (0 < x < a)$$

$$M(x) = F_A x = \frac{Fb}{l} x \quad (0 \leqslant x \leqslant a)$$

CB 段：在 CB 段内任意横截面右侧的外力只有支座反力 F_B，取右侧，剪力方程和弯矩方程可分别由式(5-1)和式(5-2)快速写出为

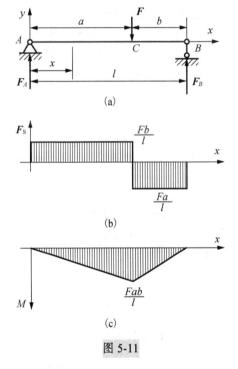

图 5-11

$$F_S(x) = -F_B = -\frac{Fa}{l} \quad (a < x < l)$$

$$M(x) = F_B(l-x) = \frac{Fa}{l}(l-x) \quad (a \leqslant x \leqslant l)$$

(3)建立 $F_S - x$ 和 $M - x$ 坐标系，作出剪力图和弯矩图

剪力图：由于 AC 段剪力方程为常数 Fb/l，因此剪力图为一条在 x 轴上方并平行于 x 轴的直线段，其值为 Fb/l，CB 段剪力方程为常数 $-Fa/l$，因此剪力图为一条在 x 轴下方并平行于 x 轴的直线段，其值为 $-Fa/l$，如图 5-11(b)所示。

弯矩图：由于 AC 段弯矩方程为 x 的一次函数，因此弯矩图为一条斜直线段，其斜直线段两端点值可由弯矩方程确定为

$$x = 0 , \quad M(0) = \frac{Fb}{l} \times 0 = 0 ; \quad x = a , \quad M(a) = \frac{Fb}{l} \times a = \frac{Fab}{l}$$

同理，CB 段弯矩方程为 x 的一次函数，因此弯矩图仍为一条斜直线段，其斜直线段两端点值可由弯矩方程确定为

$$x = a , \quad M(a) = \frac{Fa}{l} \times (l - a) = \frac{Fab}{l} ; \quad x = l , \quad M(l) = \frac{Fa}{l} \times (l - l) = 0$$

其弯矩图如图 5-11(c)所示。从剪力图和弯矩图可以看出，在集中力 F 作用处，剪力发生突变，突变值为集中力 F 大小，在该横截面上的弯矩无突变。

【例 5-4】　　图 5-12(a)所示齿轮轴上有斜齿轮时，齿轮啮合力中的轴向推力向轴线简化后，得力偶矩为 M_e。试作 M_e 作用下简支梁齿轮轴的剪力图和弯矩图。

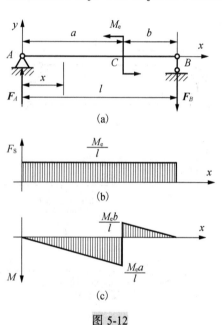

图 5-12

解：(1)求支座反力

由平衡方程 $\sum M_B = 0$ 和 $\sum M_A = 0$ 求得支座反力为：

$$F_A = \frac{M_e}{l} (\uparrow) , \quad F_B = \frac{M_e}{l} (\downarrow)$$

(2)分段

在集中力偶 M_e 处将梁分为 AC 和 CB 两段，写剪力方程和弯矩方程。

AC 段：在 AC 段内任意横截面左侧的外力只有支座反力 F_A，取出左侧，剪力方程和弯矩方程可分别由式(5-1)和式(5-2)快速写出为

$$F_S(x) = F_A = \frac{M_e}{l} \quad (0 < x \leqslant a)$$

$$M(x) = F_A x = \frac{M_e}{l} x \quad (0 \leqslant x < a)$$

CB 段：在 CB 段内任意横截面右侧的外力只有支座反力 F_B，取出右侧，剪力方程和弯矩方程可分别由式(5-1)和式(5-2)快速写出为

$$F_S(x) = F_B = \frac{M_e}{l} \quad (a \leqslant x < l)$$

$$M(x) = -F_B(l - x) = -\frac{M_e}{l}(l - x) \quad (a < x \leqslant l)$$

(3)建立 $F_S - x$ 和 $M - x$ 坐标系，作出剪力图和弯矩图

剪力图：由于 AC 和 CB 段剪力方程均为常数 M_e / l，因此剪力图为一条在 x 轴的上方并平行于 x 轴的直线段，其值为 M_e / l，如图 5-12(b)所示。

弯矩图：由于 AC 段弯矩方程为 x 的一次函数，因此弯矩图为一条斜直线段，其斜直线段两端点值可由弯矩方程确定为

$$x = 0 , \quad M(0) = 0 ; \quad x = a , \quad M(a) = \frac{M_e a}{l}$$

同理，CB 段弯矩方程为 x 的一次函数，因此弯矩图仍为一条斜直线段，其斜直线段两端点值可由弯矩方程确定为

$$x = a, \quad M(a) = -\frac{M_e b}{l}; \quad x = l, \quad M(l) = 0$$

其弯矩图如图 5-12(c)所示。从剪力图和弯矩图可以看出，在集中力偶 M_e 作用处，该横截面上的剪力无突变，弯矩发生突变，突变值为集中力偶 M_e 大小。

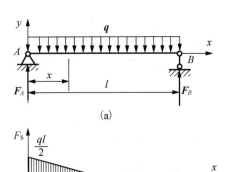

【例 5-5】 图 5-13(a)所示简支梁，受向下均布荷载 q 作用，试列出该梁的剪力方程和弯矩方程，并作出剪力图和弯矩图。

解： (1)求支座反力

由对称关系可知此梁的支座反力为

$$F_A = F_B = \frac{ql}{2}(\uparrow)$$

(2)剪力方程和弯矩方程

取出简支梁任意横截面左侧，外力有支座反力 F_A 和所取横截面左侧段均布荷载 q，剪力方程和弯矩方程可分别由式(5-1)和式(5-2)快速写出为

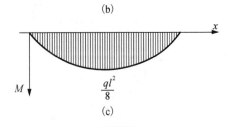

图 5-13

$$F_s(x) = F_A - qx = \frac{ql}{2} - qx \quad (0 < x < l)$$

$$M(x) = F_A x - qx \cdot \frac{x}{2} = \frac{ql}{2}x - \frac{q}{2}x^2 \quad (0 \leq x \leq l)$$

(3)建立 $F_s - x$ 和 $M - x$ 坐标系，作出剪力图和弯矩图

剪力图：由于剪力方程为 x 的一次函数，因此剪力图为一条斜直线段，斜直线段两端点值分别为

$$F_s(0) = \frac{ql}{2}, \quad F_s(l) = -\frac{ql}{2}$$

剪力图如图 5-13(b)所示。

弯矩图：由于弯矩方程为 x 的二次函数，因此弯矩图为一条二次抛物线段，要绘此曲线，至少需确定曲线上的三个点(一般为两个端点和曲线段的极值点)，其抛物线段两端点值分别为

$$M(0) = \frac{ql}{2} \cdot 0 - \frac{q}{2} \cdot 0^2 = 0, \quad M(l) = \frac{ql}{2} \cdot l - \frac{q}{2} \cdot l^2 = 0$$

考察曲线段的极值点位置及其值，为此求 $M(x)$ 对 x 的一阶导数并令其为零

$$\frac{dM(x)}{dx} = \frac{ql}{2} - qx = 0$$

得

$$x = l/2$$

弯矩的极值在距左端 $l/2$ 的横截面上，其极值为

$$M\left(\frac{l}{2}\right) = \frac{ql}{2} \cdot \frac{l}{2} - \frac{q}{2} \cdot \left(\frac{l}{2}\right)^2 = \frac{ql^2}{8}$$

弯矩图如图 5-13(c)所示。

【例 5-6】 试绘出图 5-14(a)所示简支梁的剪力图和弯矩图。

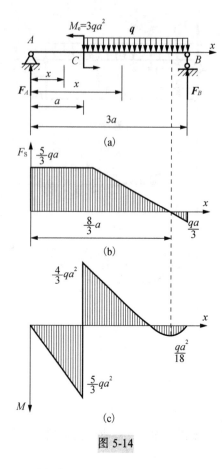

图 5-14

解：(1)求支座反力

$$\sum M_B = 0 , \quad 3qa^2 + q \times 2a \times a - F_A \times 3a = 0$$

$$\sum M_A = 0 , \quad F_B \times 3a + 3qa^2 - q \times 2a \times 2a = 0$$

得

$$F_A = \frac{5}{3}qa , \quad F_B = \frac{1}{3}qa$$

(2)分段

在集中力偶 M_e 处将梁分为 AC 和 CB 两段，AC 段剪力方程和弯矩方程为

$$F_s(x) = F_A = \frac{5}{3}qa \quad (0 < x \leqslant a)$$

$$M(x) = F_A x = \frac{5}{3}qax \quad (0 \leqslant x < a)$$

CB 段：取 CB 段内任意横截面右侧为分离体，剪力方程和弯矩方程可分别由式(5-1)和式(5-2)快速写出为

$$F_s(x) = -F_B + q(3a - x) = \frac{8}{3}qa - qx$$

$$(a \leqslant x < 3a)$$

$$M(x) = F_B(3a - x) - \frac{q}{2}(3a - x)^2$$

$$= \frac{1}{3}qa(3a - x) - \frac{q}{2}(3a - x)^2$$

$$(a < x \leqslant 3a)$$

(3)建立 $F_s - x$ 和 $M - x$ 坐标系，作出剪力图和弯矩图

剪力图：AC 段的剪力为常数，该段剪力图是一条水平直线段，其值为 $5qa/3$；CB 段的剪力为 x 的线性函数，该段剪力图为一条斜直线段，其两端点剪力值为

$$F_s(a) = \frac{5}{3}qa , \quad F_s(3a) = -\frac{1}{3}qa$$

剪力图如图 5-14(b)所示。

弯矩图：AC 段弯矩为 x 的线性函数，该段弯矩图为一条斜直线段，其两端点弯矩值为

$$M(0) = 0 , \quad M(a) = \frac{5}{3}qa^2$$

CB 段弯矩为 x 的二次函数，该段弯矩图为二次抛物线线段，需确定三个横截面的弯矩值。两端点弯矩分别为

$$M(a) = -\frac{4}{3}qa^2 , \quad M(3a) = 0$$

此外，常需考察该段内弯矩有无极值，因此求 $M(x)$ 对 x 的一阶导数并令其为零，即

$$\frac{\mathrm{d}M(x)}{\mathrm{d}x} = -\frac{1}{3}qa + \frac{q}{2} \times 2(3a - x) = \frac{8}{3}qa - qx = 0$$

得 $x = 8a/3$，极值弯矩为

$$M_{极值} = \frac{1}{3}qa\left(3a - \frac{8}{3}a\right) - \frac{1}{2}q\left(3a - \frac{8}{3}a\right)^2 = \frac{1}{18}qa^2$$

弯矩图如图 5-14(c)所示。

5.4 载荷集度、剪力和弯矩的关系

从例 5-5 的剪力方程和弯矩方程可以看到，将 $M(x)$ 对 x 求一阶导数，这刚好是剪力方程 $F_S(x)$，而再将剪力方程 $F_S(x)$ 对 x 求一阶导数得 $\mathrm{d}F_S(x)/\mathrm{d}x = -q$，即为载荷集度，这两个结论在例 5-6 也同样成立。其实，这些关系在直梁中是普遍存在的。下面就从一般情况来推证这些关系式。

如图 5-15(a)所示，受集中力、集中力偶及分布载荷作用的梁，分布载荷的集度 $q(x)$ 是 x 的连续函数，且规定向上为正，沿梁的轴线记为 x 轴，且规定向右为正。在梁的 x 截面处取出 $\mathrm{d}x$ 微段，如图 5-15(b)所示，微段左端横截面上的剪力和弯矩分别为 $F_S(x)$ 和 $M(x)$，在微段中作用有分布载荷，因此，在微段的右端横截面上的剪力和弯矩将分别有一改变量 $\mathrm{d}F_S(x)$ 和 $\mathrm{d}M(x)$。所以微段右端横截面上剪力和弯矩分别为 $F_S(x) + \mathrm{d}F_S(x)$ 和 $M(x) + \mathrm{d}M(x)$，微段上的这些内力均设为正，由于取出的是微段，在微段上的分布载荷可简化为一均布载荷 $q(x)$，记微段右端横截面的形心为 C。

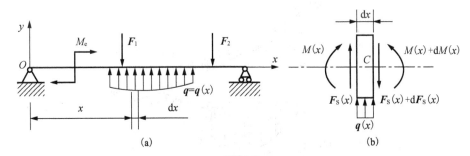

图 5-15

由微段的平衡方程 $\sum F_y = 0$ 和 $\sum M_C = 0$，得

$$F_S(x) - \left[F_S(x) + \mathrm{d}F_S(x)\right] + q(x)\mathrm{d}x = 0$$

$$-M(x) + \left[M(x) + \mathrm{d}M(x)\right] - F_S(x)\mathrm{d}x - q(x)\mathrm{d}x \cdot \frac{\mathrm{d}x}{2} = 0$$

整理以上两式，并忽略第二式中的高阶微量项 $q(x)\mathrm{d}x \cdot \mathrm{d}x/2$，得

$$\frac{\mathrm{d}F_S(x)}{\mathrm{d}x} = q(x) \tag{5-3}$$

$$\frac{\mathrm{d}M(x)}{\mathrm{d}x} = F_S(x) \tag{5-4}$$

以上关系式即为直梁载荷集度、剪力和弯矩的微分关系。如将式(5-4)对 x 取导数，并利用式(5-3)可得

$$\frac{\mathrm{d}^2 M(x)}{\mathrm{d}x^2} = \frac{\mathrm{d}F_S(x)}{\mathrm{d}x} = q(x) \tag{5-5}$$

根据以上关系式可以得出表 5-1 结论，并可利用这些结论快速作出剪力图和弯矩图。

表 5-1　载荷作用处剪力图和弯矩图的变化规律

荷载	分布载荷 q				集中力 F		集中力偶 M_e		自由端、中间铰、端铰处无集中力偶
	$q=0$		$q=$常量		↓F	↑F	←M_e	M_e→	
			$q>0$	$q<0$					
F_s 图	——————————		/	\	↕F	↕F	无变化		
M 图	$F_s>0$	$F_s=0$	$F_s<0$		∨	∧	M_e	M_e	零
	╲	——	╱	⌣ ⌢					

【例 5-7】　如图 5-16(a)所示，$q=1\text{kN/m}$，$F_1=F_2=2\text{kN}$，$M_e=10\text{kN·m}$，试根据载荷集度与剪力和弯矩关系快速绘出外伸梁的剪力图和弯矩图。

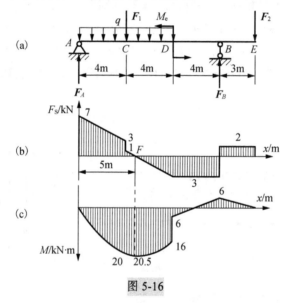

图 5-16

解：（1）求支座反力

由 $\sum M_B=0$ 及 $\sum M_A=0$ 的平衡条件可求得支座反力为

$$F_A=7\text{kN}，\quad F_B=5\text{kN}$$

（2）分段

根据梁上外力作用位置，将梁分成 AC、CD、DB、BE 四段绘制 F_s 图和 M 图。

（3）建立 F_s-x 和 $M-x$ 坐标系，作出剪力图和弯矩图

剪力图：

AC 段作用均布载荷为负，应为向右下倾斜直线段。而

$$F_{SA右}=7\text{kN}，\quad F_{SC左}=F_{SA右}-q\times4=3\text{kN}$$

CD 段作用均布载荷为负，仍为向右下倾斜直线段。而在 C 截面作用向下集中力 F_1，在该横截面剪力发生负突变，突变值为 F_1 值，因此

$$F_{SC右}=F_{SC左}-F_1=1\text{kN}，\quad F_{SD左}=F_{SC右}-q\times4=-3\text{kN}$$

DB 段无分布载荷，为一水平直线段。

$$F_{SD右}=F_{SD左}=F_{SB左}=-3\text{kN}$$

BE 段无分布载荷，仍为一水平直线段。而在 B 载截面作用向上支座反力 F_B，在 B 截面剪力发生正突变，突变值为 F_B 值，因此

$$F_{SB右} = F_{SB左} + F_B = F_{SE左} = 2kN$$

剪力图如图 5-16(b)所示。

弯矩图：

AC 段作用均布载荷为负，应为开口向上二次抛物线段。由剪力图可知该段内弯矩无极值，A 为端铰且无集中力偶作用，弯矩为零，只需计算 C 截面偏左弯矩。由 $dM(x)/dx = F_S(x)$ 可得

$$\Delta M = \int_0^l F_S(x)dx$$

即有，该段弯矩的改变量等于剪力图中剪力曲线与 x 轴所围成的面积。注意：x 轴上侧的面积为正，下侧的面积为负。因此，C 截面偏左侧截面的弯矩值为

$$M_{C左} = M_{A右} + \frac{1}{2} \times (7+3) \times 4 = 0 + 20kN \cdot m = 20kN \cdot m$$

C 截面偏左侧截面的弯矩也可由截面法取左侧可得，即

$$M_{C左} = F_A \times 4 - q \times 4 \times 2 = 20kN \cdot m$$

CD 段作用均布载荷为负，应为开口向上二次抛物线段。由剪力图可知在 F 截面存在 $F_S = 0$，该段内在该截面弯矩有极值，由

$$\begin{cases} \dfrac{CF}{FD} = \dfrac{1}{3} \\ CF + FD = 4 \end{cases}$$

得 $\qquad CF = 1m$, $\qquad AF = 5m$

$$M_{C右} = M_{C左} = 20kN \cdot m$$
$$M_F = M_{C右} + 1 \times 1 \times 1/2 = 20kN \cdot m + 0.5kN \cdot m = 20.5kN \cdot m$$
$$M_{D左} = M_F - 3 \times 3 \times 1/2 kN \cdot m = 20.5kN \cdot m - 4.5kN \cdot m = 16kN \cdot m$$

DB 段无分布载荷，由剪力图知该段剪力为负常数，因此弯矩图为向右上倾斜直线段。而在 D 截面作用一集中力偶 M_e，弯矩图突变应与集中力偶 M_e 相反（即为负突变），且其突变值为 M_e 的值，所以

$$M_{D右} = M_{D左} - M_e = 6kN \cdot m, \qquad M_{B左} = M_{D右} - 3 \times 4kN \cdot m = -6kN \cdot m$$

BE 段无分布载荷，由剪力图知该段剪力为正常数，因此弯矩图为向右下倾斜直线段。由于 E 截面为自由端且无集中力偶，弯矩为零。而

$$M_{B右} = M_{B左} = -6kN \cdot m$$

弯矩图如图 5-16(c)所示。

*5.5 静定平面刚架和曲杆的内力图

5.5.1 静定平面刚架和静定平面曲杆

在工程中将由若干杆件通过刚结点连接而成的结构称为**刚架**(frame)。刚架是由梁和柱组成的结构。与桁架不同，刚架的杆与杆之间由刚结点连接，这种连接保证杆与杆连接处不能相对转动，夹角保持不变，且能传递内力。对于有些构件，如吊钩、链环、拱等，其轴线为一条曲线，这类构件称为**曲杆**(curved bar)。当刚架和曲杆各部分以及外力均在同一平面时，称此类刚架和曲杆为

平面刚架和平面曲杆。由静力平衡条件可以求出全部约束力和内力的平面刚架和平面曲杆称为**静定平面刚架和静定平面曲杆**。

5.5.2　静定平面刚架和静定平面曲杆的内力图

对于平面刚架和曲杆来说，其横截面上一般有轴力、剪力和弯矩三个内力，其内力图的作法和步骤与轴向拉压、弯曲内力图相同，但因各构件取向不同，内力图的画法习惯按以下进行约定：

(1)轴力图可画在刚架和曲杆的任意一侧，但应注明正、负号(轴力规定为拉正压负)。

(2)剪力图可画在刚架和曲杆的任意一侧，但应注明正、负号(凡绕构件微段顺时针转动的剪力为正，相反为负)。

(3)弯矩图画在受拉一侧，不必注明正负(对于曲杆，其弯矩正负规定为使曲杆曲率增加的弯矩为正，相反为负；对于刚架，其弯矩正负可以人为假设水平部分与梁弯矩正负规定相同，竖直或斜直部分使刚架内侧受拉为正)。

下面通过具体例子来说明平面刚架和曲杆内力图的作法。

【**例 5-8**】　已知 $F = 2qa$，作出图 5-17(a)所示平面刚架的内力图。

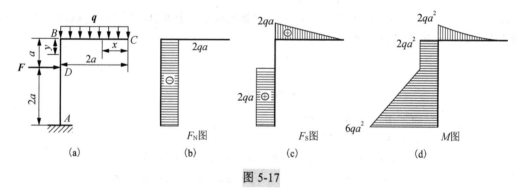

图 5-17

解：写内力方程时，一般应先求出刚架的支座反力。此题由于刚架 C 处是自由端，故写水平杆部分时，把 x 轴坐标原点取在 C 点并取向左为正，取右段杆部分来分析任意截面的内力；而对竖直杆把 y 轴坐标原点取在 B 点并取向下为正，取上段为研究对象来分析任意截面内力，则可不必求出支座反力。据此可分段写出各段内力方程为

CB 段

$$F_N(x) = 0 \quad (0 \leqslant x \leqslant 2a)$$
$$F_S(x) = qx \quad (0 \leqslant x < 2a)$$
$$M(x) = -qx^2/2 \quad (0 \leqslant x < 2a)$$

BD 段

$$F_N(y) = -2qa \quad (0 < y \leqslant a)$$
$$F_S(y) = 0 \quad (0 < y < a)$$
$$M(y) = -2qa^2 \quad (0 < y \leqslant a)$$

DA 段

$$F_N(y) = -2qa \quad (a \leqslant y < 3a)$$
$$F_S(y) = 2qa \quad (a < y < 3a)$$
$$M(y) = -2qa^2 - 2qa(y-a) = -2qay \quad (a \leqslant y < 3a)$$

根据各段的内力方程即可画出轴力、剪力和弯矩图分别如图 5-17(b)、(c)和(d)所示。对于 *CB* 段的弯矩图由剪力图知该段中间无极值弯矩，*C*、*B* 截面弯矩为该段的极值弯矩，只需算出 *C*、*B* 截面弯矩即可绘出弯矩图。在刚结点 *B* 处，无集中力偶作用，*CB* 杆和 *BD* 杆在 *B* 截面的弯矩相同，同画在刚架一侧，这是刚结点处弯矩图特点。

【例 5-9】 一端固定的四分之一圆环，其半径为 *R*，在其轴线平面内作用一集中力 *F*，如图 5-18(a)所示。试作出此平面曲杆的内力图。

解： 由于该曲杆为环状曲杆，采用极坐标建立坐标系写内力方程较为方便。现取环的中心 *O* 为极点，以 *OB* 为极轴，以 θ 来表示横截面的位置(图 5-18(a))。由截面法，在曲杆任意截面 $m-m$ 处截开，并取右边部分为分离体，假设所求截面内力均为正(图 5-18(b))。由平衡方程

$$\sum F_n = 0 , \quad \sum F_t = 0 \quad 及 \quad \sum M_C = 0$$

可求得轴力、剪力和弯矩方程分别为

$$F_N(\theta) = -F\sin\theta \quad (0 \leqslant \theta < \pi/2)$$
$$F_S(\theta) = F\cos\theta \quad (0 < \theta \leqslant \pi/2)$$
$$M(\theta) = FR\sin\theta \quad (0 \leqslant \theta < \pi/2)$$

以曲杆的轴线为基线，作出曲杆的轴力图、剪力图和弯矩图分别为图 5-18(c)、(d)和(e)所示。

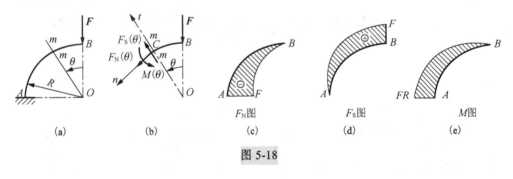

图 5-18

习 题

5.1 求图示各梁中指定截面的剪力和弯矩。

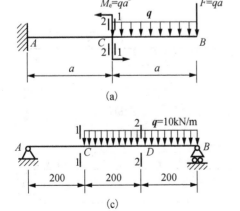

(a)

(b)

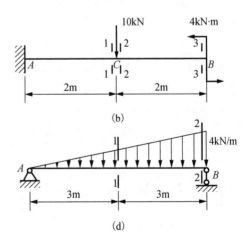

(c)

(d)

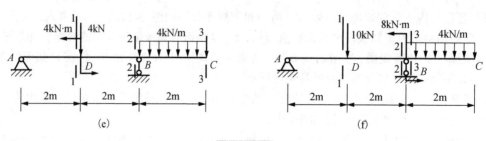

(e)　　　　　　　　　　　　　　　　　(f)

习题 5.1 图

5.2　列出下列梁的剪力方程和弯矩方程，并画出剪力图和弯矩图。

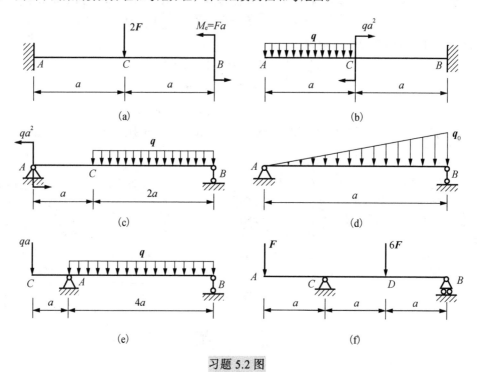

(a)　　　　　　　　　　　　　　　　(b)

(c)　　　　　　　　　　　　　　　　(d)

(e)　　　　　　　　　　　　　　　　(f)

习题 5.2 图

5.3　利用载荷集度、剪力和弯矩的微分关系，画出下列梁的剪力图和弯矩图。

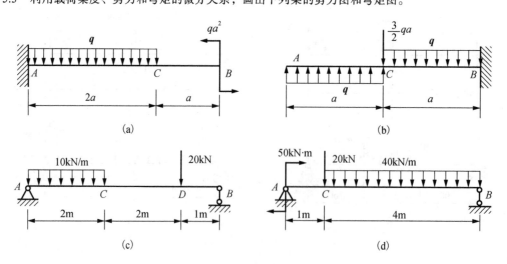

(a)　　　　　　　　　　　　　　　　(b)

(c)　　　　　　　　　　　　　　　　(d)

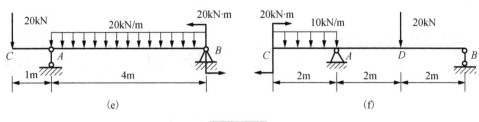

(e)   (f)

习题 5.3 图

5.4 跳水跳板后端为固定铰支座，中间支承可前后移动。对应于体重为 F 的运动员的中间支承距后端固定铰支座为 a。为使体重不同的运动员站在跳板前端时在跳板中产生的最大弯矩相同，求中间支承的调节距离 Δa 与体重变化 ΔF 之间的关系。

5.5 利用弯曲内力的知识，说明为何将标准双杠的尺寸设计成 $a = l/4$。

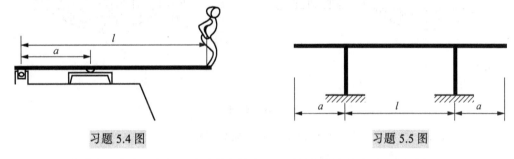

习题 5.4 图   习题 5.5 图

5.6 利用载荷集度、剪力和弯矩的关系检查并改正下列梁结构的剪力图和弯矩图。

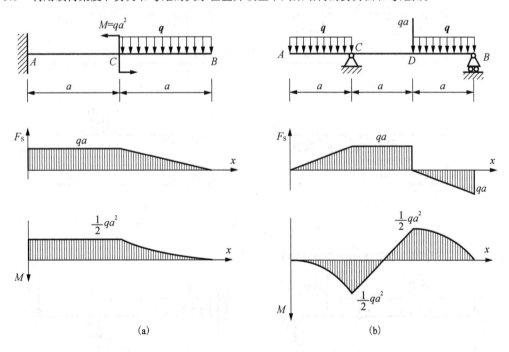

(a)   (b)

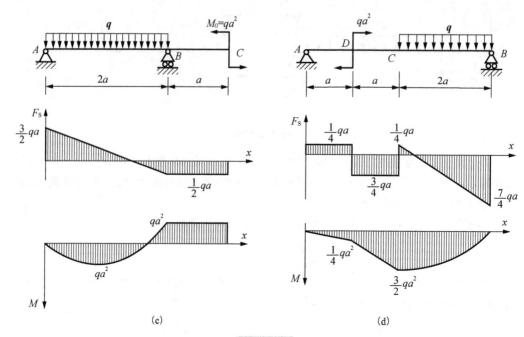

(c)　　　　　　　　　　　　(d)

习题 5.6 图

5.7　已知梁的弯矩图如图所示，试画出梁的载荷图和剪力图。

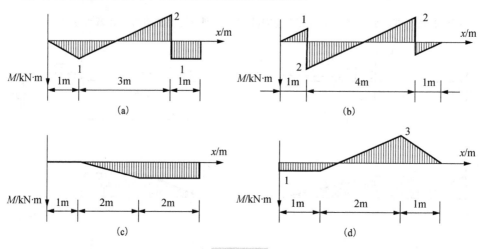

习题 5.7 图

5.8　画出图示多跨静定梁的剪力图和弯矩图。

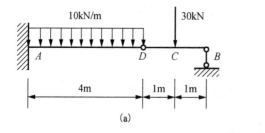
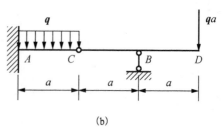

习题 5.8 图

5.9　画出下列静定刚架结构弯矩图。

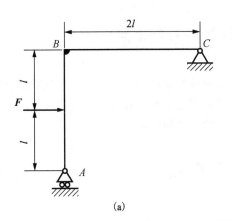 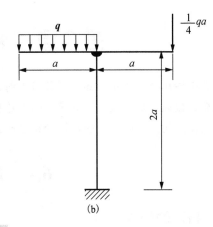

（a）　　　　　　　　　　　　　　　　（b）

习题 5.9 图

5.10　写出各曲杆的轴力、剪力和弯矩方程（曲杆的轴线皆为半圆形）。

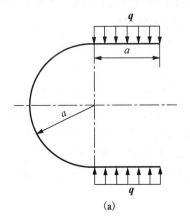 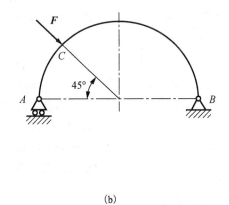

（a）　　　　　　　　　　　　　　　　（b）

习题 5.10 图

第6章　截面的几何性质

计算构件在外力作用下的变形和应力时，将要涉及横截面的一些几何量。如截面的面积、形心、静矩、极惯性矩、惯性矩和惯性积，这些几何量与截面的形状和尺寸有关。通常把上述几何量称为截面的几何性质。下面具体介绍这些几何性质的定义和计算方法。

6.1　静矩和形心

6.1.1　截面的静矩

任意截面如图 6-1 所示，其面积为 A，yOz 为所在截面内的直角坐标系。在坐标为 (y, z) 处取

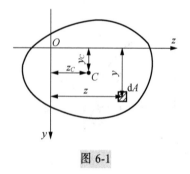

图 6-1

微面积 dA，则称 zdA 和 ydA 分别为微面积 dA 对 y 轴和 z 轴的静矩。而遍及整个截面面积 A 的积分

$$S_y = \int_A z dA , \qquad S_z = \int_A y dA \qquad (6\text{-}1)$$

则分别定义为该截面对 y 轴和 z 轴的**静矩**（static moment）或**一次矩**（first moment）（又称面积对 y 轴和 z 轴一次矩）。

由静矩的定义可知，截面的面积对轴的静矩不仅与截面的形状和尺寸大小有关，而且与所选坐标轴的位置有关，同一截面对不同的坐标轴其静矩是不相同的。而且静矩的数值可正、可负，也可以等于零。其量纲为长度的三次方（如 m^3、mm^3）。

6.1.2　截面的形心

对于均质等厚度薄板，假设平分薄板厚度的中间面的形状与图 6-1 相同，在图示坐标系下，由重心坐标公式可得截面形心 C 点的坐标 y_C 和 z_C 分别为

$$y_C = \frac{\int_A y dA}{A} , \qquad z_C = \frac{\int_A z dA}{A} \qquad (6\text{-}2)$$

将式（6-1）代入式（6-2）可得截面形心坐标与截面相对坐标轴的静矩之间的关系为

$$y_C = \frac{S_z}{A} , \qquad z_C = \frac{S_y}{A} \qquad (6\text{-}3a)$$

或改写为

$$S_y = z_C \cdot A , \qquad S_z = y_C \cdot A \qquad (6\text{-}3b)$$

由式（6-3a）或式（6-3b）可知：坐标轴通过截面的形心，截面对该坐标轴的静矩为零；反之，如果截面对某个轴的静矩为零，则该轴必定通过截面的形心。通常将通过截面形心的坐标轴称为**形心轴**（centroidal axis）。

当一个截面 A 由 $A_1, A_2, \cdots, A_n$ 共 n 个简单截面组合而成时，由静矩的定义式（6-1），以及式（6-3b）得

$$S_y = \int_A z dA = \int_{A_1} z dA + \int_{A_2} z dA + \cdots + \int_{A_n} z dA$$

$$= z_{C1} \cdot A_1 + z_{C2} \cdot A_2 + \cdots + z_{Cn} \cdot A_n = \sum_{i=1}^{n} \left(z_{Ci} \cdot A_i \right)$$

式中，$z_{C1}, z_{C2}, \cdots, z_{Ci}, \cdots, z_{Cn}$ 分别是 $A_1, A_2, \cdots, A_i, \cdots, A_n$ 的形心坐标。同理还可求得 S_z。因此有

$$S_y = \sum_{i=1}^{n} \left(z_{Ci} \cdot A_i \right), \quad S_z = \sum_{i=1}^{n} \left(y_{Ci} \cdot A_i \right) \tag{6-4}$$

将式 (6-4) 代入式 (6-3a) 得组合截面形心坐标的计算公式为

$$y_C = \frac{\sum_{i=1}^{n} \left(y_{Ci} \cdot A_i \right)}{\sum_{i=1}^{n} A_i}, \quad z_C = \frac{\sum_{i=1}^{n} \left(z_{Ci} \cdot A_i \right)}{\sum_{i=1}^{n} A_i} \tag{6-5}$$

6.2　惯性矩、惯性积、极惯性矩和惯性半径

6.2.1　截面的惯性矩、惯性积和极惯性矩

任意截面如图 6-2 所示，其面积为 A，在该截面内建立坐标系 yOz，在坐标为 (y, z) 的任意一点处取一微面积 $\mathrm{d}A$，则 $z^2\mathrm{d}A$ 和 $y^2\mathrm{d}A$ 分别称为微面积对 y 轴和 z 轴的惯性矩。而遍及整个截面面积 A 的积分

$$I_y = \int_A z^2 \mathrm{d}A, \quad I_z = \int_A y^2 \mathrm{d}A \tag{6-6}$$

分别定义为截面对 y 轴和 z 轴的**惯性矩**(moment of inertia)(或称为截面面积对 y 轴和 z 轴的**二次矩**)。

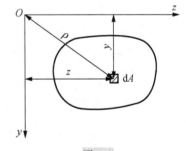

图 6-2

微面积 $\mathrm{d}A$ 与两坐标 y、z 的乘积 $yz\mathrm{d}A$ 称为微面积对 y、z 轴的惯性积。而遍及整个截面面积 A 的积分

$$I_{yz} = \int_A yz\mathrm{d}A \tag{6-7}$$

定义为截面对 y、z 轴的**惯性积**(product of inertia)。由定义可知，如截面有一对称轴 y 轴(或 z 轴)，如图 6-3 所示，则在对称轴 y 轴两侧的对称位置处各取一微面积 $\mathrm{d}A$，则两者的 y 坐标值相同，而 z 坐标的数值相等但符号相反，在积分求和时，它们相互抵消，致使整个截面的惯性积 I_{yz} 等于零。因此可得，只要截面具有一个对称轴，截面对包含这些对称轴在内的正交坐标轴的惯性积必等于零。

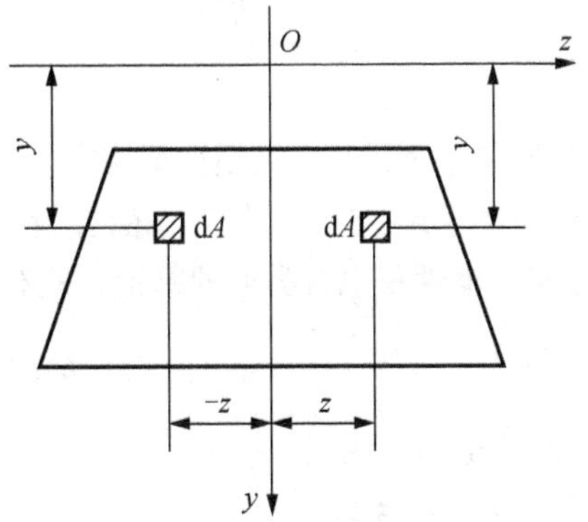

微面积 $\mathrm{d}A$ 与该微面积到原点 O 的距离 ρ 的平方的乘积 $\rho^2\mathrm{d}A$ 称为微面积对坐标原点 O 的极惯性矩。而遍及整个截面面积 A 的积分

$$I_p = \int_A \rho^2 \mathrm{d}A \tag{6-8}$$

定义为截面对坐标原点 O 的**极惯性矩**(polar moment of inertia)。由图 6-2 可知，$\rho^2 = y^2 + z^2$，故有

$$I_p = \int_A \rho^2 \mathrm{d}A = \int_A \left(y^2 + z^2 \right) \mathrm{d}A$$
$$= \int_A z^2 \mathrm{d}A + \int_A y^2 \mathrm{d}A = I_y + I_z \tag{6-9}$$

图 6-3

所以，截面对任一点的极惯性矩，恒等于该截面对以该点为坐标原点建立的直角坐标系的两坐标轴的惯性矩之和。

由上述定义可知，同一截面对不同的坐标轴的惯性矩及惯性积是不同的。由于积分式中的 z^2、y^2 和 ρ^2 总是正的，故惯性矩和极惯性矩的值恒为正值。而坐标 yz 的乘积可正可负，也可能等于零，因此，惯性积可能为正或负，也可能为零。惯性矩、极惯性矩和惯性积的量纲相同，均为长度的四次方（如 m^4、mm^4）。

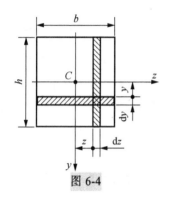

图 6-4

【例 6-1】 试求图 6-4 所示矩形截面对其对称轴 y 轴和 z 的惯性矩 I_y 和 I_z。

解： 如图 6-4 所示，在离 y 轴距离为 z 值处取平行于 y 轴且高为 h，宽为 dz 的微矩形，其面积 $dA = h \cdot dz$，由式（6-6）得矩形截面对 y 轴的惯性矩 I_y 为

$$I_y = \int_A z^2 dA = \int_{-b/2}^{b/2} z^2 \cdot h \cdot dz = \frac{hb^3}{12}$$

同理，在离 z 轴距离为 y 值处取平行于 z 轴且宽为 b，高为 dy 的微矩形，其面积 $dA' = b \cdot dy$，由式（6-6）得矩形截面对 z 轴的惯性矩 I_z 为

$$I_z = \int_A y^2 dA' = \int_{-\frac{h}{2}}^{\frac{h}{2}} y^2 \cdot b \cdot dy = \frac{bh^3}{12}$$

【例 6-2】 试求图 6-5 所示圆形截面对其对称轴 y 轴和 z 的惯性矩 I_y 和 I_z。

解： 如图 6-5 所示，取平行于 z 轴微面积 dA，则

$$dA = 2\sqrt{(D/2)^2 - y^2} \cdot dy$$

由式（6-6）得圆形截面对 z 轴的惯性矩 I_z 为

$$I_z = \int_A y^2 dA = \int_{-D/2}^{D/2} y^2 \cdot 2\sqrt{(D/2)^2 - y^2} dy = \frac{\pi D^4}{64}$$

由于圆形截面对圆心是极对称的，它对任一形心轴的惯性矩均相等，所以有

$$I_y = I_z = \frac{\pi D^4}{64}$$

由式（6-9）可得

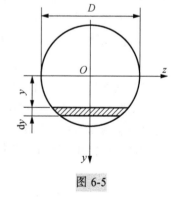

图 6-5

$$I_p = I_y + I_z = \frac{\pi D^4}{32}$$

式中，I_p 为圆形截面对圆心的极惯性矩，与扭转一章中所得圆形截面对圆心的极惯性矩相同。

如果某截面 A 由 A_1，A_2，…，A_n 共 n 个简单截面组合而成，由惯性矩的定义可知：截面 A 对某轴的惯性矩等于各个简单截面 A_1，A_2，…，A_n 对该轴的惯性矩之和，惯性积也有类似的结论，故有

$$I_y = \sum_{i=1}^n I_{yi}, \quad I_z = \sum_{i=1}^n I_{zi}, \quad I_{yz} = \sum_{i=1}^n I_{yzi} \tag{6-10}$$

式中，I_{yi}、I_{zi} 和 I_{yzi} 分别为第 i 块简单截面分别对 y、z 轴的惯性矩和惯性积。

【例 6-3】 试求图 6-6 所示空心圆截面对其对称轴 y 轴和 z 轴的惯性矩 I_y 和 I_z。

解： 该空心圆截面可以看成是直径为 D 大圆挖去直径为 d 小圆（大圆与小圆的圆心重合）。由于挖去部分的面积应取负值，因此在应用式（6-10）计算截面对坐标轴的惯性矩时，挖去部分的面

积对坐标轴的惯性矩应代负号，该方法称为**负面积法**。

由于该空心圆截面对圆心是极对称的，它对任一形心轴的惯性矩均相等，所以有

$$I_z = I_y = \frac{\pi D^4}{64} - \frac{\pi d^4}{64} = \frac{\pi D^4}{64}\left(1 - \alpha^4\right)$$

式中，$\alpha = d/D$，称为**内外径比**。

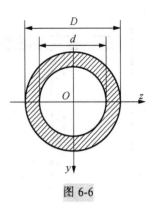

图 6-6

6.2.2　截面的惯性半径

有时候，还把惯性矩写成截面面积 A 与某一长度平方的乘积，即

$$I_y = A \cdot i_y^2 , \quad I_z = A \cdot i_z^2 \tag{6-11a}$$

或改写为

$$i_y = \sqrt{\frac{I_y}{A}} , \quad i_z = \sqrt{\frac{I_z}{A}} \tag{6-11b}$$

式中，i_y、i_z 分别称为截面对 y 轴和 z 轴的**惯性半径**（radius of gyration）。

6.3　平行移轴公式

虽然同一截面对平行的两对坐标轴的惯性矩和惯性积均不相同，但是，当两对坐标轴中的一对坐标是截面的形心轴时，截面对这两对坐标轴的惯性矩和惯性积存在着简单的关系。利用这种关系，对组合截面的惯性矩和惯性积的计算将明显得到简化。

如图 6-7 所示任意截面，C 为截面的形心，一对形心坐标轴为 y_C 轴和 z_C 轴，y 轴和 z 轴分别与形心轴 y_C 轴和 z_C 轴平行，且与 y_C 轴和 z_C 轴的距离分别为 a 和 b。在图 6-7 所示截面中任取一微面积 $\mathrm{d}A$，该微面积在两坐标系中的坐标关系为

$$y = y_1 + b , \quad z = z_1 + a$$

代入式 (6-6) 和式 (6-7) 得

$$I_y = \int_A z^2 \mathrm{d}A = \int_A \left(z_1 + a\right)^2 \mathrm{d}A$$
$$= \int_A z_1^2 \mathrm{d}A + a^2 \int_A \mathrm{d}A + 2a \int_A z_1 \mathrm{d}A$$
$$I_z = \int_A y^2 \mathrm{d}A = \int_A \left(y_1 + b\right)^2 \mathrm{d}A$$
$$= \int_A y_1^2 \mathrm{d}A + b^2 \int_A \mathrm{d}A + 2b \int_A y_1 \mathrm{d}A$$
$$I_{yz} = \int_A yz \mathrm{d}A = \int_A \left(y_1 + b\right)\left(z_1 + a\right) \mathrm{d}A$$
$$= \int_A y_1 z_1 \mathrm{d}A + a \int_A y_1 \mathrm{d}A + b \int_A z_1 \mathrm{d}A + ab \int_A \mathrm{d}A$$

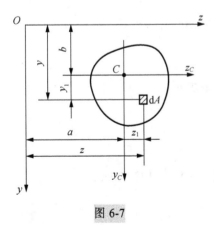

图 6-7

式中，$\int_A z_1^2 \mathrm{d}A = I_{y_C}$；$\int_A y_1^2 \mathrm{d}A = I_{z_C}$；$\int_A y_1 z_1 \mathrm{d}A = I_{y_C z_C}$；$\int_A \mathrm{d}A = A$；$\int_A z_1 \mathrm{d}A = S_{y_C} = 0$；$\int_A y_1 \mathrm{d}A = S_{z_C} = 0$。因此，上述三式可进一步简化为

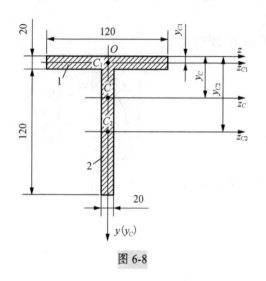

图 6-8

$$\begin{cases} I_y = I_{y_C} + a^2 A \\ I_z = I_{z_C} + b^2 A \\ I_{yz} = I_{y_C z_C} + abA \end{cases} \quad (6\text{-}12)$$

式 (6-12) 即为惯性矩和惯性积的**平行移轴公式** (paralled axis formula)。在应用式 (6-12) 求惯性积时需要注意 a 和 b 是有正负的,它们是形心 C 点在坐标系 yOz 下的坐标值。由式 (6-12) 还可以看出,在一组平行轴中,截面对通过形心的坐标轴的惯性矩是最小的。

【例 6-4】 求图 6-8 所示 T 形截面对形心轴 y_C 轴和 z_C 轴的惯性矩 I_{y_C} 和 I_{z_C}。

解:将 T 形截面看作由 1、2 两个矩形截面组成。现取截面的对称轴为 y 轴,则形心必位于 y 轴上,再取 T 形截面的顶边为 z 轴,如图 6-8 所示。每一矩形截面的面积和形心坐标分别为

矩形 1: $A_1 = 120\text{mm} \times 20\text{mm} = 2400\text{mm}^2$

$\qquad y_{C1} = 10\text{mm}$, $z_{C1} = 0$

矩形 2: $A_2 = 20\text{mm} \times 120\text{mm} = 2400\text{mm}^2$

$\qquad y_{C2} = 20\text{mm} + 60\text{mm} = 80\text{mm}$, $z_{C2} = 0$

由式 (6-4) 得 T 形截面对 z 轴的静矩为

$$S_z = S_{z,1} + S_{z,2} = 120 \times 20 \times 10\text{mm}^3 + 20 \times 120 \times 80\text{mm}^3 = 216 \times 10^3\text{mm}^3$$

$$y_C = \frac{S_z}{A} = \frac{216 \times 10^3\text{mm}^3}{2 \times 120 \times 20\text{mm}^2} = 45\text{mm}$$

由式 (6-4) 得 T 形截面对 y 轴的静矩为

$$S_y = S_{y,1} + S_{y,2} = 120 \times 20 \times 0\text{mm}^3 + 20 \times 120 \times 0\text{mm}^3 = 0$$

$$z_C = \frac{S_y}{A} = \frac{0}{2 \times 120 \times 20\text{mm}^2} = 0$$

由平行移轴公式可求得 1、2 矩形对 y_C 轴和 z_C 轴的惯性矩如下。

矩形 1:

$$I_{y_C,1} = I_{y,1} = \frac{20 \times 120^3}{12}\text{mm}^4 = 2.88 \times 10^6\text{mm}^4$$

$$I_{z_C,1} = I_{z_{C1},1} + (y_{C1} - y_C)^2 \cdot A_1 = \frac{120 \times 20^3}{12}\text{mm}^4 + (10 - 45)^2 \times 120 \times 20\text{mm}^4$$

$$= 3.02 \times 10^6\text{mm}^4$$

矩形 2:

$$I_{y_C,2} = I_{y,2} = \frac{120 \times 20^3}{12}\text{mm}^4 = 0.08 \times 10^6\text{mm}^4$$

$$I_{z_C,2} = I_{z_{C2},2} + (y_{C2} - y_C)^2 \cdot A_2 = \frac{20 \times 120^3}{12}\text{mm}^4 + (80 - 45)^2 \times 20 \times 120\text{mm}^4$$

$$= 5.82 \times 10^6\text{mm}^4$$

所以, T 形截面对形心轴 y_C 轴和 z_C 轴的惯性矩分别为

$$I_{y_C} = I_{y_C,1} + I_{y_C,2} = (2.88 + 0.08) \times 10^6 \, \text{mm}^4 = 2.96 \times 10^6 \, \text{mm}^4$$

$$I_{z_C} = I_{z_C,1} + I_{z_C,2} = (3.02 + 5.82) \times 10^6 \, \text{mm}^4 = 8.84 \times 10^6 \, \text{mm}^4$$

该题中 y 轴为 T 形截面的对称轴，计算结果得 $S_y = 0$，$z_C = 0$。由此可得以下结论：对于具有对称轴的截面，则截面对于其对称轴的静矩为零，且对称轴通过截面的形心。

【例 6-5】　试计算图 6-9 所示截面对对称轴 y 轴和 z 轴的惯性矩 I_y 和 I_z。

解：该截面可看成是由矩形截面减去两个直径为 d 的圆截面所组成。

矩形截面对 y 轴和 z 轴的惯性矩 $I_{y,\text{I}}$ 和 $I_{z,\text{I}}$ 分别为

$$I_{y,\text{I}} = \frac{hb^3}{12}, \quad I_{z,\text{I}} = \frac{bh^3}{12}$$

减去的圆形截面本身的形心轴 z_C 轴与 z 轴重合，y_C 轴与 y 轴的距离 $a = b/4$，而圆形截面对本身形心轴 y_C 轴和 z_C 轴的惯性矩 $I_{y_C,\text{II}} = I_{z_C,\text{II}} = \pi d^4/64$，面积 $A_{\text{II}} = \pi d^2/4$，由平行移轴公式 (6-12) 式得圆形截面对 y 轴和 z 轴的惯性矩 $I_{y,\text{II}}$ 和 $I_{z,\text{II}}$ 分别为

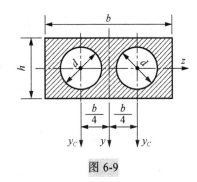

图 6-9

$$I_{y,\text{II}} = I_{y_C,\text{II}} + a^2 A_{\text{II}} = \frac{\pi d^4}{64} + \left(\frac{b}{4}\right)^2 \cdot \frac{\pi d^2}{4}$$

$$I_{z,\text{II}} = I_{z_C,\text{II}} = \frac{\pi d^4}{64}$$

因此，整个截面对 y 轴和 z 轴的惯性矩 I_y 和 I_z 分别为

$$I_y = I_{y,1} - 2I_{y,\text{II}} = \frac{hb^3}{12} - 2\left[\frac{\pi d^4}{64} + \left(\frac{b}{4}\right)^2 \cdot \frac{\pi d^2}{4}\right] = \frac{hb^3}{12} - \frac{\pi d^2}{32}(d^2 + b^2)$$

$$I_z = I_{z,1} - 2I_{z,\text{II}} = \frac{bh^3}{12} - 2 \times \frac{\pi d^4}{64} = \frac{bh^3}{12} - \frac{\pi d^4}{32}$$

*6.4　转轴公式、主惯性轴和主惯性矩

6.4.1　惯性矩和惯性积的转轴公式

平行移轴公式给出了平行轴之间的惯性矩和惯性积之间的关系，转轴公式将给出当坐标轴绕其坐标原点转动任意 α 夹角后（α 规定顺时针为正，逆时针为负），两对坐标轴的惯性矩和惯性积之间的关系。

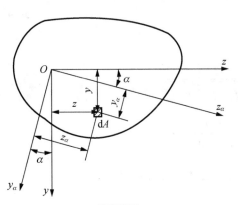

图 6-10

图 6-10 所示，坐标系 yOz 与坐标系 $y_\alpha O z_\alpha$ 具有同一坐标原点 O，截面对 y、z 轴的惯性矩和惯性积分别为 I_y、I_z 和 I_{yz}；对 y_α、z_α 轴的惯性矩和惯性积分别为 I_{y_α}、I_{z_α} 和 $I_{y_\alpha z_\alpha}$。截面中任意微面积 $\mathrm{d}A$ 在这两组坐标系之间的关系为

$$y_\alpha = y \cos\alpha - z \sin\alpha$$

$$z_\alpha = y \sin\alpha + z \cos\alpha$$

截面对 z_α 的惯性矩 I_{z_α} 为

$$I_{z_\alpha} = \int_A y_\alpha^2 \mathrm{d}A = \int_A (y\cos\alpha - z\sin\alpha)^2 \mathrm{d}A$$

$$= \int_A (y^2\cos^2\alpha + z^2\sin^2\alpha - 2yz\sin\alpha\cos\alpha)\mathrm{d}A$$

$$= \frac{I_z + I_y}{2} + \frac{I_z - I_y}{2}\cos 2\alpha - I_{yz}\sin 2\alpha \tag{6-13a}$$

同理可得

$$I_{y_\alpha} = \frac{I_z + I_y}{2} - \frac{I_z - I_y}{2}\cos 2\alpha + I_{yz}\sin 2\alpha \tag{6-13b}$$

$$I_{y_\alpha z_\alpha} = \int_A y_\alpha z_\alpha \mathrm{d}A = \int_A (y\cos\alpha - z\sin\alpha)(y\sin\alpha + z\cos\alpha)\mathrm{d}A$$

$$= \int_A \left[y^2\sin\alpha\cos\alpha - z^2\sin\alpha\cos\alpha + yz(\cos^2\alpha - \sin^2\alpha) \right]\mathrm{d}A$$

$$= \frac{I_z - I_y}{2}\sin 2\alpha + I_{yz}\cos 2\alpha \tag{6-13c}$$

将式(6-13a)和式(6-13b)相加可得

$$I_y + I_z = I_{y_\alpha} + I_{z_\alpha}$$

这表明，<u>截面对通过同一点的任意一对正交坐标轴的两惯性矩之和是一常数</u>。

6.4.2　截面的主惯性轴和主惯性矩

由式(6-13c)可知，$I_{y_\alpha z_\alpha}$ 与转过的夹角 α 有关，可正可负，甚至为零。当 $\alpha = \alpha_0$ 而且 $I_{y_0 z_0} = 0$ 时，这一对坐标轴称为**主惯性轴**(principal axis of inertia)(简称**主轴**)。截面对主惯性轴的惯性矩称为**主惯性矩**(principal moment of inertia)。当主惯性轴通过形心时，此时的主惯性轴称为**形心主惯性轴**(centroidal principal axis of inertia)(简称**形心主轴**)。截面对形心主惯性轴的惯性矩称为形心主惯性矩(centroidal principal moment of inertia)。由于截面的对称轴通过截面的形心且截面对对称轴的惯性积也等于零，因此可有以下结论：<u>对称轴为截面的形心主轴，过形心且与对称轴垂直的坐标轴也为截面形心主轴</u>。

现在来确定主惯性轴的位置。令 $\alpha = \alpha_0$ 时 $I_{y_0 z_0} = 0$，由式(6-13c)得

$$\frac{I_z - I_y}{2}\sin 2\alpha_0 + I_{yz}\cos 2\alpha_0 = 0$$

即有

$$\tan 2\alpha_0 = \frac{-2I_{yz}}{I_z - I_y} \tag{6-14}$$

则

$$\cos 2\alpha_0 = \frac{1}{\sqrt{1+\tan^2 2\alpha_0}} = \frac{I_z - I_y}{\sqrt{(I_z - I_y)^2 + 4I_{yz}^2}}$$

$$\sin 2\alpha_0 = \frac{\tan 2\alpha_0}{\sqrt{1+\tan^2 2\alpha_0}} = \frac{-2I_{yz}}{\sqrt{(I_z - I_y)^2 + 4I_{yz}^2}}$$

将 $\sin 2\alpha_0$、$\cos 2\alpha_0$ 分别代入式(6-13a)和式(6-13b)可得主惯性矩公式为

$$I_{y_{\alpha_0}} = \frac{I_z + I_y}{2} - \sqrt{\left(\frac{I_z - I_y}{2}\right)^2 + I_{yz}^2} \qquad (6\text{-}15a)$$

$$I_{z_{\alpha_0}} = \frac{I_z + I_y}{2} + \sqrt{\left(\frac{I_z - I_y}{2}\right)^2 + I_{yz}^2} \qquad (6\text{-}15b)$$

现探讨一下截面对过某一点的所有坐标轴的惯性矩的极值，令 $\alpha = \alpha_1$ 时，I_{z_α} 取极值，则有

$$\frac{\mathrm{d}I_{z_\alpha}}{\mathrm{d}\alpha} = \left(I_z - I_y\right)\left(-\sin 2\alpha\right) - 2I_{yz}\cos 2\alpha = 0$$

即

$$\tan 2\alpha_1 = \frac{-2I_{yz}}{I_z - I_y}$$

由此求得的 α_1 与式 (6-14) 所求得的 α_0 相同。由此说明 I_{z_0} 为截面对通过同一点所有坐标轴的惯性矩的最大值，I_{y_0} 则为最小值(即主惯性矩为截面对通过同一点所有坐标轴的极值惯性矩)。

习　　题

6.1　试求以下各截面的阴影线面积对 z 的静矩。

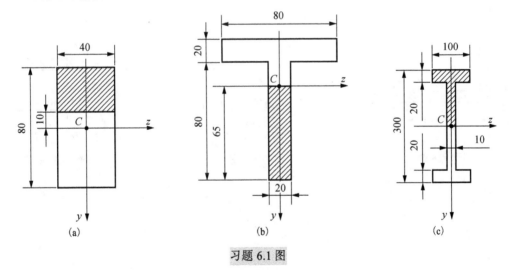

习题 6.1 图

6.2　试求图示四分之一圆形截面对 y、z 轴的惯性矩和惯性积。

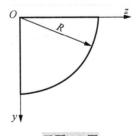

习题 6.2 图

6.3　试求题 6.1 中各截面对其水平形心轴 z 的惯性矩。

6.4　试求图中各截面对其水平形心轴的惯性矩。

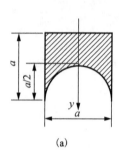　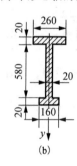　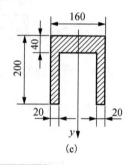　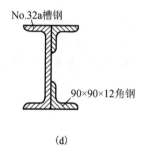

（a）　　　　　　　（b）　　　　　　　（c）　　　　　　　（d）

习题 6.4 图

6.5　试求图示截面的惯性矩 I_y、I_z 和惯性积 I_{yz}。

6.6　试求图示截面对 y_1、z_1 的惯性矩和惯性积。

6.7　试确定图示截面的形心主轴位置，并计算形心主惯性矩。

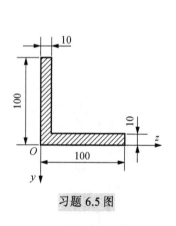　　　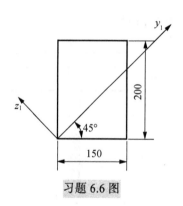　　　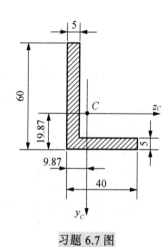

习题 6.5 图　　　　　　习题 6.6 图　　　　　　习题 6.7 图

第7章 弯曲应力及弯曲强度

7.1 纯弯曲时梁的正应力

一般来说，直梁在纵向对称平面内受横向力作用时，横截面上既有剪力又有弯矩，这种弯曲称为**横力弯曲**(bending by transverse force)。若梁横截面上内力只有弯矩而无剪力，这种弯曲称为**纯弯曲**。本节将按照分析横截面上应力的一般方法，分析纯弯曲梁上横截面上正应力。

7.1.1 平面假设与变形几何关系

将纯弯曲梁的表面画上图 7-1(a)所示平行于轴线和垂直于轴线的直线，在梁的纵向对称面内两端施加一对集中力偶(力偶矩为 M_e)，梁的变形如图 7-1(b)所示，可以看出梁的表面变形有如下特征：①平行于轴线的纵向线变成彼此平行的弧线，靠顶面的纵向线缩短，靠底面的纵向线伸长。②垂直于轴线的横向线仍然为直线，只是发生相对转动，仍与变形后的纵向线正交。

根据上述变形特征，可作出如下假设，梁的横截面在梁变形后仍保持为平面，并仍垂直于变形后的轴线，只是绕着截面上的某一轴转过一角度。这即为纯弯曲梁弯曲时的**平面假设**。此外在纯弯曲变形中，还认为各纵向线之间并无相互挤压(即纵向截面上无正应力)。沿着横截面的高度，由底层纵向线段的伸长应连续地逐渐变为顶层纵向线段的缩短，中间必有一层纵向线段的长度不变，这一层称为**中性层**(neutral surface)，中性层与横截面的交线称为**中性轴**(neutral axis)(图 7-2)。因此中性层上各点正应力为零。由变形特点知，当梁产生纯弯曲时，其横截面上只有正应力而无剪应力。横截面上各点处于单向拉伸或单向压缩状态。

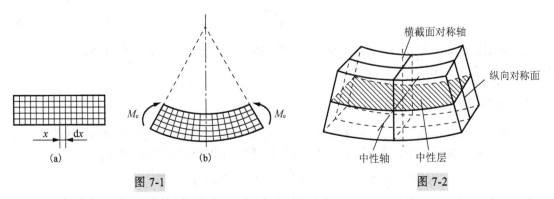

图 7-1   图 7-2

根据平面假设，不难得出沿梁的高度方向纵向变形之间的几何关系。

从梁上任意截取一微段 $\mathrm{d}x$，变形前后如图 7-3(a)和(b)所示。现建立 $Oxyz$ 轴标系，y 轴为横截面的对称轴，z 轴为中性轴，x 轴为通过原点沿横截面的法线(图 7-3(c))。根据平面假设，相距 $\mathrm{d}x$ 两个横截面，变形后绕各自中性轴相对转了一个 $\mathrm{d}\theta$ 角(图 7-3(b))，并仍保持为平面。这使距中性层为 y 的线段 bb 的长度变为

$$\widehat{b'b'} = (\rho + y)\mathrm{d}\theta$$

式中，ρ 为中性层的曲率半径。纤维 bb 的原长度为 $\overline{bb} = \mathrm{d}x = \overline{OO}$。由于变形前后中性层内线段

OO 的长度不变，故有

$$\overline{bb} = \mathrm{d}x = \overline{OO} = \overset{\frown}{O'O'} = \rho\mathrm{d}\theta$$

线段 bb 的线应变为

$$\varepsilon = \frac{(\rho + y)\mathrm{d}\theta - \rho\mathrm{d}\theta}{\rho\mathrm{d}\theta} = \frac{y}{\rho} \tag{a}$$

可见纵向应变 ε 与它到中性层的距离成正比。

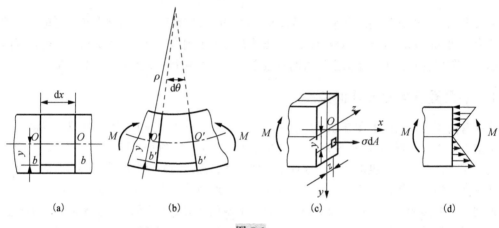

图 7-3

7.1.2　物理关系

横截面上各点为单向拉伸(压缩)应力状态，在弹性范围内，正应力与线应变满足简单胡克定律

$$\sigma = E\varepsilon$$

将(a)式代入上式可得

$$\sigma = E\frac{y}{\rho} \tag{b}$$

上式表明横截面上各点处的正应力它与到中性层的距离成正比。即沿着横截面的高度，正应力按直线规律变化，如图 7-3(d)所示。

7.1.3　静力关系

由于微内力 $\sigma\mathrm{d}A$ 组成了垂直于横截面的空间平行力系(图 7-3(c))。这一内力系只可能简化得到三个内力分量，即平行于 x 轴的轴力 F_N，分别沿 y 轴、z 轴的内力偶 M_y 和 M_z。即为

$$F_\mathrm{N} = \int_A \sigma\mathrm{d}A, \quad M_y = \int_A z\sigma\mathrm{d}A, \quad M_z = \int_A y\sigma\mathrm{d}A$$

以上所列的横截面上内力应与截面左侧的外力平衡。而纯弯曲时截面左侧外力只有 M_e，由平衡方程 $\sum F_x = 0$，$\sum M_y = 0$ 和 $\sum M_z = 0$ 得

$$F_\mathrm{N} = \int_A \sigma\mathrm{d}A = 0 \tag{c}$$

$$M_y = \int_A z\sigma\mathrm{d}A = 0 \tag{d}$$

横截面上内力系最终只有一力偶 M_z，它即为横截面的弯矩 M，即

$$M_z = \int_A y\sigma\mathrm{d}A = M \tag{e}$$

将式(b)代入式(c)得

$$\int_A \sigma \mathrm{d}A = \frac{E}{\rho} \int_A y \mathrm{d}A = 0$$

式中，E/ρ 不等于零，必有 $\int_A y \mathrm{d}A = 0$，即横截面对 z 轴的静矩等于零，即 z 轴（中性轴）必定通过横截面的形心。这就确定了 z 轴的位置，这也表明 x 轴与梁的轴线重合。

将式（b）代入式（d）得

$$\int_A z \sigma \mathrm{d}A = \frac{E}{\rho} \int_A yz \mathrm{d}A = 0$$

同理，式中 E/ρ 不等于零，必有 $I_{yz} = \int_A yz \mathrm{d}A = 0$，说明 y 轴、z 轴为主轴，即可得 y 轴、z 轴为形心主轴。

将式（b）代入式（e）得

$$M = \int_A y \sigma \mathrm{d}A = \frac{E}{\rho} \int_A y^2 \mathrm{d}A = \frac{EI_z}{\rho} \tag{f}$$

式中，积分 $\int_A y^2 \mathrm{d}A = I_z$ 为横截面对 z 轴（中性轴）的惯性矩。式（f）可写成

$$\frac{1}{\rho} = \frac{M}{EI_z} \tag{7-1}$$

式中，$1/\rho$ 代表梁轴线变形后的曲率。上式表明 EI_z 越大，则曲率 $1/\rho$ 越小，即弯曲变形越小，故 EI_z 称为抗弯刚度（flexural rigidity）。再将式（7-1）代入式（b）得

$$\sigma = \frac{My}{I_z} \tag{7-2}$$

在以上讨论中，为了方便，把梁横截面画成矩形，但推导过程中并没有用过矩形的几何特性，所以，公式适用于梁有纵向对称面，且载荷作用于纵向对称面的所有情况，即适用于对称截面梁纯弯曲的所有情况。

7.2　横力弯曲时梁的正应力及弯曲强度问题

工程问题中的梁一般都是横力弯曲，这时由于横截面有剪力，在横截面有切应力存在，横截面将不再保持为平面而发生翘曲。同时，在横力弯曲中，纵向线段之间也往往存在微小正应力。这就与纯弯曲正应力公式推导略有差异。尽管如此，对于横截面有剪力的细长梁（若 $h/l \leqslant 0.2$，h 为横截面的高度，l 为梁的跨度），式（7-1）和式（7-2）仍适用，由于此时剪力的影响远远小于弯矩的影响，将纯弯曲正应力公式应用于横力弯曲，引起的误差非常微小，能够达到工程问题所需的精度。而且这两个公式也可近似用于小曲率梁（$h/\rho_0 \leqslant 0.2$，ρ_0 为曲梁轴线的曲率半径）。

在横力弯曲时各截面的弯矩一般不同，对于等截面梁，横截面上的最大正应力发在弯矩最大的截面上且离中性轴最远的边缘处，其值为

$$\sigma_{max} = \frac{M_{max} |y|_{max}}{I_z} \tag{7-3}$$

式中，M_{max} 指的是弯矩绝对值的最大值，$|y|_{max}$ 指的是离中性轴 z 轴的距离的最大值。现引用记号

$$W_z = \frac{I_z}{|y|_{max}} \tag{7-4}$$

则式（7-3）可改写为

$$\sigma_{\max} = \frac{M_{\max}}{W_z} \qquad\qquad (7\text{-}5)$$

W_z 称为**抗弯截面系数**(bending factor of section)。它与截面的几何形状和尺寸有关,故它是横截面的几何性质之一。图 7-7 所示高为 h,宽为 b 的矩形截面,则

$$W_z = \frac{I_z}{|y|_{\max}} = \frac{bh^3/12}{h/2} = \frac{bh^2}{6}$$

对于横截面是直径为 d 的圆形,则

$$W_z = \frac{I_z}{|y|_{\max}} = \frac{\pi d^4/64}{d/2} = \frac{\pi d^3}{32}$$

类似轴向拉伸和压缩时的强度条件,限定最大弯曲正应力不得超过许用正应力,于是可得弯曲的强度条件为

$$\sigma_{\max} = \frac{M_{\max}}{W_z} \leqslant [\sigma] \qquad\qquad (7\text{-}6)$$

对于抗拉和抗压强度相等的材料(如低碳钢),只要绝对值最大的正应力不超过许用正应力即可。对于抗拉和抗压强度不等的材料(如铸铁),则拉和压的最大正应力都不应超过各自的许用拉应力和许用压应力。

【例 7-1】　如图 7-4(a)所示,空心悬臂支架,所承受载荷 $F = 1.0\text{kN}$,其中 1-1 横截面尺寸如图 7-4(b)所示,求:(1)1-1 截面最大正应力;(2)若支架为实心时,求 1-1 截面的最大正应力。

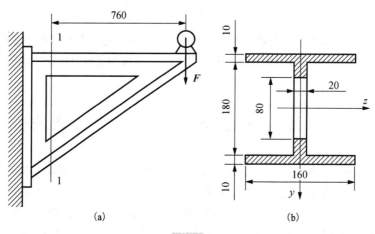

(a)　　　　　　　　　　　　　(b)

图 7-4

解:(1)1-1 横截面上弯矩 $M_{1\text{-}1}$

$$M_{1\text{-}1} = 1.0 \times 10^3 \times 760 \times 10^{-3} \text{N·m} = 0.76\text{kN·m}$$

(2)当支架为空心时,1-1 截面对中性轴 z 轴的惯性矩为

$$I_{z,\text{空}} = \left(\frac{1.6 \times 2^3}{12} - \frac{1.4 \times 1.8^3}{12} - \frac{0.2 \times 0.8^3}{12} \right) \times 10^8 \text{mm}^4 = 3.78 \times 10^7 \text{mm}^4$$

最大正应力为

$$\sigma_{\max,\text{空}} = \frac{M_{1\text{-}1}|y|_{\max}}{I_{z,\text{空}}} = \frac{0.76 \times 10^3 \text{N·m} \times 100 \times 10^{-3} \text{m}}{3.78 \times 10^{-5} \text{m}^4} = 2.01 \times 10^6 \text{Pa} = 2.01\text{MPa}$$

(3)当支架为实心时 1-1 截面对中性轴 z 轴的惯性矩为

$$I_{z,\text{实}} = \left(\frac{1.6 \times 2^3}{12} - \frac{1.4 \times 1.8^3}{12} \right) \times 10^8 \, \text{mm}^4 = 3.86 \times 10^7 \, \text{mm}^4$$

此时最大正应力为

$$\sigma_{\max,\text{实}} = \frac{M_{1-1} |y|_{\max}}{I_{z,\text{实}}} = \frac{0.76 \times 10^3 \, \text{N} \cdot \text{m} \times 100 \times 10^{-3} \, \text{m}}{3.86 \times 10^{-5} \, \text{m}^4} = 1.97 \times 10^6 \, \text{Pa} = 1.97 \, \text{MPa}$$

由计算结果可知，在 1-1 截面上，空心与实心最大正应力相差仅约 2%，但开孔时减轻自重，而且更经济，因此工程中一些梁构件常做成空心截面。

【例 7-2】 图 7-5（a）所示 T 形截面铸铁外伸梁，其横截面的尺寸和形心位置如图 7-5（b）所示。铸铁的许用拉应力为 $[\sigma_{\text{t}}] = 30\text{MPa}$ ，许用压应力为 $[\sigma_{\text{c}}] = 160\text{MPa}$ ，试校核梁的强度并画出最大拉应力和最大压应力所在截面的正应力分布图。（不计梁的自重）

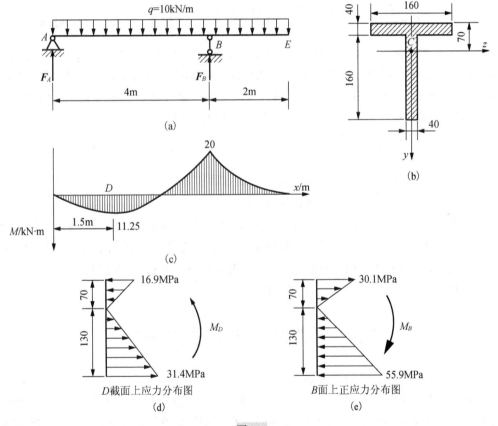

图 7-5

解： （1）取整体为研究对象，由平衡方程 $\sum M_B = 0$ 和 $\sum M_A = 0$ ，求出支座反力为

$$F_A = 15\text{kN}(\uparrow), \quad F_B = 45\text{kN}(\uparrow)$$

（2）作出弯矩图如图 7-5（c）所示。由弯矩图可知最大负弯矩在 B 截面，其值为 $M_B = -20\text{kN} \cdot \text{m}$ ，最大正弯矩在 AB 段内，为求 AB 段内的极值正弯矩，先写出 AB 段的弯矩方程为

$$M(x) = F_A \cdot x - qx^2/2 = 15x - 5x^2$$

由 $\mathrm{d}M(x)/\mathrm{d}x = 0$ ，即有 $15 - 10x = 0$ ，得 $x = 1.5\text{m}$ （D 截面）时，弯矩有极值，其值为

$$M_D = 15\text{kN} \times 1.5\text{m} - \frac{1}{2} \times 10\text{kN/m} \times (1.5\text{m})^2 = 11.25\text{kN} \cdot \text{m}$$

(3)再把横截面分成顶板和腹板两块矩形,利用平行移轴公式求出横截面对中性轴 z 轴的惯性矩 I_z 为

$$I_z = \left[\frac{160\times40^3}{12}+160\times40(70-20)^2\right]\text{mm}^4 + \left[\frac{40\times160^3}{12}+40\times160(120-70)^2\right]\text{mm}^4$$

$$= 4651\times10^4\,\text{mm}^4$$

(4)求最大拉、压应力

由于 B 截面为最大负弯矩,因此 B 截面上最大拉应力和压应力分别位于截面的上、下边缘处,设下边缘和上边缘上各点离中性轴的距离分别为 y_1 和 y_2,由式(7-3)可得

$$\left(\sigma_{t,\max}\right)_B = \frac{M_B y_2}{I_z} = \frac{(-20\times10^3\,\text{N}\cdot\text{m})\times(-70\times10^{-3}\,\text{m})}{4651\times10^{-8}\,\text{m}^4} = 30.1\times10^6\,\text{Pa} = 30.1\,\text{MPa}$$

$$\left(\sigma_{c,\max}\right)_B = \frac{M_B y_1}{I_z} = \frac{(-20\times10^3\,\text{N}\cdot\text{m})\times130\times10^{-3}\,\text{m}}{4651\times10^{-8}\,\text{m}^4} = -55.9\times10^6\,\text{Pa} = -55.9\,\text{MPa}$$

D 截面为最大正弯矩,因此 D 截面上最大拉应力和压应力分别位于截面的下、上边缘处,虽然 $|M_D| < |M_B|$,但是 D 截面的下边缘处受拉,该处离中性轴的距离大于 B 截面最大拉应力离中性轴的距离(即 $y_1 > y_2$),因此 D 截面最大拉应力有可能大于 B 截面最大拉应力。D 截面最大压应力则一定小于 B 截面最大压应力。D 截面最大拉、压应力分别为

$$\left(\sigma_{t,\max}\right)_D = \frac{M_D y_1}{I_z} = \frac{11.25\times10^3\,\text{N}\cdot\text{m}\times130\times10^{-3}\,\text{m}}{4651\times10^{-8}\,\text{m}^4} = 31.4\times10^6\,\text{Pa} = 31.4\,\text{MPa}$$

$$\left(\sigma_{c,\max}\right)_D = \frac{M_D y_2}{I_z} = \frac{11.25\times10^3\,\text{N}\cdot\text{m}\times(-70\times10^{-3}\,\text{m})}{4651\times10^{-8}\,\text{m}^4} = -16.9\times10^6\,\text{Pa} = -16.9\,\text{MPa}$$

计算表明:$\sigma_{t,\max}$ 发生在 D 截面下边缘为31.4MPa,且略微超过了许用拉应力,但其相对误差并不到5%,仍可认为拉应力满足梁的强度要求。$|\sigma_c|_{\max}$ 发生在 B 截面下边缘为55.9MPa,小于许用压应力,因此压应力也满足梁的强度要求。最大拉应力截面(D 截面上)和最大压应力截面(B 截面上)的正应力分布图分别为图7-5(d)和(e)所示。

7.3　弯曲切应力及强度条件

横力弯曲时,梁横截面上除了弯矩外还有剪力,因此在横截面上也就存在切应力。在材料力学中,分析弯曲切应力的方法与分析弯曲正应力的方法是相似的,即对切应力在横截面上的分布作基本符合实际的假设,然后再利用分离体的平衡条件得出弯曲切应力的计算公式,随着截面的不同,所作的假设也略有差异,故分几种截面形状来讨论梁上横截面上的切应力。本节中只限于研究横向力作用在梁的纵向对称平面内的情况。

7.3.1　矩形截面梁

图7-6(a)所示矩形截面梁任意横截面上,剪力 F_S 应与截面的对称轴 y 重合(图7-6(b))。可对横截面上的切应力分布作以下假设:①横截面上各点处切应力 τ 的方向平行于 F_S;②切应力沿截面宽度 b 均匀分布。对于截面高 h 大于宽度 b 的情况,由上述假设为基础得到的解与精确解相比有足够的精度。根据上述两个假设可得在距中性轴为 y 的横线 pq 上,各点的切应力 τ 都相等且平

行于 F_S。由切应力互等定理可知，在包含 pq 且与中性层平行的 pr 平面上，也必然有与 τ 相等的 τ'，而且沿宽度 b，τ' 也均匀分布（图 7-6(d)）。取出长为 $\mathrm{d}x$ 的微段，在截面 $m-n$ 和 m_1-n_1 上的弯矩分别为 M 和 $M+\mathrm{d}M$（图 7-6(c)）。若再以平行于中性层且距中性层为 y 的 pr 平面，从微段中截出一部分 $prnn_1$（图 7-6(d)），在这一截出部分的左侧面 rn 上，作用着因弯矩 M 引起的正应力；而在右侧面 pn_1 上，作用着因弯矩 $M+\mathrm{d}M$ 引起的正应力。在顶面 pr 上作用着切应力 τ'。上述三种应力都平行于 x 轴。在右侧面 pn_1 上正应力的合力 F_{N2} 为

$$F_{N2} = \int_{A_1} \sigma \mathrm{d}A = \int_{A_1} \frac{(M+\mathrm{d}M)y_1}{I_z}\mathrm{d}A = \frac{(M+\mathrm{d}M)}{I_z}\int_{A_1} y_1\mathrm{d}A = \frac{(M+\mathrm{d}M)}{I_z}S_z^* \tag{g}$$

式中，A_1 为侧面 pn_1 的面积，其中

$$S_z^* = \int_{A_1} y_1\mathrm{d}A \tag{h}$$

仿照式(g)，将弯矩 $M+\mathrm{d}M$ 换作 M，可以求得左侧面 rn 上正应力的合力 F_{N1} 为

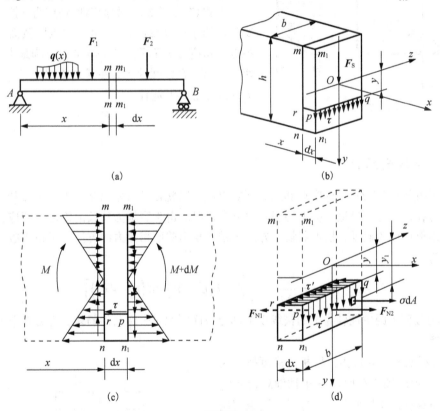

图 7-6

$$F_{N1} = \frac{M}{I_z}S_z^* \tag{i}$$

在顶面 pr 上 τ' 的合力为 $\tau'b\mathrm{d}x$，由平衡方程 $\sum F_x = 0$，可得

$$F_{N2} - F_{N1} - \tau'b\mathrm{d}x = 0$$

将式(g)和式(i)代入上式，整理可得

$$\tau' = \frac{\mathrm{d}M}{\mathrm{d}x}\frac{S_z^*}{bI_z} = \frac{F_S S_z^*}{bI_z}$$

由切应力互等定理，有 $\tau = \tau'$，所以

$$\tau = \frac{F_S S_z^*}{b I_z} \tag{7-7}$$

式中，F_S 为横截面的剪力，b 为截面的宽度，I_z 为整个截面对中性轴的惯性矩，S_z^* 为截面上距中性轴为 y 的横线以下部分截面面积对中性轴的静矩。

对矩形截面（图 7-7），可取 $\mathrm{d}A = b\mathrm{d}y_1$，于是式（h）可写成

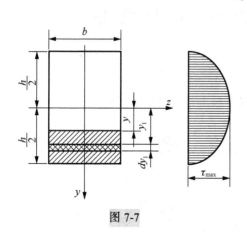

图 7-7

$$S_z^* = \int_{A_1} y_1 \mathrm{d}A = \int_y^{h/2} b y_1 \mathrm{d}y_1 = \frac{b}{2}\left(\frac{h^2}{4} - y^2\right)$$

将上式代入式（7-7），因此式（7-7）可以写成

$$\tau = \frac{F_S}{2 I_z}\left(\frac{h^2}{4} - y^2\right) \tag{7-8}$$

由式（7-8）可知，沿截面高度切应力 τ 按抛物线规律变化。当 $y = \pm h/2$ 时，$\tau = 0$。这表明截面上、下边缘各点处切应力等于零。当 $y = 0$ 时，τ 为最大值，即最大切应力出现在中性轴上。在式（7-8）中，令 $y = 0$，并有 $I_z = bh^3/12$，于是有

$$\tau_{\max} = \frac{3}{2}\frac{F_S}{bh} = \frac{3}{2}\frac{F_S}{A} \tag{7-9}$$

7.3.2 工字形截面梁

工字形截面（图 7-8(a)）由腹板和上、下翼组成。因此在横力弯曲条件下，腹板和上、下翼上均有切应力存在。首先讨论腹板上的切应力分布情况。由于腹板为狭长的矩形，切应力的分布规律可采用矩形截面的假设，根据假设，并采用推导矩形截面切应力的方法，可得腹板上 y 处的弯曲切应力为

$$\tau = \frac{F_S S_z^*}{\delta I_z} = \frac{F_S}{8 I_z \delta}\left[b\left(h_0^2 - h^2\right) + \delta\left(h^2 - 4y^2\right)\right] \tag{7-10}$$

式中，S_z^* 为截面上距中性轴为 y 的横线以下部分截面面积对中性轴的静矩；I_z 为整个截面对中性轴的惯性矩。

由此可得腹板上切应力沿腹板的高度按二次抛物线规律变化（图 7-8(b)），在中性轴处（$y = 0$）和在腹板与翼板的交接处（$y = \pm h/2$），腹板切应力分别达到最大值和最小值，其值分别为

$$\tau_{\max} = \frac{F_S}{8 I_z \delta}\left[b h_0^2 - (b - \delta)h^2\right]$$

$$\tau_{\min} = \frac{F_S}{8 I_z \delta}\left[b h_0^2 - b h^2\right]$$

由于腹板的宽度 δ 远小于翼板的宽度 b，最大和最小切应力差值很小，因此可近似认为腹板上的切应力均匀分布。

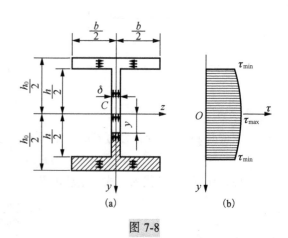

图 7-8

至于翼板上的切应力，一般比较复杂，除了有平行于 y 轴的切应力 τ_y，还有与翼缘长边平行的水平方向的切应力 τ_z。由于翼缘厚度很薄，切应力 τ_y 很小可忽略不计，故水平切应力 τ_z 是翼板上的主要切应力，其值也可仿照求矩形截面上切应力的方法求得。由于翼板上的 τ_z 最大值也很小，并无实际意义，一般并不计算。

计算表明，工字形截面上、下翼板主要承担弯矩，而腹板主要承担剪力。因此，工程中工字形截面上 τ_{max} 可以近似用 $\tau_{max} = F_S/A_{腹}$ 来计算。由于在腹板与翼板的交接处，切应力分布比较复杂，而且存在应力集中现象，为了减小应力集中，宜在交接处倒圆角。而 T 型、槽形等截面由几个矩形组成，它们腹板也为狭长矩形，其腹板的应力沿其高也成二次抛物线分布，仍可用公式(7-7)计算，最大切应力仍在截面的中性轴上。

7.3.3 圆形及薄壁圆环截面梁

在圆形截面上，切应力分布比较复杂，在平行于中性轴（z 轴）的 $m-n$ 线上的切应力 τ 均指向过 m、n 两点的切线的交点 O'（图 7-9(a)），且在 y 轴方向的分量 τ_y 沿 $m-n$ 均匀分布，根据这一假设，可按式(7-7)来计算横截面上任意点处的 τ_y。由此可见圆截面上的最大切应力仍发在中性轴上，且沿中性轴均匀分布，其方向平行于剪力 F_S，其值为

$$\tau_{max} = \frac{4F_S}{3A} \tag{7-11}$$

因为此时代入式(7-7)计算时，$S_{z,max}^* = \left(\pi D^2/8\right) \cdot \left(2D/3\pi\right) = D^3/12$，$b = D$，$I_z = \pi D^4/64$，其中式(7-11)中 $A = \pi D^2/4$ 为圆截面的面积。可见圆形截面弯曲的最大切应力是平均切应力的 4/3 倍。

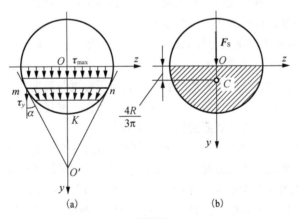

图 7-9

对于图 7-10(a)所示的薄壁圆环形截面，其应力分布如图所示，最大切应力仍发在中性轴上。利用式(7-7)计算 τ_{max} 时，其中，$S_{z,max}^* = \pi R_0 \delta \cdot \left(2R_0/\pi\right) = 2R_0^2 \delta$，$b = 2\delta$，$I_z = \pi R_0^3 \delta$，可以求得中性轴处的最大切应力为

$$\tau_{max} = \frac{F_S S_{z,max}^*}{bI_z} = \frac{F_S \cdot 2R_0^2 \delta}{2\delta \cdot \pi R_0^3 \delta} = 2\frac{F_S}{A} \tag{7-12}$$

式中，$A = 2\pi R_0 \delta$ 为薄壁圆环截面的面积。由此可见薄壁圆环截面最大弯曲切应力是其平均切应力的 2 倍。

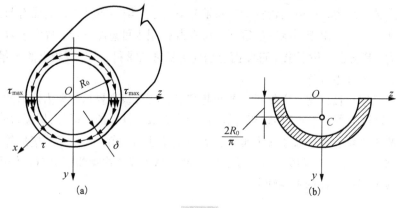

图 7-10

7.3.4　弯曲切应力强度条件

横力弯曲等直梁中，除了满足正应力强度条件外，还需满足切应力强度要求，由于等直梁最大切应力发生在中性轴处，而中性轴上正应力 $\sigma=0$，所以中性轴处各点的应力状态为纯剪切应力状态(第 9 章将详细讨论)，可以按照纯剪切状态下的强度条件表示为

$$\tau_{\max}=\frac{F_{S,\max}S^*_{z,\max}}{bI_z}\leqslant[\tau] \tag{7-13}$$

式中，$F_{S,\max}$ 为剪力绝对值的最大值，$S^*_{z,\max}$ 为中性轴以下面积对中性轴 z 轴的静矩。

对于一般的细长梁，其弯曲强度主要取决于正应力的强度条件，因此只需进行正应力强度计算。但在下列情况下需要进行梁的切应力强度校核。

(1)梁的跨度较短且在支座附近有较大的集中载荷作用。在此情况下，梁的弯矩 M 较小，而剪力 F_S 却很大，需要校核切应力强度。

(2)铆接或焊接的组合截面(如工字形)钢梁，当其腹板厚度与高度之比小于型钢截面的相应比值时，腹板的切应力较大，需要进行切应力强度校核；焊接、铆接或胶合而成的梁，在焊缝、铆接或胶合面处较薄弱，这些薄弱面处需要校核切应力强度。

(3)由木材做成的梁，由于木材顺纹方向抗剪强度较差，因此，此类梁可能由于横力弯曲时因中性层的切应力过大而使梁沿中性层发生剪切破坏，因此木制梁需进行切应力强度校核。

【例 7-3】　矩形截面简支梁受两个集中力 $F=35\text{kN}$ 作用，如图 7-11(a)所示。已知矩形截面的高宽比为 $h/b=6/5$，材料为红松，其许用正应力 $[\sigma]=10\text{MPa}$，顺纹许用切应力 $[\tau]=1.1\text{MPa}$。试选择梁的截面尺寸。

解：(1)由对称性求得支座反力为

$$F_A=F_B=35\text{kN}$$

(2)画出的剪力图和弯矩图分别如图 7-11(b)和(c)所示。由内力图可得

$$F_{S,\max}=35\text{kN}，\qquad M_{\max}=14\text{kN}\cdot\text{m}$$

(3)按正应力强度条件选择截面尺寸，由式(7-6)可得

$$\sigma_{\max}=\frac{M_{\max}}{W_z}=\frac{14\times10^3\text{N}\cdot\text{m}}{\frac{1}{6}\times\frac{5h}{6}\times h^2}\leqslant[\sigma]=10\times10^6\text{Pa}$$

即有

$$h \geqslant \sqrt[3]{\frac{14 \times 10^3 \, \text{N} \cdot \text{m} \times 6 \times 6}{5 \times 10 \times 10^6 \, \text{Pa}}} = 0.216\text{m} = 216\text{mm} \, , \qquad b = \frac{5}{6}h = 180\text{mm}$$

(4) 按剪应力强度条件选择截面尺寸，由式(7-9)可得

$$\tau_{\max} = 1.5 \times \frac{F_{S,\max}}{A} = 1.5 \times \frac{35 \times 10^3 \, \text{N}}{\dfrac{5h}{6} \times h} \leqslant [\tau] = 1.1 \times 10^6 \, \text{Pa}$$

即

$$h \geqslant \sqrt{\frac{1.5 \times 35 \times 10^3 \, \text{N} \times 6}{5 \times 1.1 \times 10^6 \, \text{Pa}}} = 0.239\text{m} = 239\text{mm}$$

取 $h = 240\text{mm}$，$b = 5h/6 = 200\text{mm}$。

由于载荷离支座较近，且木材的顺纹许用切应力较小，故该梁的强度是由切应力强度条件控制的。

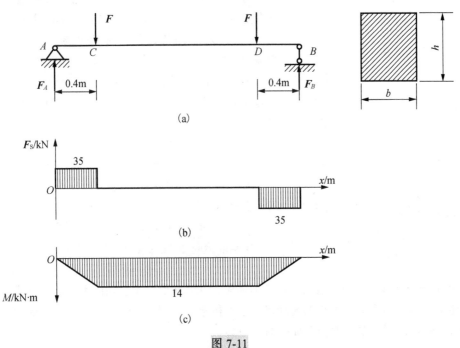

图 7-11

【例 7-4】　简易起重设备如图 7-12(a) 所示。吊车大梁跨长 $l = 5\text{m}$，由 No. 20a 号工字钢制成，材料的许用正应力 $[\sigma] = 160\text{MPa}$，许用切应力 $[\tau] = 100\text{MPa}$。试确定最大起吊重量 F_P。

解：吊车梁可简化为受集中载荷作用的简支梁。由于载荷是沿梁移动的，故首先应确定最不利的加载位置。设载荷作用处距 A 端距离为 x，则由梁的平衡条件可求出支座反力为

$$F_A = F_P(l - x)/l \, , \qquad F_B = F_P x/l$$

最大弯矩发生在载荷作用的截面 C 处，现确定截面 C 的位置。

$$M_C = F_A x = F_P x(l - x)/l$$

由 $\mathrm{d}M_C/\mathrm{d}x = 0$，可得 $x = l/2$，即载荷作用于跨中截面时弯矩最大，如图 7-12(b) 所示。且

$$M_{\max} = M_C = F_P l/4$$

左段梁剪力 $F_S = F_A = F_P(l - x)/l$，右段梁剪力 $F_S = F_B = F_P x/l$，则当载荷作用于支座附近时，即 $x \to 0$ 和 $x \to l$ 时，剪力达到其最大值，且 $F_{S,\max} \to F_P$，如图 7-12(c) 所示。

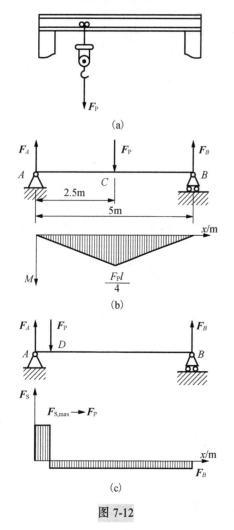

(a)

(b)

(c)

图 7-12

先按正应力强度条件确定许可载荷。由型钢表查得 No. 20a 号工字钢的 $W_z = 237\text{cm}^3$。由正应力强度条件

$$M_{max} = F_P l/4 \leqslant W_z[\sigma]$$

$$F_P \leqslant 4W_z[\sigma]/l = 30.3\text{kN}$$

再校核切应力强度，由型钢表得 $I_z/S_{z,max}^* = 17.2\text{cm}$，$b = 7\text{mm}$。由切应力强度条件

$$\tau_{max} = \frac{F_{S,max}S_{z,max}^*}{bI_z} = \frac{F_P S_{z,max}^*}{bI_z}$$

$$= \frac{30.3 \times 10^3\,\text{N}}{17.2 \times 7 \times 10^{-5}\,\text{m}^2}$$

$$= 25.2\text{MPa} < [\tau]$$

可见，对热轧型钢，按正应力强度计算结果一般情况下完全可保证切应力强度。可取许用载荷为 30kN。

【例 7-5】　图 7-13(a)所示跨度为 6m 的简支钢梁，该梁采用 No. 32a 工字钢，其中中间区段焊接上两块 100mm×10mm×3000mm 钢板。材料为 Q235 钢，其许用正应力 $[\sigma] = 170\text{MPa}$，许用切应力 $[\tau] = 100\text{MPa}$。试校核该梁的强度。

解：(1)计算简支梁的支座反力为

$$F_A = 80\text{kN}, \quad F_B = 70\text{kN}$$

画出剪力图和弯矩图如图 7-13(b)和(c)所示，由剪力图和弯矩图可得

$$F_{S,max} = 80\text{kN}, \quad M_{max} = 150\text{kN} \cdot \text{m}$$

在截面变化处(C 截面)的弯矩为

$$M_C = 120\text{kN} \cdot \text{m}$$

(2)按正应力强度条件进行校核。对于加强段，其横截面对中性轴的惯性矩可分成由 No. 32a 号工字钢和加强板两部分对中性轴惯性矩之和求得，由型钢表查得 No. 32a 号工字钢的 $I_z = 11075.5 \times 10^4\,\text{mm}^4$，加强段横截面的惯性矩为

$$I_{z,加} = 11075.5 \times 10^4\,\text{mm}^4 + 2\left[\frac{100 \times 10^3}{12} + 100 \times 10\left(\frac{320}{2} + \frac{10}{2}\right)^2\right]\text{mm}^4 = 16522 \times 10^4\,\text{mm}^4$$

相应抗弯截面系数为

$$W_{z,加} = \frac{I_{z,加}}{|y|_{max}} = \frac{16522 \times 10^4\,\text{mm}^4}{\left(\frac{320}{2} + 10\right)\text{mm}} = 972 \times 10^3\,\text{mm}^3$$

由式(7-6)得

$$\sigma_{max} = \frac{M_{max}}{W_{z,加}} = \frac{150 \times 10^3\,\text{N} \cdot \text{m}}{972 \times 10^{-6}\,\text{m}^3} = 154.3 \times 10^6\,\text{Pa} = 154.3\text{MPa} < [\sigma]$$

(3)校核过渡截面 C 处的强度，虽然 $M_C < M_{max}$，但此截面对中性轴的抗弯截面系数相对最大弯矩所在截面对中性轴的抗弯截面系数也较小，因此需要校核该截面的正应力强度。由型钢表查

得 No.32a 号工字钢的 $W_z = 692.2 \times 10^3 \text{mm}^3$。由式(7-6)得

$$\sigma_{C,\max} = \frac{M_C}{W_z} = \frac{120 \times 10^3 \text{N} \cdot \text{m}}{692.2 \times 10^{-6} \text{m}^3} = 173.4 \times 10^6 \text{Pa} = 173.4 \text{MPa} > [\sigma]$$

虽然 $\sigma_{C,\max}$ 大于 $[\sigma]$，两者相对误差未超过 5%，所以仍可认为安全。

(4)按切应力强度条件校核。最大切应力位于未加强的区段内，按型钢表查得 No.32a 号工字钢的 $I_z/S_{z,\max}^* = 274.6 \text{mm}$，腹板的厚度 $b = 9.5 \text{mm}$。由式(7-7)有

$$\tau_{\max} = \frac{F_{S,\max}S_{z\max}}{bI_z} = \frac{80 \times 10^3 \text{N}}{9.5 \times 10^{-3} \text{m} \times 274.6 \times 10^{-3} \text{m}}$$
$$= 30.7 \times 10^6 \text{Pa} = 30.7 \text{MPa} < [\tau]$$

计算结果表明该梁安全。

注意观察该梁的弯矩图，在支座附近的区段，弯矩较小，而中间区段，弯矩值较大，因此把梁制成阶梯状，既可节省材料，又可减轻自重。这种阶梯状变截面梁在工程中广泛运用。

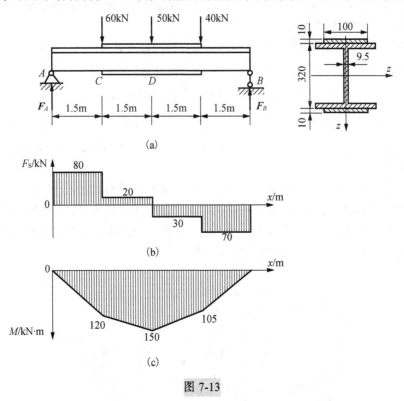

图 7-13

*7.4　非对称截面梁的平面弯曲、开口薄壁截面的弯曲中心

7.4.1　非对称截面梁的平面弯曲

前面研究的弯曲是外力(横向力和力偶)作用在梁的纵向对称平面内而发生的对称弯曲的情形。现在讨论横截面没有对称轴，而外力偶作用在形心主惯性平面(横截面的形心主轴与梁的轴线所构成的平面)内(或作用在与形心主惯性平面相平行的平面内)的弯曲问题。

在图 7-14 中，C 为横截面的形心，y、z 轴分别为截面的形心主轴。在杆的两端与形心主惯

性平面（xy平面）相平行的平面内作用一对力偶，取出左段为分离体（图 7-14(a)）。在所取坐标系，可得到与 7.1 节中相同的三个静力学条件

$$F_N = \int_A \sigma \mathrm{d}A = 0 \tag{7-14a}$$

$$M_y = \int_A z\sigma \mathrm{d}A = 0 \tag{7-14b}$$

$$M_z = \int_A y\sigma \mathrm{d}A = M = M_e \tag{7-14c}$$

实验表明，非对称截面梁在纯弯曲时平面假设仍成立。然而由于没有对称关系，暂时没有理由认为中性轴与 y 轴正交。此时，设中性轴为 z_1 轴（图 7-14(b)），则横截面上任一点处的纵向线应变必与该点到 z_1 轴的距离 y_1 成正比。重复 7.1 节中对变形几何方程和物理方程的推导过程，同样可以得到

$$\varepsilon = \frac{y_1}{\rho}, \quad \sigma = E \cdot \varepsilon = E\frac{y_1}{\rho}$$

将以上所得正应力公式代入式（7-14a），得到的结论仍是 z_1 轴必须为形心轴。这样 z_1 轴与形心主轴 y、z 轴相交于原点（形心）。

在图 7-14(b) 中，将微面积的坐标 y_1 用形心主轴的坐标来表示得 $y_1 = y\cos\alpha + z\sin\alpha$，将 y_1 代入正应力 $\sigma = Ey_1/\rho$ 公式，再代入式（7-14b）得

$$\frac{E}{\rho}\int_A z(y\cos\alpha + z\sin\alpha)\mathrm{d}A = \frac{E}{\rho}\left(I_{yz}\cos\alpha + I_y\sin\alpha\right) = 0$$

因为 $E/\rho \neq 0$，$I_{yz} = 0$，而 I_y 为正值，即有 $\sin\alpha = 0$，即 $\alpha = 0$。这应说明，即使非对称截面梁，只要外力偶作用在与形心主惯性平面（xy平面）相平行的平面内（或作用在 xy 平面内），中性轴与形心主轴重合。

将正应力 $\sigma = Ey_1/\rho$ 公式再代入式（7-14c），得到最后结果与式（7-1）和式（7-2）相同。在这种情况下，梁的轴线将在形心主惯性平面（xy平面）内弯成一条平面曲线，它与外力偶作用平面相重合或平行。这就是纯弯曲中平面弯曲的一般情况。从以上分析可以看出，在纯弯曲时，满足静力学条件中的式（7-14b），乃是发生平面弯曲的条件。

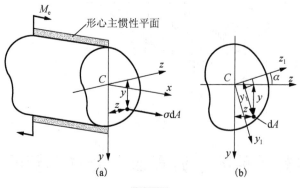

图 7-14

7.4.2　开口薄壁截面的弯曲中心

非对称截面梁在纯弯曲时的正应力公式，同样可以应用于受横力作用而发生平面弯曲的情况。这时也可用 7.3 节中的公式来计算横截面上的弯曲切应力。但是需要指出：并不是横向力作用在与形心主轴相平行的任意位置，都能保证只发生平面弯曲，这要看横截面上切向内力分量所对应

的三个静力学条件能否满足。

图 7-15(a)所示 T 形截面梁，z 为横截面的对称轴；设载荷 F 的作用线与形心主轴 y 相距为 z_1 而使梁发生平面弯曲。由 7.3 节中的分析可知，水平板上在 y 方向的切应力甚小，可以忽略不计；而竖直板上的切应力分布如图 7-15(b)所示，其方向均与竖直边平行，相应的合力 F_{Sf} 几乎就等于横截面的剪力 F_{Sy}，而作用在竖直板的中线上。

现在取一段梁作为分离体(图 7-15(c))来研究与切向内力分量相关的三个平衡条件。在 y 方向应有 $F_{Sy}=F$，在 z 方向有 $F_{Sz}=0$，这是自然成立的，因为 τ 方向与 y 轴平行。关键在于 $\sum M_x=0$ 能否满足，由于 F_{Sf}(即 F_{Sy})在横截面上的作用线位置是恒定的，所以要使这个条件得到满足，也就是保证梁只发生平面弯曲，必须让横向力 F 也作用在竖直板的中线上。这样，梁的轴线将在形心主惯性平面(xy 平面)内弯成一条平面曲线，该面与 F 力的作用线相平行。这是平面弯曲的一般情况。

假设让 F 力作用在自由端截面的对称轴 z 轴上，由于对称性，横截面上剪力 F_{Sz} 的作用线必与对称轴 z 重合，这时与切向内力分量相关的三个静力学条件自然都能得到满足。

上述两个剪力(F_{Sy}、F_{Sz})作用线的交点(图 7-15(b)中的 A 点)称为截面的**弯曲中心**(bending center)(简称**弯心**)。

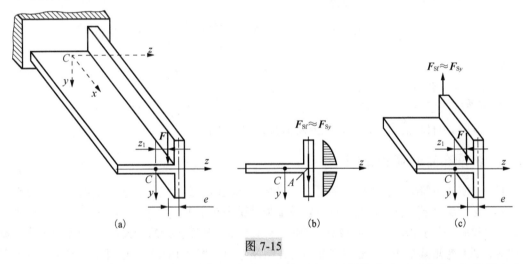

图 7-15

由此可见，只要横向力通过弯心并与一个形心主轴平行，则梁将发生平面弯曲。如果横向力 F 与一个形心主轴平行但未通过弯心，则可将此力向弯心简化得到一个通过弯心的力 F 和一个力偶矩为 Fe 的力偶，前者使梁发生平面弯曲，后者要使梁发生扭转。如果梁横向力通过弯心但不与形心主轴平行时，可将横向力沿两个形心主轴方向分解成两个分力，它们将分别引起平面弯曲，关于这两个弯曲的组合称为斜弯曲，第 10 章(组合变形)将详细讨论。从上述的讨论可以看出，平面弯曲时剪力作用线的位置与横向力的大小无关，只与截面的形状有关，因此，弯心的位置是横截面的几何特性。

以下几条简单规则可用来确定一些常见薄壁截面梁的弯曲中心位置。

(1)具有两条对称轴或反对称轴的截面，弯曲中心与截面形心重合；

(2)有一条对称轴的截面，其弯曲中心必在此对称轴上；

(3)若薄壁截面是由一些简单图形截面组成，而且每一块简单图形截面的中心线为汇交于同一点的直线，则此交点即为截面的弯曲中心。

表 7-1 列出了几种常见开口薄壁截面的弯曲中心位置。

表 7-1　几种常见开口薄壁截面的弯曲中心位置

项次	1	2	3	4	5	6	7
截面形状							
弯曲中心的位置	与形心重合	$e = \dfrac{b'^2 h'^2 t}{4 I_z}$	$e = r_0$	在两个狭长矩形中线的交点			与形心重合

7.5　提高梁弯曲强度的措施

提高梁的强度是指在不增加和不减少材料的条件下使梁能承受更大的载荷而不发生强度失效。一般来说,弯曲正应力的强度条件

$$\sigma_{max} = \frac{M_{max}}{W_z} \leqslant [\sigma]\,(\text{塑性材料}), \qquad \begin{cases} \sigma_{t,max} \leqslant [\sigma_t] \\ \sigma_{c,max} \leqslant [\sigma_c] \end{cases} (\text{脆性材料})$$

是弯曲强度计算的主要依据。因此从这一条件看出,要提高梁承载能力主要从以下三方面着手:

(1)不改变横截面情况下(即不改变 W_z),减小 M_{max};

(2)不改变支承条件和载荷作用位置和形式下(即不改变 M_{max}),增大 W_z;

(3)合理利用材料的力学性能,充分发挥材料的强度潜力。

7.5.1　合理布置载荷和支座

不改变横截面情况下,改善梁的受力,尽量降低梁内的最大弯矩,也就提高了梁的强度。在不能平移支座情况下,合理布置载荷位置或增加辅梁来减小 M_{max}。如图 7-16(a)所示简支梁中间作用集中载荷,若通过增加长为 $l/2$ 辅梁(图 7-16(b)),可使简支梁的最大弯矩由原来的 $Fl/4$ 减小到 $Fl/8$,最大弯矩减小一半。若将载荷布置在支座 $l/6$ 处(图 7-16(c)),也可使简支梁的最大弯矩由原来的 $Fl/4$ 减小到 $5Fl/36$,最大弯矩明显减小,这也是工程中常见齿轮传动轴将齿轮安装在轴承附近位置的原因。

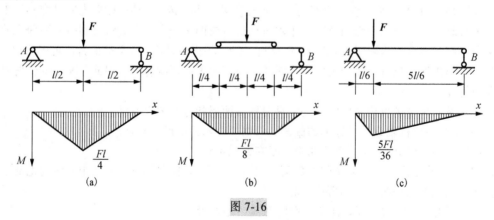

图 7-16

在可移动梁支座的情况下，通过支座平移来减小 $M_{\max}$。如图 7-17(a)分布载荷简支梁，通过两端支座向中间平移 $0.2l$ 后(图 7-17(b))，可使梁的最大弯矩由原来的 $ql^2/8$ 减小到 $ql^2/40$，最大弯矩减小了 4/5。

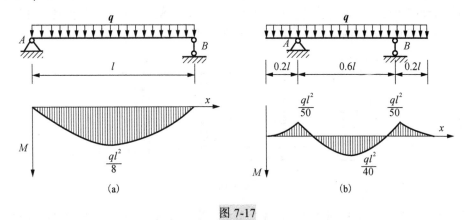

图 7-17

通过上述情况可得出以下结论：①通过合理地支承移动和合理布置载荷作用位置可以明显减小 $M_{\max}$；②在可能的工程前提下，尽量将集中力分散成多个力作用在梁上。

7.5.2 合理选择梁的横截面

不改变支承条件和载荷作用位置以及形式下，而且在不增加和不减少材料的条件下增大 W_z，即使 W_z/A 增加。对于高为 h，宽为 b 的矩形截面

$$\frac{W_z}{A} = \frac{bh^2/6}{bh} = \frac{h}{6}$$

由此可见，在保持面积不变情况下，高度 h 越大越合理。但是不可能过分减小宽度 b 来增加高度 h，这样将使梁结构发生失稳。因此又要使高度增加，而不失稳，因此常把截面做成工字形，以及由角钢构成的工字形和箱形截面，如图 7-18 所示。对于常见截面形状的 W_z/A 比值见表 7-2。

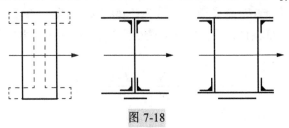

图 7-18

表 7-2 常见的几种截面的 W_z/A

截面形状	矩形	圆形	槽钢	工字钢
W_z/A	$0.167h$	$0.125d$	$(0.27\sim0.31)h$	$(0.27\sim0.31)h$

通过上述情况可得出如下结论：在不增加和不减少材料的条件下增大 W_z，只有尽可能将材料远离中性轴铺放。

7.5.3 合理利用材料的力学性能・等强度梁

由于塑性材料抗拉和抗压强度相等，因此对于塑性材料做成的梁结构，应采用中性轴为对称

轴的截面，如圆形、矩形、工字形等，使拉、压正应力同时达到许用正应力。而脆性材料抗拉和抗压强度不相等，如铸铁，宜受压而不宜受拉，应使中性轴偏于受拉一侧。因此对于脆性材料，应采用不对称截面，如 T 形、上下不对称的工字形截面（图 7-19），并使宽边受拉。只要调整截面中性轴的位置使拉压边缘的距离满足 $y_t/y_c=[\sigma_t]/[\sigma_c]$，即可使拉、压应力同时达到许用的拉、压正应力，此时横截面上材料的力学性能得到充分的利用。

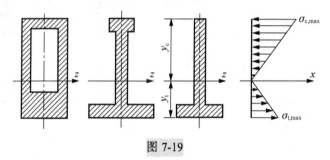

图 7-19

　　如图 7-20 所示，简支梁中间截面作用集中载荷的横力弯曲梁，弯矩一般沿轴线变化，显然该等截面梁的非危险截面的材料潜力没有得到充分发挥，因此可做成变截面梁，最好使梁各横截面的最大正应力同时达到材料的许用正应力，工程中将此类梁称为**等强度梁**（beam of constant strength）。因此等强度梁截面尺寸设计变化规律为

$$\sigma_{max}=\frac{M(x)}{W_z(x)}=[\sigma] \tag{7-15}$$

　　对于图 7-20 所示矩形截面梁，若保持梁的高度 h 不变，宽度 b 为轴线 x 的函数，即 $b=b(x)$，由对称性，只计论 $0\leqslant x\leqslant l/2$ 范围左半段。由式（7-14）得

$$W_z(x)=\frac{b(x)h^2}{6}=\frac{M(x)}{[\sigma]}=\frac{Fx/2}{[\sigma]}$$

由此得出

$$b(x)=\frac{3F}{[\sigma]h^2}x$$

　　可见截面宽度 $b(x)$ 是 x 的一次函数，如图 7-20(c) 所示。当 $x=0$ 时，$b=0$，表明面积为零。显然这不能满足切应力强度条件，截面宽度的最小值 b_{min} 应由切应力强度条件来确定。由式（7-9）得

$$\tau_{max}=\frac{3}{2}\frac{F_s}{bh}=\frac{3}{2}\frac{F/2}{bh}\leqslant[\tau]$$

由此得出 $b\geqslant 3F/(4h[\tau])$，因此可得

$$b_{min}=\frac{3F}{4h[\tau]}$$

　　如设想把上述等强度梁分成若干狭条，如图 7-20(d) 所示，然后把这些狭条叠加起来，并使其略微拱起，就成为车辆上经常使用的叠板弹簧（图 7-21(a)）。等强度梁设计广泛用于各种工程，如钢板弹簧、鱼腹梁（图 7-21(b)），对于圆截面的等强度梁，考虑到加工的方便和结构的需要，其截面直径的变化规律通常加工成阶梯状的变截面圆（图 7-21(c)）。

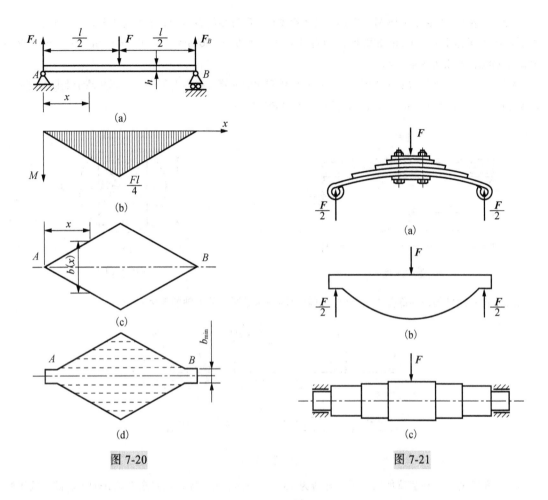

图 7-20　　　　　　　　　　　图 7-21

习　题

7.1　直径 $d = 3\text{mm}$ 的高强度钢丝，绕在直径 $D = 600\text{mm}$ 的轮缘上，已知材料的弹性模量 $E = 200\text{GPa}$。求钢丝横截面上的最大弯曲正应力。

7.2　试计算图示矩形截面简支梁 1-1 截面上点 a 和点 b 的正应力。

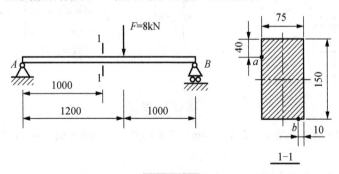

习题 7.2 图

7.3 如图所示，由 No.16 号工字钢制成的简支梁在跨度中间截面受集中载荷 F 作用。在截面 $c-c$ 处梁的下边缘上用标距 $l_0 = 20\text{mm}$ 的引伸仪测得纵向伸长量 $\Delta l = 0.008\text{mm}$。已知 $l = 1.5\text{m}$，$a = 1\text{m}$，材料的 $E = 210\text{GPa}$。试求力 F 的大小。

7.4 从我国晋朝的营造法式中，已可以看出梁截面的高宽比约为 $h/b = 3/2$。试从理论上证明这是由直径为 d 的圆木中锯出一个强度最大的矩形截面梁的较佳比值。

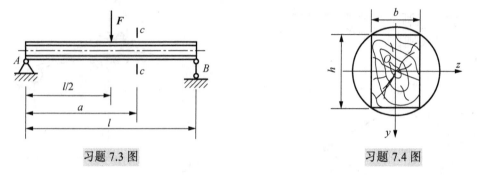

习题 7.3 图   习题 7.4 图

7.5 图示圆轴的外伸部分为空心轴。试画出轴的弯矩图，并求轴的最大正应力。

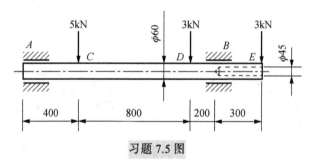

习题 7.5 图

7.6 压板的尺寸和载荷如图所示。材料为 45 钢，$\sigma_s = 380\text{MPa}$，取安全系数 $n = 1.5$。试校核压板的强度。

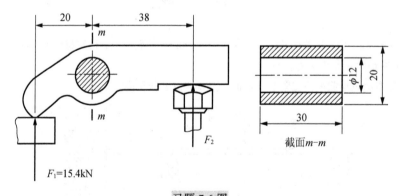

习题 7.6 图

7.7 矩形截面悬臂梁如图所示，已知 $l = 4\text{m}$，$b/h = 2/3$，$q = 10\text{kN/m}$，$[\sigma] = 10\text{MPa}$，试确定横截面的尺寸 h 和 b。

7.8 一外伸梁所受载荷如图所示，已知材料为 Q235 钢，其弯曲许用正应力 $[\sigma] = 170\text{MPa}$。试求：

(1) 若梁为实心圆截面，选择实心圆截面的直径 d；

(2) 若采用内外径之比 $d_1/D_1 = 0.8$ 的空心圆截面，求 d_1 和 D_1 的值；

(3)求前后两种截面的面积之比 A_1 / A_2 。

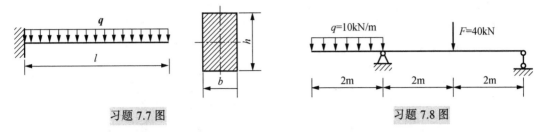

习题 7.7 图　　　　　　　　　习题 7.8 图

7.9　No.20a 工字钢梁的支承和受力如图所示，若 $[\sigma] = 160\text{MPa}$ ，试确定许可载荷 $[F]$ 。

7.10　梁 AD 为 No.10 号工字钢，B 处用圆钢杆 BC 悬挂，如图所示。已知圆杆直径 $d = 20\text{mm}$ ，梁和杆的许用正应力均为 $[\sigma] = 160\text{MPa}$ 。试求许可均布载荷集度 $[q]$ 。

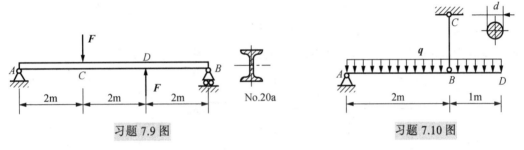

习题 7.9 图　　　　　　　　　习题 7.10 图

7.11　一铸铁梁如图所示。已知材料的拉伸强度极限 $\sigma_{\text{bt}} = 150\text{MPa}$ ，压缩强度极限 $\sigma_{\text{bc}} = 630\text{MPa}$ 。试求梁的安全因数。

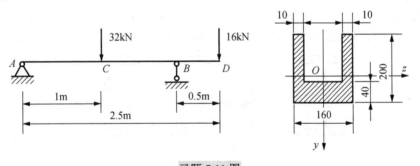

习题 7.11 图

7.12　铸铁梁的载荷和横截面的尺寸如图所示。许用拉应力 $[\sigma_{\text{t}}] = 40\text{MPa}$ ，许用压应力 $[\sigma_{\text{e}}] = 160\text{MPa}$ ，试按正应力的强度条件校核梁的强度。如载荷不变，但将 T 形截面倒置成为 ⊥ 形，是否合理？何故？

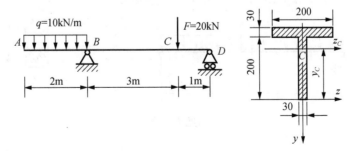

习题 7.12 图

7.13　已知图示铸铁简支梁的 $I_z = 645.6 \times 10^6 \, \text{mm}^4$，$E = 120\text{GPa}$，许用拉应力 $[\sigma_t] = 30\text{MPa}$，许用压应力 $[\sigma_c] = 90\text{MPa}$。试求：

(1) 许可载荷 $[F]$；

(2) 在许可载荷作用下，梁下边缘的总伸长量。

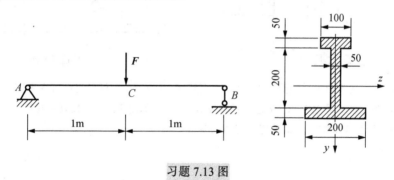

习题 7.13 图

7.14　试计算图示 No.16 号工字形截面梁内的最大弯曲正应力和最大切应力。

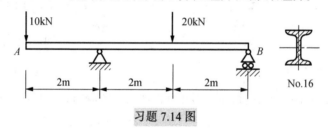

习题 7.14 图

7.15　图示梁由两根 No.36a 工字钢铆接而成。铆钉间距 $s = 150\text{mm}$，直径 $d = 20\text{mm}$，许用切应力 $[\tau] = 90\text{MPa}$。梁横截面上的剪力 $F_S = 40\text{kN}$。试校核铆钉的剪切强度。

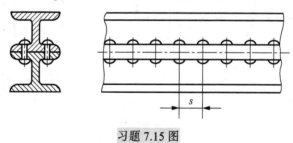

习题 7.15 图

7.16　矩形截面外伸梁所受载荷如图所示。设截面的高宽之比 $h/b = 2$，材料为红松，其弯曲许用正应力 $[\sigma] = 10\text{MPa}$，许用切应力 $[\tau] = 1.1\text{MPa}$。试选择该梁的截面尺寸。

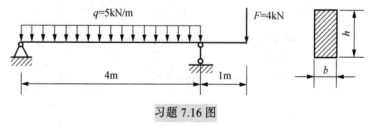

习题 7.16 图

7.17 起重机下的梁由两根工字钢组成，如图所示，起重机自重 $F_p = 50\text{kN}$，起吊重量 $F_p = 10\text{kN}$。许用正应力 $[\sigma] = 160\text{MPa}$，许用切应力 $[\tau] = 100\text{MPa}$。若暂不考虑梁的自重，试按正应力强度条件选定工字钢型号，再按切应力强度条件进行校核。

7.18 由三根木条胶合而成的悬臂梁截面尺寸如图所示，跨度 $l = 1\text{m}$。若胶合面上许用切应力为 0.34MPa，木材的许用正应力为 $[\sigma] = 10\text{MPa}$，许用切应力 $[\tau] = 1\text{MPa}$，试求许可载荷 $[F]$。

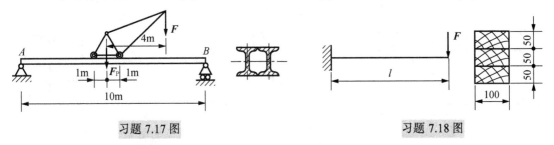

习题 7.17 图　　　　　　　习题 7.18 图

7.19 当载荷 F 直接作用在跨长为 $l = 6\text{m}$ 的简支梁 AB 之中点时，梁内最大正应力超过许可值 30%。为了消除过载现象，配置了如图所示的辅助梁 CD，试求辅助梁的最小跨长 a。

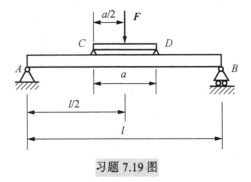

习题 7.19 图

7.20 图示吊车梁，电葫芦及重物的重量之和 $F_p = 50\text{kN}$，梁长 $l = 10\text{m}$。梁由两根 No. 22b 工字钢及焊接在其上、下翼缘上的两块钢板组成。每块钢板的长度均为 a，截面尺寸为 $220\text{mm} \times 6\text{mm}$。材料的 $[\sigma] = 140\text{MPa}$。试对吊车梁进行强度校核，并求加强钢板的最小长度 $a_{\min}$。

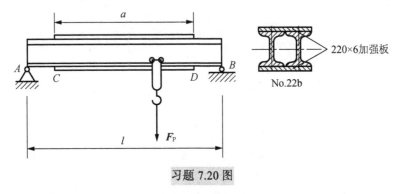

习题 7.20 图

7.21 某工厂用一台 150kN 的吊车和一台 200kN 的吊车借助一辅助梁共同吊起重 $F_p = 300\text{kN}$ 的设备，如图所示。

　(1)试问 x 应在什么范围内才能保证两台吊车都不超载?

　(2)辅助梁为工字钢，材料的许用正应力 $[\sigma] = 160\text{MPa}$，试选择其型号。

7.22　一变宽度矩形截面悬臂梁，截面高度 $h = 10\text{mm}$，在自由端受集中力 $F = 2\text{kN}$ 作用。材料为 Q235 钢，其弯曲许用正应力 $[\sigma] = 170\text{MPa}$，许用切应力 $[\tau] = 100\text{MPa}$。若该梁为等强度梁（各横截面上的最大弯曲正应力均等于 $[\sigma]$），试确定截面宽度 $b(x)$ 沿梁长的变化规律。为保证剪切强度，确定自由端处的 $b_{\min}$ 值。

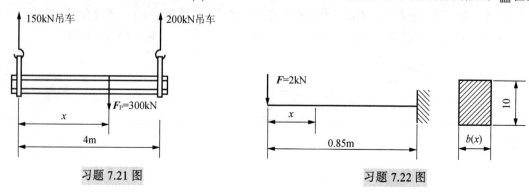

习题 7.21 图　　　　　　　　　　　　　　　　　习题 7.22 图

第8章 弯曲变形

8.1 引　言

　　工程中，为了保证梁在载荷作用下能正常工作，除了要求梁有足够的强度，还往往要求梁的弹性变形不能过大，即还要满足梁的刚度要求。因为梁的弹性变形过大将影响结构和机械设备正常工作。例如，齿轮轴弯曲变形过大将影响齿轮的正常啮合，引起噪声，甚至导致齿轮与齿轮之间或轴与轴承之间的不均匀磨损(图 8-1)。又如精密机床主轴变形过大将影响加工精度(图 8-2)。再如盖楼中梁的变形过大，会造成平顶开裂，抹灰层脱落。吊车梁的弹性变形过大，会妨碍吊车的正常运行，甚至发生安全事故。这些工程实例说明了限制梁弯曲变形的必要性。此外，梁弯曲变形的计算还与超静定结构的求解、振动计算密切相关。下面将针对梁的弯曲变形作详细的讨论。

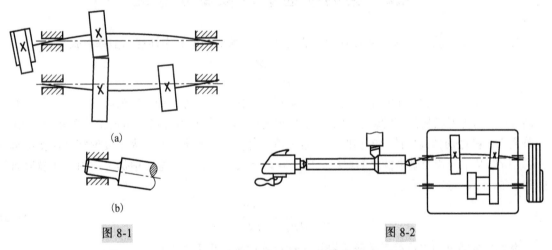

图 8-1　　　　　　　　　　　　　　　图 8-2

　　直梁在平面弯曲时，其轴线将在形心主惯性平面内弯成一条光滑的平面曲线 $AC'B$ (图 8-3)，该曲线称为梁的**挠曲线**(deflection curve)。任一横截面的形心在垂直于原来轴线方向的线位移称为该截面的**挠度**(deflection)，用 w 来表示(由于工程中梁的挠度均远小于其跨度，挠曲线是一条非常平缓的曲线，所以任一横截面的形心在轴线方向的线位移分量可忽略不计，仅考虑铅垂线位移 w)。任一横截面对其原方位的角位移称为该截面的**转角**(slope rotation angle)，用 θ 来表示。由于一般细长梁中可忽略剪力对其变形的影响，所以认为弯曲变形后所得挠曲线仍与横截面保持正交，任意横截面的转角 θ 也等于挠曲线在该截面的切线与原轴线的夹角，如图 8-3 所示。

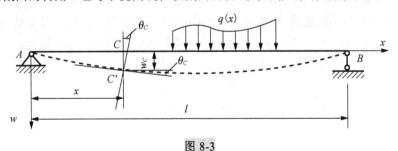

图 8-3

为了表示挠度和转角随截面位置变化的规律,取变形前的轴线为 x 轴,与轴线垂直向下为 w 轴(图 8-3),则挠曲线的方程(简称挠曲线方程)可表示为

$$w = w(x) \tag{8-1}$$

由于是小变形, θ 非常小,故转角方程可表示为

$$\theta = \theta(x) \approx \tan\left[\theta(x)\right] = \frac{\mathrm{d}w(x)}{\mathrm{d}x} \tag{8-2}$$

即挠曲线上任一点处切线的斜率等于该点处截面的转角。

挠度和转角是描述梁位移的两个基本量,其正负可作如下规定。在图 8-3 所示的坐标系中,挠度 w 向下为正,向上为负;变形前横截面转动到变形后横截面,转角 θ 顺时针转向为正,逆时针转向为负。对于梁而言,其变形和位移是两个不同的概念,但又相互联系。由纯弯曲梁的变形中性层曲率公式 $1/\rho = M/EI$ 可知,梁的弯曲变形仅与梁的弯矩和梁的抗弯刚度有关,而梁的位移不但与梁的弯矩和梁的抗弯刚度有关,而且还与梁的约束条件有关。

8.2　梁的挠曲线近似微分方程

在建立纯弯曲梁的正应力公式时(7.1 节),曾得到弯曲变形时中性层的曲率公式为

$$\frac{1}{\rho} = \frac{M}{EI}$$

对于横力弯曲,梁横截面上的内力不但有弯矩,而且有剪力,如果梁的跨度远大于梁横截面的高度时,剪力对梁的位移的影响很小,可以忽略不计。如矩形截面简支钢梁受均布载荷作用时,当跨度大于横截面的高度的 10 倍时,若略去剪力对位移的影响,其最大挠度的相对误差不超过 3%。所以对于纯弯曲梁中性层的曲率公式,在以上条件下的横力弯曲中仍可适用,各横截面的**曲率**(curvature)可表示为

$$\frac{1}{\rho(x)} = \frac{M(x)}{EI} \tag{8-3a}$$

由数学中微分知识可得,平面曲线 $w = w(x)$ 的曲率可用下式表示

$$\frac{1}{\rho(x)} = \pm \frac{\mathrm{d}^2 w/\mathrm{d}x^2}{\left[1 + \left(\mathrm{d}w/\mathrm{d}x\right)^2\right]^{3/2}} \tag{8-3b}$$

由于挠曲线通常是一条极其平坦的曲线 $(\mathrm{d}w/\mathrm{d}x)^2 \ll 1$,故可得到下列的近似曲率公式

$$\frac{1}{\rho(x)} = \pm \frac{\mathrm{d}^2 w}{\mathrm{d}x^2} \tag{8-3c}$$

$\mathrm{d}^2 w/\mathrm{d}x^2$ 与弯矩的关系如图 8-4 所示,图中挠度 w 向下为正。由该图可以看出,当梁段承受正弯矩时,梁的挠曲线为凹曲线(图 8-4(a)), $\mathrm{d}^2 w/\mathrm{d}x^2$ 为负;反之,当梁段承受负弯矩时,梁的挠曲线为凸曲线(图 8-4(b)), $\mathrm{d}^2 w/\mathrm{d}x^2$ 为正。上述说明弯矩 M 与 $\mathrm{d}^2 w/\mathrm{d}x^2$ 恒为异号,因此式(8-3c)右端应取负号,即得梁的挠曲线近似微分方程为

$$\frac{\mathrm{d}^2 w}{\mathrm{d}x^2} = -\frac{M(x)}{EI} \tag{8-3}$$

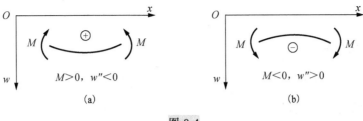

图 8-4

8.3 积分法求梁的位移

对于等截面直梁，EI 为常量，将式(8-3)写成 $EI\,\mathrm{d}^2w/\mathrm{d}x^2 = -M(x)$，左右同时积分一次，即可得到转角方程

$$EI\theta(x) = EI\frac{\mathrm{d}w(x)}{\mathrm{d}x} = \int -M(x)\mathrm{d}x + C \tag{8-4}$$

将式(8-4)左右再同时积分一次可得挠曲线方程

$$EIw(x) = \int\left[\int -M(x)\mathrm{d}x\right]\mathrm{d}x + Cx + D \tag{8-5}$$

其中，C 和 D 为积分常数。在写梁的弯矩方程需要分段时，梁的挠曲线近似微分方程也应分段建立，因此按照积分法得出的每一段挠曲线近似微分方程均含有两个积分常数。要求出所有的积分常数不但需要用到梁的支承约束条件，而且还要用到梁的连续条件。支承约束条件和连续性条件统称为梁的**边界条件**(boundary condition)。连续性条件指的是：在写弯矩方程分段处，如果梁是连续梁，在分段处左右两段梁应具有相同的挠度和转角；如果梁是由几根梁用中间铰连接起来的，则在中间铰处只满足其左右两段梁的挠度相同，但转角则将出现间断。

常见梁的支承约束条件为

铰支座(固定铰和可动铰) $w = 0$

固定端 $w = 0$，$\theta = 0$

【例 8-1】 图 8-5 所示悬臂梁的抗弯刚度 EI 为常量，求该悬臂梁的转角方程和挠曲线方程，并求 B 端处的转角和挠度。

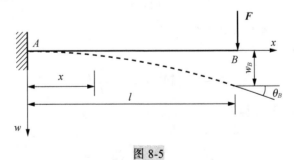

图 8-5

解：(1)建立坐标系，列出弯矩方程

$$M(x) = -F(l-x) \quad (0 < x \leqslant l)$$

(2)由式(8-4)积分得

$$EI\theta(x) = \int F(l-x)\mathrm{d}x + C$$

$$= -\frac{Fx^2}{2} + Flx + C \tag{a}$$

由式(8-5)再积分得

$$EIw(x) = \int EI\theta(x)\mathrm{d}x = -\frac{Fx^3}{6} + \frac{Flx^2}{2} + Cx + D \tag{b}$$

(3)由支承约束条件确定积分常数

$$x = 0 \text{ 时}, \quad \theta(0) = 0$$
$$x = 0 \text{ 时}, \quad w(0) = 0$$

将 $x = 0$ 分别代入式(a)和式(b)得

$$C = 0, \quad D = 0$$

将积分常数分别代入式(a)和式(b),得转角方程和挠曲线方程分别为

$$\theta(x) = \frac{1}{EI}\left(-\frac{F}{2}x^2 + Flx\right), \quad w(x) = \frac{1}{EI}\left(-\frac{Fx^3}{6} + \frac{Flx^2}{2}\right)$$

(4)以 B 截面的坐标 $x = l$ 代入以上两式,得 B 截面的转角和挠度分别为

$$\theta_B = \frac{1}{EI}\left(-\frac{Fl^2}{2} + Fl^2\right) = \frac{Fl^2}{2EI}(\curvearrowright), \quad w_B = \frac{1}{EI}\left(-\frac{Fl^3}{6} + \frac{Fl^3}{2}\right) = \frac{Fl^3}{3EI}(\downarrow)$$

θ_B 和 w_B 皆为正,表示 B 截面的转角是顺时针转向,挠度是向下的。

【例8-2】　图8-6所示简支梁作用有集中力 F,抗弯刚度 EI 为常量,而且 $a > b$,求该梁的转角方程和挠曲线方程,并求梁的最大转角和最大挠度。

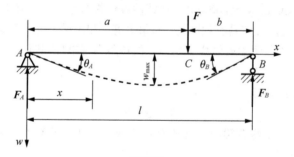

图 8-6

解：(1)求支座反力,并写出梁的弯矩方程

简支梁的支座反力

$$F_A = \frac{Fb}{l}(\uparrow), \quad F_B = \frac{Fa}{l}(\uparrow)$$

建立坐标系,列出弯矩方程为

AC 段

$$M(x) = \frac{Fb}{l}x \quad (0 \leqslant x \leqslant a) \tag{a}$$

CB 段

$$M(x) = \frac{Fbx}{l} - F(x-a) \quad (a \leqslant x \leqslant l) \tag{b}$$

(2) 由式 (8-4) 和式 (8-5) 进行积分得转角方程和挠曲线方程

由于 AC 段和 CB 段的弯矩方程不同，挠曲线微分方程也不同，因此应在 C 截面分成两段分别积分。积分的结果为

AC 段 $(0 \leqslant x \leqslant a)$		CB 段 $(a \leqslant x \leqslant l)$	
$EIw''(x) = -\dfrac{Fb}{l}x$		$EIw''(x) = -\dfrac{Fbx}{l} + F(x-a)$	
$EI\theta(x) = -\dfrac{Fbx^2}{2l} + C_1$	(c)	$EI\theta(x) = -\dfrac{Fbx^2}{2l} + \dfrac{F}{2}(x-a)^2 + C_2$	(e)
$EIw(x) = -\dfrac{Fbx^3}{6l} + C_1 x + D_1$	(d)	$EIw(x) = -\dfrac{Fbx^3}{6l} + \dfrac{F}{6}(x-a)^3 + C_2 x + D_2$	(f)

(3) 由支承约束条件和连续性条件确定积分常数

连续条件：

$$x = a \text{ 时}, \quad w^-(a) = w^+(a)$$
$$x = a \text{ 时}, \quad \theta^-(a) = \theta^+(a)$$

将 $x = a$ 分别代入式 (c)、(d)、(e)、(f)，并应用上述连续性条件得

$$C_1 = C_2, \quad D_1 = D_2$$

支承约束条件：

$$x = 0 \text{ 时}, \quad w(0) = 0$$
$$x = l \text{ 时}, \quad w(l) = 0$$

将 $x = 0$ 代入式 (d) 得

$$D_1 = D_2 = 0$$

将 $x = l$ 代入式 (f) 得

$$C_1 = C_2 = \frac{Fb}{6l}(l^2 - b^2)$$

将四个积分常数分别代入式 (c)、(d)、(e)、(f)，得转角方程和挠曲线方程分别为

AC 段 $(0 \leqslant x \leqslant a)$		CB 段 $(a \leqslant x \leqslant l)$	
$\theta(x) = \dfrac{Fb}{6EIl}(l^2 - b^2 - 3x^2)$	(g)	$\theta(x) = \dfrac{Fb}{6EIl}\left[(l^2 - b^2 - 3x^2) + \dfrac{3l}{b}(x-a)^2\right]$	(i)
$w(x) = \dfrac{Fbx}{6EIl}(l^2 - b^2 - x^2)$	(h)	$w(x) = \dfrac{Fb}{6EIl}\left[(l^2 - b^2 - x^2)x + \dfrac{l}{b}(x-a)^3\right]$	(j)

(4) 求最大转角和挠度

由该梁的挠曲线的大致形状可知，其最大转角 (指绝对值) 只能为 θ_A 或 θ_B，它们的值分别为

$$\theta_A = \theta(0) = \frac{Fab}{6EIl}(l+b), \quad \theta_B = \theta(l) = -\frac{Fab}{6EIl}(l+a)$$

当 $a > b$ 时，$|\theta_B| > |\theta_A|$

$$\theta_{max} = |\theta_B| = \frac{Fab}{6EIl}(l+a)(\frown)$$

最大挠度出现在 $dw/dx = \theta = 0$ 的截面，在当 $a > b$ 时，$\theta = 0$ 的截面在 AC 段内，令式(g)等于零，得

$$\frac{Fb}{6EIl}\left(l^2 - b^2 - 3x_0^2\right) = 0$$

$$x_0 = \sqrt{\frac{l^2 - b^2}{3}} = \sqrt{\frac{(a+2b)a}{3}}$$

将 $x = x_0$ 代入式(h)得最大挠度为

$$w_{max} = w(x_0) = \frac{Fb}{9\sqrt{3}EIl}\sqrt{\left(l^2 - b^2\right)^3}(\downarrow)$$

一般来说，简支梁作用一个集中力的最大挠度与跨中截面的挠度十分接近，因此可用跨中截面挠度近似代替最大挠度。将 $x = l/2$ 代入式(h)得跨中截面的挠度为

$$w\left(\frac{l}{2}\right) = \frac{Fb}{48EI}\left(3l^2 - 4b^2\right)(\downarrow)$$

为了估计以上代替带来的误差，考虑极端情形，$a \gg b$，此时 b^2 项可忽略不计，$x = l/\sqrt{3} = 0.577l$，此时最大挠度 $w_{max} = \sqrt{3}Fl^2b/(27EI) = 0.0641Fl^2b/(EI)$，而此时跨中截面的挠度 $w(l/2) = Fbl^2/(16EI) = 0.0625Fbl^2/(EI)$，此时的相对误差 $\delta = 2.5\%$，精度能够满足工程的要求。

8.4　叠加法求梁的位移

由于梁的挠曲线近似微分方程是在小变形且材料服从胡克定律的情况下得到的，在这些条件下，梁的挠度和转角与载荷之间呈线性关系。因此，当梁上同时作用多个载荷时，某截面的挠度和转角等于各个载荷单独作用下在该截面产生的挠度和转角的代数和。这就是计算梁的位移的**叠加法**(superposition method)。叠加法中经常遇到的简单载荷作用下的挠度和转角见表8-1。

表8-1　梁在简单载荷作用下的变形

序号	梁的简图	挠曲线方程	端截面转角	最大挠度
1		$w = \frac{M_e x^2}{2EI}$	$\theta_B = \frac{M_e l}{EI}$	$w_B = \frac{M_e l^2}{2EI}$
2		$w = \frac{Fx^2}{6EI}(3l-x)$	$\theta_B = \frac{Fl^2}{2EI}$	$w_B = \frac{Fl^3}{3EI}$
3		$w = \frac{qx^2}{24EI}(x^2 - 4lx + 6l^2)$	$\theta_B = \frac{ql^3}{6EI}$	$w_B = \frac{ql^4}{8EI}$

序号	梁的简图	挠曲线方程	端截面转角	最大挠度
4		$w = \dfrac{M_e x}{6EIl}(l^2 - x^2)$	$\theta_A = \dfrac{M_e l}{6EI}$ $\theta_B = -\dfrac{M_e l}{3EI}$	在 $x = \dfrac{l}{\sqrt{3}}$ 处 $w_{max} = \dfrac{M_e l^2}{9\sqrt{3}EI}$ 在 $x = \dfrac{l}{2}$ 处 $w_{\frac{l}{2}} = \dfrac{M_e l^2}{16EI}$
5		$w = \dfrac{Fx}{48EI}(3l^2 - 4x^2)$ $\left(0 \leqslant x \leqslant \dfrac{l}{2}\right)$	$\theta_A = -\theta_B$ $= \dfrac{Fl^2}{16EI}$	$w_{max} = \dfrac{Fl^3}{48EI}$
6		$w = \dfrac{Fbx}{6EIl}(l^2 - x^2 - b^2)$ $(0 \leqslant x \leqslant a)$ $w = \dfrac{Fb}{6EIl}\left[\dfrac{l}{b}(x-a)^3 + (l^2 - b^2)x - x^3\right]$ $(a \leqslant x \leqslant l)$	$\theta_A = \dfrac{Fab(l+b)}{6EIl}$ $\theta_B = -\dfrac{Fab(l+a)}{6EIl}$	设 $a > b$, 在 $x = \sqrt{\dfrac{l^2 - b^2}{3}}$ 处, $w_{max} = \dfrac{Fb(l^2 - b^2)^{3/2}}{9\sqrt{3}EI}$ 在 $x = \dfrac{l}{2}$ 处, $w_{\frac{l}{2}} = \dfrac{Fb(3l^2 - 4b^2)}{48EI}$
7		$w = \dfrac{qx}{24EI}(l^3 - 2lx^2 + x^3)$	$\theta_A = -\theta_B$ $= \dfrac{ql^3}{24EI}$	$w_{max} = \dfrac{5ql^4}{384EI}$

【例 8-3】　已知图 8-7（a）所示悬臂梁 EI 为常量，用叠加法求该梁自由端 B 截面的挠度 w_B 和转角 θ_B。

解： 集中力 F 单独作用下（图 8-7（b）），由表 8-1（2）查得 C 截面的位移为

$$\theta_{C,F_1} = \theta_{B,F_1} = \frac{F_1 a^2}{2EI} = \frac{Pa^2}{EI}$$

$$w_{C,F_1} = \frac{F_1 a^3}{3EI} = \frac{2Pa^3}{3EI}$$

$$w_{B,F_1} = w_{C,F_1} + \theta_{C,F_1} \cdot a = \frac{2Pa^3}{3EI} + \frac{Pa^2}{EI} \times a = \frac{5Pa^3}{3EI}$$

M_e 单独作用（图 8-7（c）），由表 8-1（1）查得 C 截面的位移为

$$\theta_{B,M_1} = -\frac{M_1(2a)}{EI} = -\frac{2Pa^2}{EI}$$

$$w_{B,M_1} = -\frac{M_1(2a)^2}{2EI} = -\frac{2Pa^3}{EI}$$

将载荷 F 和 M_e 在 B 截面产生的位移进行叠加，即得悬臂梁自由端处 B 截面的最终位移

$$\theta_B = \theta_{B,M_1} + \theta_{B,F_1} = -\frac{2Pa^2}{EI} + \frac{Pa^2}{EI} = -\frac{Pa^2}{EI} \ (\curvearrowleft)$$

$$w_B = w_{B,M_1} + w_{B,F_1} = -\frac{2Pa^3}{EI} + \frac{5Pa^3}{3EI} = -\frac{Pa^3}{3EI} \ (\uparrow)$$

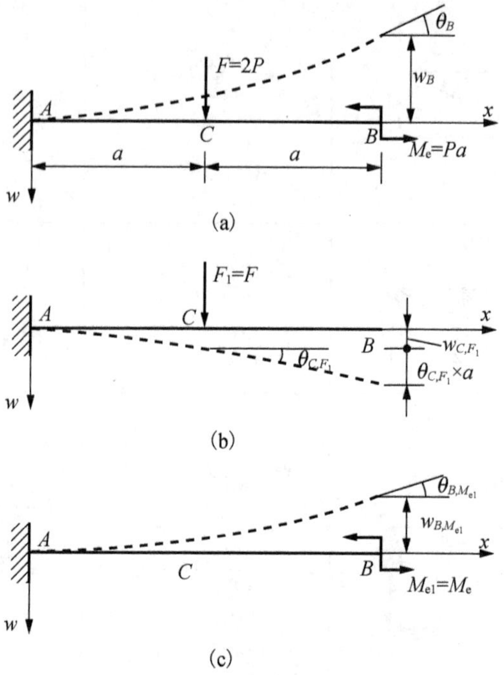

图 8-7

【例 8-4】　图 8-8(a)所示外伸梁在自由端处作用一个集中力 F，求该梁 C 截面的转角 θ_C 和挠度 w_C 以及 D 截面的挠度 w_D。

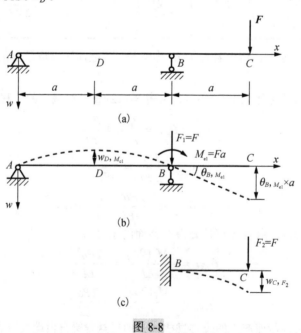

图 8-8

解：该外伸梁可看成由简支梁 AB 及附着在 B 截面的悬臂梁 BC 所组成，其计算简图如图 8-8(b) 和 (c) 所示。当研究外伸梁 AB 段内的位移时，应将 AB 段看成简支梁，而且应将 BC 段移去，并由 B 截面的内力（剪力 F_{SB} 和弯矩 M_B）来代替 BC 段对 AB 段的作用。该内力等于 BC 段上所有载荷向 B 截面简化的结果。通过这样处理，简支梁 AB 段受力与外伸梁中 AB 段的受力情况相同，因此，按简支梁 AB 段所求得 AB 段内任意截面的位移，即为外伸梁 AB 内同一截面的位移值。当研究外伸梁 BC 段的位移时，由于 BC 段是附在简支梁 AB 上的悬臂梁，当简支梁 B 截面有角位移时，将引起悬臂梁 BC 段的刚性位移。因此外伸梁 BC 段的位移应由简支梁 B 截面的角位移引起悬臂梁 BC 段的刚性位移和悬臂梁 BC 段其他载荷引起 BC 段位移的代数和。

由图 8-8(b) 计算简支梁 AB 段的位移，由于简支梁上的集中力 F_1 作用在支座 B 处，该载荷不会使梁 AB 段产生弯曲变形，即不会使 AB 段产生位移，而载荷 M_{e1} 使 AB 段引起的位移可由表 8-1(4) 查表得

$$\theta_{B,M_{e1}} = \theta_{C,M_{e1}} = \frac{(Fa) \cdot (2a)}{3EI} = \frac{2Fa^2}{3EI}, \qquad w_{D,M_{e1}} = -\frac{(Fa) \cdot (2a)^2}{16EI} = -\frac{Fa^3}{4EI}$$

由图 8-8(c) 计算 BC 段悬臂梁的位移，由表 8-1(2) 查表得

$$\theta_{C,F_2} = \frac{Fa^2}{2EI}, \qquad w_{C,F_2} = \frac{Fa^3}{3EI}$$

外伸梁 C 截面的转角和挠度为

$$\theta_C = \theta_{C,M_{e1}} + \theta_{C,F_2} = \frac{2Fa^2}{3EI} + \frac{Fa^2}{2EI} = \frac{7Fa^2}{6EI}(\curvearrowright)$$

$$w_C = \theta_{B,M_{e1}} \times a + w_{C,F_2} = \frac{2Fa^2}{3EI} \times a + \frac{Fa^3}{3EI} = \frac{Fa^3}{EI}(\downarrow)$$

外伸梁 D 截面的挠度为

$$w_D = w_{D,M_{e1}} = -\frac{Fa^3}{4EI}(\uparrow)$$

【例 8-5】 已知图 8-9(a) 所示简支梁 EI 为常量，求该梁 A、B 截面的转角 θ_A 和 θ_B，以及 C 截面的挠度 w_C。

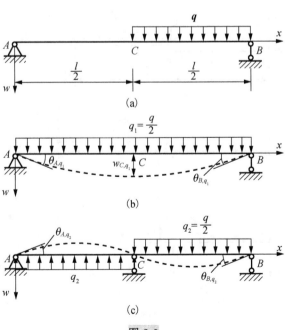

图 8-9

解：为了利用表 8-1 中的结果直接查表得各所求截面的位移，可将原载荷处理为正对称载荷（图 8-9(b)）和反对称载荷（图 8-9(c)）两种情况叠加。

在图 8-9(b)正对称载荷作用下，由表 8-1(7)直接查表得 A、B 截面的转角及 C 截面的挠度分别为

$$\theta_{A,q_1} = -\theta_{B,q_1} = \frac{(q/2)\times l^3}{24EI} = \frac{ql^3}{48EI}$$

$$w_{C,q_1} = \frac{5\times(q/2)\times l^4}{384EI} = \frac{5ql^4}{768EI}$$

由对称性可知：对称结构作用正对称载荷时，挠曲线相对于对称截面成正对称，在对称截面的转角和剪力为零，挠度不等于零；而对称结构作用反对称载荷时，挠曲线相对于对称截面成反对称，在对称截面的挠度和弯矩为零，转角不等于零。在图 8-9(c)所示反对称载荷作用下，C 截面的挠度为零，而转角不为零，因此，可将 C 截面看成一铰支座，于是可将 AC 段和 CB 段分别看成作用均布载荷作用的简支梁，可由表 8-1(7)直接查表得 A、B 截面的转角分别为

$$\theta_{A,q_2} = \theta_{B,q_2} = -\frac{(q/2)\times(l/2)^3}{24EI} = -\frac{ql^3}{384EI}$$

将相应位移进行叠加后得 A、B 截面的转角 θ_A 和 θ_B，以及 C 截面的挠度 w_C 分别为

$$\theta_A = \theta_{A,q_1} + \theta_{A,q_2} = \frac{ql^3}{48EI} - \frac{ql^3}{384EI} = \frac{7ql^3}{384EI}(\curvearrowright)$$

$$\theta_B = \theta_{B,q_1} + \theta_{B,q_2} = -\frac{ql^3}{48EI} - \frac{ql^3}{384EI} = -\frac{3ql^3}{128EI}(\curvearrowleft)$$

$$w_C = w_{C,q_1} = \frac{5ql^4}{768EI}(\downarrow)$$

【例 8-6】 图 8-10(a)所示变截面悬臂梁在自由端处作用一集中力 F，已知 $I_1 = 2I_2$，材料弹性模量为 E，求自由端 C 截面的挠度 w_C。

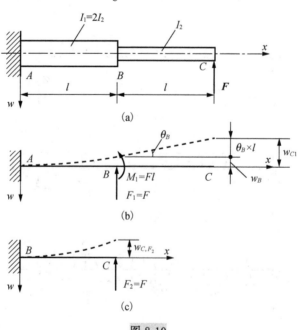

图 8-10

解：由于 AB 段和 BC 段的抗弯刚度不同，求解 C 截面位移必须将 AC 段分成 AB 和附加在 AB 上的 BC 两部分，而 C 截面的位移应由这两部分的弯曲变形共同引起 C 截面位移的叠加。

先研究 AB 段悬臂梁变形引起 C 截面的位移（图 8-10(b)）。AB 段悬臂梁变形是由 BC 段对 AB 段的作用力（$M_1 = Fl$ 和 $F_1 = F$）所引起，该截面的转角和挠度可由表 8-1(1)、(2)查得

$$\theta_B = \theta_{B,M_1} + \theta_{B,F_1} = -\frac{(Fl)l}{EI_1} - \frac{Fl^2}{2EI_1} = -\frac{3Fl^2}{2EI_1}$$

$$w_B = w_{B,M_1} + w_{B,F_1} = -\frac{(Fl)l^2}{2EI_1} - \frac{Fl^3}{3EI_1} = -\frac{5Fl^3}{6EI_1}$$

由于 B 截面的位移要带动附在 AB 上的悬臂梁 BC 段产生刚性位移，由此引起 C 截面的挠度 w_{C1} 为

$$w_{C1} = w_B + \theta_B \cdot l = -\frac{5Fl^3}{6EI_1} - \frac{3Fl^2}{2EI_1} \cdot l = -\frac{7Fl^3}{3EI_1}$$

再研究 BC 部分，由 BC 部分弯曲变形产生的 C 截面的位移，可由悬臂梁自由端作用一个集中力 $F_2 = F$，并由表 8-1(2)直接查表得

$$w_{C,F_2} = -\frac{Fl^3}{3EI_2}$$

叠加 AB 段和 BC 段变形引起 C 截面的位移为

$$w_C = w_{C1} + w_{C,F_2} = -\frac{7Fl^3}{3EI_1} - \frac{Fl^3}{3EI_2} = -\frac{3Fl^3}{EI_1}(\uparrow)$$

8.5 简单超静定梁

在工程中为了减小梁的挠度和应力，常给静定梁增加支承，如图 8-11(a)所示。这样，梁的支座反力数目大于独立平衡方程的数目，因而只靠平衡方程不能求解所有的支座反力，这种梁称为**超静定梁**。在图 8-11(a) A 端处的可动铰约束，它并非为维持梁的平衡必需的约束，将此类约束称为**多余约束**（redundant constraint），与之相应的约束力称为**多余约束力**，或称为**冗力**。显然多余约束或多余约束力数目就是**超静定的次数**。

求解超静定梁，与求解拉、压超静定问题相似，关键在于根据多余约束所提供的位移条件建立补充方程，现以图 8-11(a)所示等截面超静定梁为例，来具体说明超静定梁的解法。设梁的 EI 为常量。

此梁有一个多余约束，是一次超静定梁，如取铰 A 为多余约束，相应的支座反力 F_A 为多余约束力，如图 8-11(b)所示。解除多余约束所得的系统，称为**基本静定系统**（primary system），又称为**基本系统或静定基**。如在基本系统上加上载荷和多余约束力，此时所得的静定梁称为原超静定梁的**相当系统**（equivalent system）。

在图 8-11(b)的相当系统中，由于其受力情况和位移情况与原超静定梁完全相同，因此在去掉多余约束（A 截面）处必须满足原超静定结构所提供的位移条件（$w_A = 0$），此位移条件又称为**变形协调条件**。在相当系统中 A 截面的位移可由图 8-11(c)和图 8-11(d)中 A 截面的位移叠加求得，即为

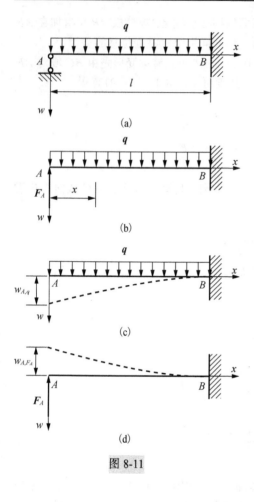

图 8-11

$$w_A = w_{A,q} + w_{A,F_A} = 0$$

由表 8-1(3)和 8-1(2)查得

$$w_{A,q} = \frac{ql^4}{8EI}, \quad w_{A,F_A} = -\frac{F_A l^3}{3EI}$$

将 $w_{A,q}$ 和 w_{A,F_A} 代入变形协调条件得补充方程为

$$\frac{ql^4}{8EI} - \frac{F_A l^3}{3EI} = 0$$

由此解得

$$F_A = \frac{3}{8}ql\,(\uparrow)$$

所得 F_A 为正，表示 A 支座的约束力实际方向与假设向上方向相同。求出 F_A 后，可以利用相当系统的平衡条件求得固定端 B 处的约束力为

$$F_B = \frac{5}{8}ql\,(\uparrow), \quad M_B = \frac{ql^2}{8}\,(\curvearrowright)$$

上述用叠加法求解超静定梁的方法，也称为**变形比较法**。对于上述超静定结构约束力求解，也可通过积分法求其相当系统的挠曲线方程，并运用边界条件来求解，其求解过程如下。

首先判断超静定结构的超静定次数并确定其相当系统如图 8-11(b)所示。相当系统的弯矩方程为

$$M(x) = F_A x - \frac{1}{2}qx^2 \quad (0 \leqslant x < l)$$

由式(8-4)得相当系统的转角方程为

$$EI\theta(x) = \int -M(x)\,\mathrm{d}x + C = -\frac{F_A}{2}x^2 + \frac{1}{6}qx^3 + C$$

由式(8-5)得相当系统的挠曲线方程为

$$EIw(x) = \int EI\theta(x)\,\mathrm{d}x + D = -\frac{F_A}{6}x^3 + \frac{1}{24}qx^4 + Cx + D$$

由于相当系统的变形与原超静定结构的变形相同，因此相当系统的边界条件有：

$$x = 0, \quad w(0) = 0$$
$$x = l, \quad \theta(l) = 0, \quad w(l) = 0$$

即得

$$D = 0$$
$$-\frac{F_A}{2}l^2 + \frac{q}{6}l^3 + C = 0$$
$$-\frac{F_A}{6}l^3 + \frac{q}{24}l^4 + Cl + D = 0$$

解得

$$F_A = \frac{3ql}{8}, \quad C = \frac{ql^3}{48}, \quad D = 0$$

同样可以利用相当系统的平衡条件求得固定端 B 处的约束反力为

$$F_B = \frac{5}{8}ql(\uparrow), \quad M_B = \frac{ql^2}{8}(\curvearrowright)$$

超静定结构的相当系统不是唯一的，视方便而定。图 8-11(a)结构中如果把固定端 B 处的转角约束作为多余约束，所选择的相当系统就是简支梁，此时相当系统如图 8-12 所示。其变形协调条件为

$$\theta_B = \theta_{B,q} + \theta_{B,M_B} = 0$$

由表 8-1(7)、(4)查得

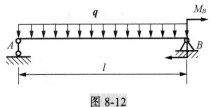

图 8-12

$$\theta_{B,q} = -\frac{ql^3}{24EI}, \quad \theta_{B,M_B} = \frac{M_B l}{3EI}$$

将 $\theta_{B,q}$、θ_{B,M_B} 代入变形协调条件得补充方程为

$$-\frac{ql^3}{24EI} + \frac{M_B l}{3EI} = 0$$

由此解得

$$M_B = \frac{ql^2}{8}(\curvearrowright)$$

这与前面得到的结果完全相同。

由上述可知，采用变形比较法求解简单超静定梁的具体步骤如下：

(1)确定超静定梁的超静定次数，并确定超静定结构的相当系统；

(2)在多余约束处比较相当系统与超静定结构的位移，建立变形协调条件并得补充方程；

(3)计算相当系统多余约束处的位移，并由补充方程求解多余约束力；

(4)通过对相当系统支座反力、强度和刚度等计算来实现对超静定梁的支座反力、强度和刚度等计算。

【例 8-7】 图 8-13(a)所示，由两根槽钢焊接而成的双跨梁，受均布载荷 $q = 20\text{kN/m}$ 作用，已知梁的长度 $l = 4\text{m}$，抗弯截面系数 $W_z = 79.4\text{cm}^3$，材料的许用正应力 $[\sigma] = 160\text{MPa}$。试校核该梁的强度。

解： 该梁为一次超静定结构，选取可动铰 C 为多余约束，去掉相应的多余约束并用多余约束力 F_C 代替多余约束的作用，得相应的相当系统如图 8-18(b)所示。

比较图 8-13(a)、(b)所示的超静定梁和相应的相当系统得变形协调条件为

$$w_C = 0$$

对图 8-13(b)所示的相当系统简支梁，由叠加法查表 8-1(5)、(7)得

$$w_C = w_{C,q} + w_{C,F_C} = \frac{5ql^4}{384EI} - \frac{F_C l^3}{48EI}$$

将其代入变形协调条件得补充方程为

$$\frac{5ql^4}{384EI} - \frac{F_C l^3}{48EI} = 0$$

解得

$$F_C = \frac{5}{8}ql = \frac{5}{8} \times 20\,\text{kN/m} \times 4\,\text{m} = 50\,\text{kN}$$

对简支梁 AB 作出在载荷 q 和 F_C 共同作用下的弯矩图,即为原超静定梁的弯矩图,如图 8-13(c)所示。由弯矩图可知, C 截面弯矩绝对值最大,即为危险截面,其弯矩值为

$$M_{\max} = |M_C| = 10\,\text{kN} \cdot \text{m}$$

危险截面上的最大正应力

$$\sigma_{\max} = \frac{M_{\max}}{W_z} = \frac{10 \times 10^3\,\text{N} \cdot \text{m}}{79.4 \times 10^{-6}\,\text{m}^3} = 126 \times 10^6\,\text{Pa} = 126\,\text{MPa} < [\sigma] = 160\,\text{MPa}$$

故该梁的强度条件满足。

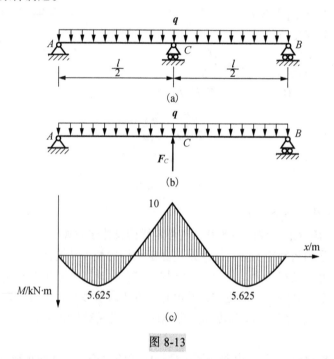

图 8-13

8.6　梁的刚度条件与提高梁刚度的措施

8.6.1　梁的刚度条件

在工程中,梁能正常工作,不仅要求其有足够的强度,而且还要求有足够的刚度,即要限制梁的最大挠度和最大转角并使其不得超过规定的容许值 $[\delta]$ 和 $[\theta]$,即得梁的刚度条件

$$|w|_{\max} \leqslant [\delta] \qquad\qquad (8\text{-}6)$$
$$|\theta|_{\max} \leqslant [\theta] \qquad\qquad (8\text{-}7)$$

对于不同的构件其许用挠度 $[\delta]$ 和许用转角 $[\theta]$ 有不同的规定,可从相应的设计规范或手册中查得。例如,对于跨度为 l 的桥式起重机梁,其许用挠度为

$$[\delta] = \frac{l}{500} \sim \frac{l}{750}$$

对于一般的传动轴,其许用挠度为

$$[\delta] = \frac{3l}{10000} \sim \frac{5l}{10000}$$

在安装齿轮或滑动轴承处，轴的许用转角为

$$[\theta] = 0.001\text{rad}$$

8.6.2 提高梁的刚度措施

由表 8-1 可见，梁的位移与载荷成正比，与梁抗弯刚度 EI 成反比，对于集中力偶、集中力和均布载荷作用的梁，梁的最大挠度分别与跨度的二次方、三次方和四次方成正比。因此为了减小梁的位移，可以采取以下措施。

1. 改善结构形式以减小弯矩

引起弯曲变形的主要因素之一是弯矩，减小弯矩也就减小了弯曲变形产生的位移，这往往可以通过改变结构形式的方法来实现。改善结构的形式主要指合理布置支承和载荷，在这方面采取的措施与提高梁的强度所采取的措施相同。如尽量使集中力靠近支座，图 8-14 所示轴，应尽可能地使齿轮和带轮靠近支座，以减小传动力 F_1 和 F_2 引起的弯矩。

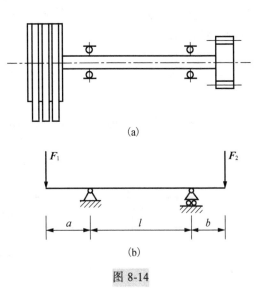

图 8-14

又如将集中力分散成分布力，也可达到减小弯矩的效果。例如在长为 l 的等截面简支梁跨中作用集中力 F 时，最大挠度为 $w_{\max} = Fl^3/(48EI)$（见表 8-1(5)）。如将集中力 F 分散成均布载荷 q，而且 $F = ql$，则最大挠度为 $w_{\max} = 5ql^4/(384EI) = 5Fl^3/(384EI)$，可使最大挠度降低 37.5%。

2. 选择合理截面，增大抗弯刚度

选择合理截面形状，增大惯性矩 I，这与 7.5 节讨论梁的合理截面一样，在截面面积不变的情况下，应尽可能将更多的材料布置得离中性轴远一些，所以工程中常采用工字形、圆形和箱形等截面形式，以增大截面的惯性矩 I，这是提高梁的抗弯刚度的主要途径。需要注意的是弯曲位移与梁全长各截面的惯性矩均有关，而强度只与弯矩最大的截面（危险截面）的惯性矩有关。因此，必须提高梁的各截面的弯曲刚度。这也就是为什么等强梁的截面形状不仅没有提高梁的刚度，反而降低了梁的刚度。此外，选用弹性模量 E 较高的材料也能提高梁的刚度。但是，对于钢材来说，虽然各种钢材的强度有很大差异，但是弹性模量 E 却相差很小，故选用高强度钢并不能有效提高梁的刚度。

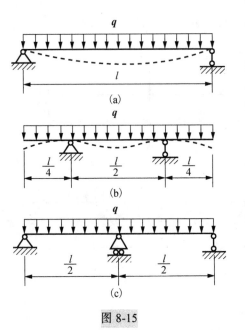

图 8-15

3. 减小梁的跨度或增加支承

由于集中力偶、集中力和均布载荷作用的梁，梁的最大挠度分别与跨度的二次方、三次方和四次方成正比，因此减小梁的跨度是提高梁刚度的最主要措施。在工程条件允许的情况，可以通过支座的平移来实现减小梁的跨度。如将图 8-15(a)所示简支梁的两个支座向梁

中间移动 $l/4$ 时，而使其成为两端外伸的外伸梁(图 8-15(b))，这就明显减小了跨长，梁的最大挠度减小了 91.25%。当梁的支座不能平移时，可在梁的中间某个位置增加支承来减小梁的跨度，以减小梁变形产生的最大位移。如图 8-15(c)所示，在梁的中间增加一个支座来减小梁的跨度。需要指出的是，增加支承使原来的静定梁变成了超静定梁，超静定梁对制造精度、装配技术的要求较高，而且支座的沉陷会引起梁横截面上剪力和弯矩，温度变化也会产生温度应力，分析计算也较静定梁复杂。

习　　题

8.1　试写出图示各梁的边界条件。在图(b)中，弹簧刚度为 $C(\mathrm{N/m})$，图(c)中，BC 杆抗拉压刚度为 EA。

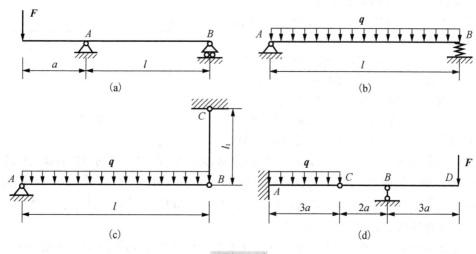

习题 8.1 图

8.2　试用积分法求图示梁的转角方程和挠曲线方程，并求 $|\theta|_{\max}$ 和 $|w|_{\max}$。设 $EI=$ 常量。

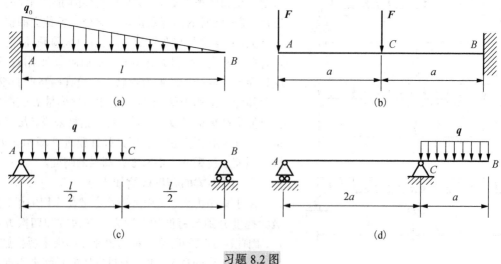

习题 8.2 图

8.3　试用叠加法求图示梁 A 截面的挠度和 B 截面的转角。设 $EI=$ 常量。

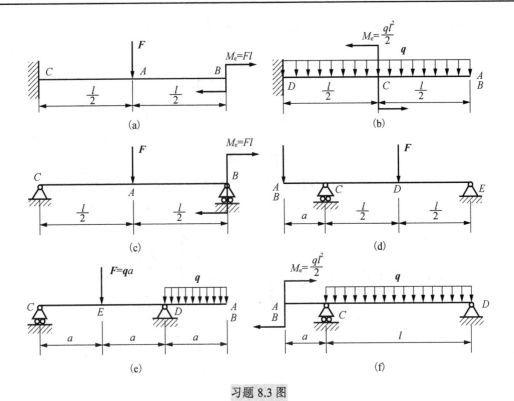

习题 8.3 图

8.4　试由叠加法求图示组合梁中间铰 C 处的挠度 w_C，并绘出组合梁的挠曲线大致形状。设 $EI =$ 常量。

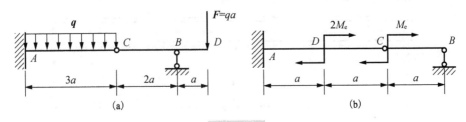

习题 8.4 图

8.5　由 AB 与 AC 轴刚性连接而成的直角折杆 CAB 如图所示。A 处为一轴承，允许 AC 轴的端截面在轴承内自由转动，但不能上下移动。已知 $F = 60\text{N}$，$E = 210\text{GPa}$，$G = 0.4E$。试求 B 截面的铅垂位移。

8.6　试求图示阶梯形梁 C 截面的挠度 w_C 和转角 θ_C。已知 $I_2 = 2I_1$，$EI =$ 常量。

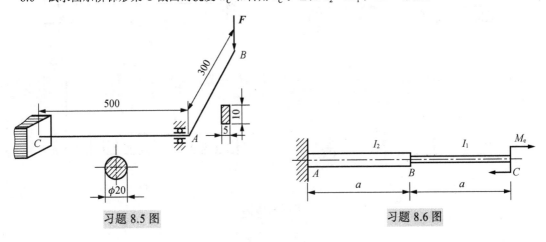

习题 8.5 图　　　　　　　　　　　　　　　习题 8.6 图

8.7　如图所示组合梁，试求集中力 F 作用处 D 截面的挠度。设 EI = 常量。

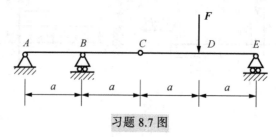

习题 8.7 图

8.8　图示简支梁拟用直径为 d 的圆木制成矩形截面，如图 $b = d/2$，$h = \sqrt{3}d/2$，已知 $q = 10\text{kN/m}$，$[\sigma] = 10\text{MPa}$，$[\tau] = 1\text{MPa}$，$E = 10\text{GPa}$，梁的许用挠度 $[\delta] = l/250$，试确定圆木的直径。

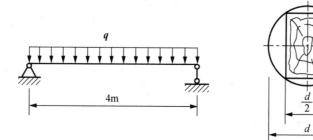

习题 8.8 图

8.9　图示桥式起重机的最大载荷为 $F = 20\text{kN}$。起重机的大梁为 No.32a 工字钢，弹性模量 $E = 210\text{GPa}$，$l = 8.76\text{m}$，梁的许用挠度 $[\delta] = l/500$。试校核大梁的刚度。

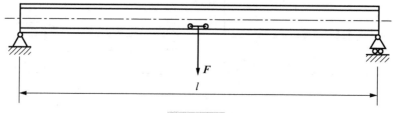

习题 8.9 图

8.10　试判断图示各梁的超静定次数，确定基本静定系统，画出相当系统，并写出变形协调条件。

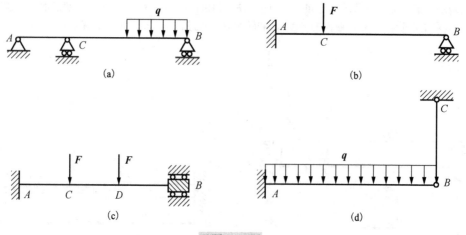

习题 8.10 图

8.11 试用变形比较法求解图示超静定梁，并画出梁的剪力图和弯矩图。

8.12 图示悬臂梁 AB 在自由端受集中力 F 作用。为增加其强度和刚度，用材料和截面均与 AB 梁相同的短梁 DC 加固，二者在 C 处的连接可视为简支。求：

(1) AB 梁在 C 处所受的支反力 F_C；

(2) 梁 AB 的最大弯矩和点 B 挠度比未加固时的数值减少了多少？

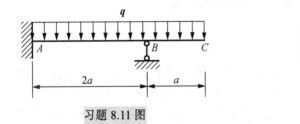

习题 8.11 图 　　　　　　习题 8.12 图

8.13 图示两根梁的材料相同、横截面的惯性矩为 I_1 和 I_2。在载荷 F 作用前两梁刚好接触。试求在载荷 F 作用下，两梁分别承担的载荷。

8.14 图示结构，悬臂梁 AB 与简支梁 DG 均用 No.18 工字钢制成，BC 为圆截面钢杆，直径 $d = 20\text{mm}$，梁与杆的弹性模量均为 $E = 200\text{GPa}$，$F = 30\text{kN}$，试计算梁内最大弯曲正应力、杆内最大正应力以及 C 截面的竖直位移。

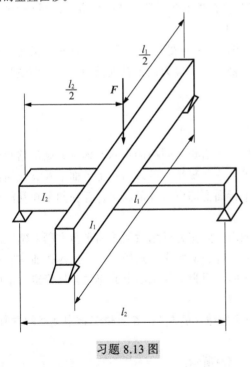

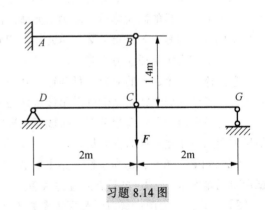

习题 8.13 图 　　　　　　习题 8.14 图

第9章 应力状态及强度理论

9.1 应力状态概述

9.1.1 一点的应力状态

由轴向拉伸（压缩）斜截面上应力公式可知：构件内任一点在通过该点不同截面上的应力，一般是不相同的。下面的实验现象可以表明这一点。

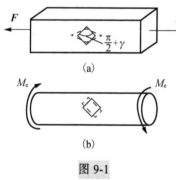

图 9-1

实验 1：在矩形截面的直杆表面画上一个与轴线成 45° 夹角的微小正方形，在直杆受到轴向拉伸时，微小正方形变成了菱形，如图 9-1(a) 所示。这表明正交线不再垂直，发生了切应变，由剪切虎克定律可知，在这些微面上必然有切应力产生。

实验 2：在圆轴表面画上一个与轴线成 45° 夹角的微小正方形，在圆轴受扭后，微小正方形变成了长方形，如图 9-1(b) 所示。这表明正交线直角不变，没有产生切应变，即 45° 微截面上没有切应力产生。

我们把受力物体内一点处所有截面上应力的状况的集合称为该点的**应力状态**(state of stress)。由一点处某些截面上的应力确定其他截面上应力的过程，称为对该点的**应力状态分析**。

9.1.2 单元体

为了研究构件上一点的应力状态，围绕该点取出一个边长无限小的正六面体，并画出这些微面上的应力，这样的微元体称为**应力单元体**。由于单元体无限小，可认为：①各面上及其任何斜截面上的应力都是均匀分布；②在单元体上相对的平行面上的应力等值反向；③在两个相互垂直的面上的切应力满足切应力互等定理。

单元体上各个面上的应力一旦确定，其任一斜截面上的应力可用截面法和平衡方程来确定。可见，一点处的应力状态完全可以用该点处的单元体上各面上的应力来描述。单元体的通常取法是以一对横截面和两对互相垂直的纵截面来选取单元体，因为这些截面上的应力容易确定。下面举例说明如何建立一点的应力状态。

【例 9-1】 图 9-2(a) 所示简支梁上的 A、B 位于跨中截面的左侧，C 点位于跨中截面的右侧，试用单元体表示 A、B、C 三点的应力状态。

解：(1) 作内力图：剪力图和弯矩图如图 9-2(b)、(c) 所示。

(2) 画单元体：取 A 点单元体如图 9-2(d) 所示，其横截面上应力的方向由相应的内力方向确定，其值为

$$\sigma_A = \frac{M}{W_z} = \frac{3Fl}{bh^2}$$

取 B 点单元体如图 9-2(e) 所示，由内力的方向确定横截面上的应力的方向，并注意切应力应

满足切应力互等定理，应力的值为

$$\sigma_B = 0.5\sigma_A = \frac{3Fl}{2bh^2}$$

$$\tau_B = \frac{F_s S_z^*}{bI_z} = \frac{9F}{16bh}$$

取 C 点单元体如图 9-2(f)所示，其值为

$$\tau_C = \frac{F_s S_z^*}{bI_z} = \frac{3F}{4bh}$$

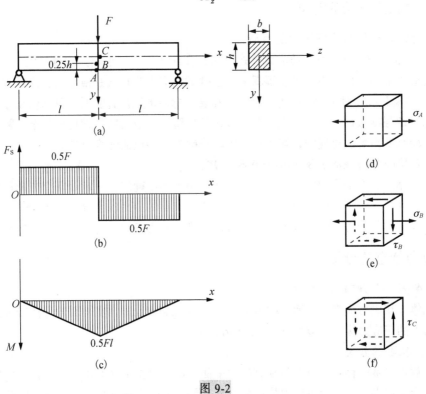

图 9-2

【例 9-2】　如图 9-3 所示，直径为 d 的悬臂梁在自由端受集中力 F 和集中力偶 M_e 作用，试用单元体表示 A、B 两点的应力状态。

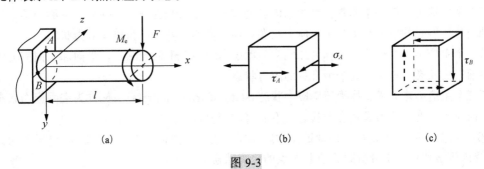

图 9-3

解：(1)求出 A、B 两点所在的截面的内力，该截面上的扭矩、剪力和弯矩分别为

$$T = M_e , \quad F_s = F , \quad M = -Fl$$

(2)应力状态描述

取 A 点单元体如图 9-3(b)所示，其中

$$\sigma_A = \frac{M}{W_z} = \frac{32Fl}{\pi d^3}, \quad \tau_A = \frac{T}{W_P} = \frac{16M_e}{\pi d^3}$$

取 B 点单元体如图 9-3(c)所示，其中

$$\tau_B = \frac{T}{W_P} + \frac{4F_s}{3A} = \frac{16}{\pi d^2}\left(\frac{F}{3} + \frac{M_e}{d}\right)$$

9.1.3 应力状态分析的意义

1. 应力状态分析是强度计算的基础。

由轴向拉伸(压缩)斜截面上的应力公式可知，在横截面上，正应力取得最大值，而在 45° 斜截面上，切应力取最大值。由此可以解释铸铁拉伸的断裂面为什么是横截面，而低碳钢屈服为什么产生 ±45° 的滑移线。对于轴向拉伸(压缩)、扭转、弯曲的强度计算时，可以依据单一基本变形实验建立相应的强度条件。但是，工程中许多构件危险点的应力状态却比较复杂，需要作应力状态分析，才能判断出可能出现的破坏形式，才能正确建立相应的强度条件。

2. 应力状态分析在应力实验中有重要应用。

电测应力是工程中重要的应力测量方法，在利用电测法确定了一点处几个方向的线应变后，可以用应力应变关系得到相应方向的应力。只有通过该点的应力状态分析，才能进一步研究该点的强度或确定构件的受力。因此应力状态分析是电测应力研究构件的强度和受力的重要手段。

9.1.4 应力状态的分类

1. 主平面、主方向和主应力

在单元体上切应力为零的平面，称为**主平面**(principal plane)；主平面的外法线方向称为**主方向**；主平面上的正应力称为**主应力**(principal stress)。

2. 应力状态的分类

构件任意点均唯一存在三对互相垂直的主平面，由三对主平面截出的单元体称为主单元体。每点都有三个主应力，这三个主应力按代数值从大到小的顺序用 $\sigma_1, \sigma_2, \sigma_3$ 表示，即有

$$\sigma_1 \geqslant \sigma_2 \geqslant \sigma_3 \tag{9-1}$$

按主应力是否为零的情况，可将应力状态作如下分类。

若三个主应力仅有一个非零，称为**单向应力状态**(state of uniaxial stress)，又称为**简单应力状态**。轴向拉压各点的应力状态为单向应力状态；纯弯曲梁上各点亦为单向应力状态。

若三个主应力有两个非零，称为**二向应力状态**(state of plane stress)。单向和二向应力状态又称为**平面应力状态**，这是工程中最常见的应力状态。

若三个主应力均非零，称为**三向应力状态**(state of triaxial stress)，又称为**空间应力状态**。二向和三向应力状态又称为**复杂应力状态**。下面将举例分析。

【例 9-3】 图 9-4(a)所示的薄壁压力容器厚度为 δ，内径为 D(当 $\delta \leqslant D/20$ 时称为薄壁圆筒)，受内压 p 作用，试分析圆筒壁上 B 点的应力状态。

解：(1)轴向应力

在轴线方向的变形性质与杆件受轴向拉伸的性质相同,横截面上只有均匀分布的正应力(称为轴向应力) σ_x，如图 9-4(b)所示。其轴力为

$$F_N = \frac{\pi D^2 p}{4}$$

由于壁厚远小于直径，其横截面面积近似为 $A = \pi D\delta$，则横截面上的正应力为

$$\sigma_x = \frac{F_N}{A} = \frac{p\frac{\pi D^2}{4}}{\pi D\delta} = \frac{pD}{4\delta}$$

(2)周向应力

根据轴对称性，纵截面上只有沿圆周切线方向的正应力(称为周向应力)，如图 9-4(c)所示。半圆上内压力沿 y 轴方向的合力(等于内压 p 乘以垂直轴 y 的投影面积)。由平衡方程

$$\sum F_y = 0, \qquad pD\mathrm{d}x - 2\sigma_\theta \delta \mathrm{d}x = 0$$

得

$$\sigma_\theta = \frac{pD}{2\delta}$$

(3)建立单元体

注意到 B 点所在的外表面是自由表面，该表面上的应力为大气压，而内表面受内压 p 作用，由于内力表面的应力都远小于 σ_x、σ_θ，可以忽略不计，故其应力单元体如图 9-4(d)所示。

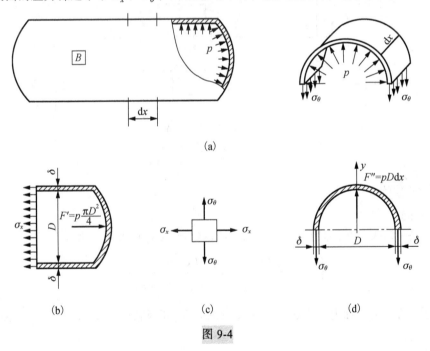

图 9-4

9.2 平面应力状态分析

对于给定的平面应力状态单元体，现讨论该点在其他方位应力的分布情况，以便进一步找到该点的极值正应力和极值切应力以及相应的方位。平面应力状态分析有两种方法：解析法和应力圆法。解析法计算精度高，便于计算机求解，应力圆法形象直观，便于分析判断。所以常将二者结合，用应力圆建立计算式，再用解析法求其解析解。

9.2.1　解析法

在图 9-5(a) 所示单元体上，设应力分量 σ_x、σ_y、τ_{xy}、τ_{yx} 皆为已知。<u>正应力以拉应力为正、压应力为负</u>；<u>切应力为绕单元体顺时针转向为正（即截面外法线顺时针转动 $90°$ 为正），相反为负</u>；<u>斜截面的方位角 α 的正负为：从 x 轴正向绕至截面的外法线 n 方向，逆时针转动为正，顺时针为负</u>。

取图 9-5(c) 所示的研究对象，根据平衡方程 $\begin{cases} \sum F_n = 0 \\ \sum F_t = 0 \end{cases}$ 可得到任意斜截面的应力公式为

$$\begin{cases} \sigma_\alpha = \dfrac{\sigma_x + \sigma_y}{2} + \dfrac{\sigma_x - \sigma_y}{2}\cos 2\alpha - \tau_{xy}\sin 2\alpha \\ \tau_\alpha = \dfrac{\sigma_x - \sigma_y}{2}\sin 2\alpha + \tau_{xy}\cos 2\alpha \end{cases} \tag{9-2}$$

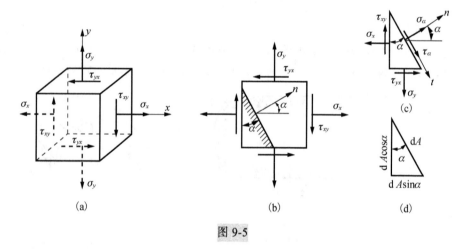

图 9-5

9.2.2　应力圆法

1. 应力圆

式 (9-2) 是一对关于 2α 参数方程，消去 α 可得到 σ_α 和 τ_α 的关系式为

$$\left(\sigma_\alpha - \frac{\sigma_x + \sigma_y}{2}\right)^2 + \tau_\alpha^2 = \left(\frac{\sigma_x - \sigma_y}{2}\right)^2 + \tau_{xy}^2 \tag{9-3}$$

在 $\sigma - \tau$ 坐标系的平面上，式 (9-3) 是一个圆的方程，其圆心 C 坐标为 $\left(\dfrac{\sigma_x + \sigma_y}{2}, 0\right)$，半径为 $R = \sqrt{(\dfrac{\sigma_x - \sigma_y}{2})^2 + \tau_{xy}^2}$。此圆称为应力圆（或莫尔圆），如图 9-6(b) 所示。

由此可见：应力圆上的点与单元体上各截面的应力一一对应；圆上任意一点的横坐标和纵坐标代表了单元体相应截面上的正应力和切应力，由参数方程可知，应力状态按某一方向转动 α 夹角时，在应力圆中也按相同的方向转动 2α。

2. 应力圆的作法

(1) 建立 $\sigma - \tau$ 坐标系。

(2) 由 x 截面上的应力可以确定 A_x 点 (σ_x, τ_{xy})，由 y 截面上的应力可以确定 A_y 点 (σ_y, τ_{yx})。由

于 x 截面与 y 截面在应力状态上相差 $90°$，在应力圆中相差 $180°$，因此圆心在 $A_x A_y$ 的连线上，由于圆心又在 σ 轴上。因此连接 $A_x A_y$ 与 σ 轴交于一点，即为应力圆的圆心 C 点。

（3）以 C 点为圆心，CA_x 为半径作圆，此圆即为应力圆。

3. 斜截面上的应力

单元体上从 x 轴的正向转动 α 夹角至斜截面的外法线，因此，α 斜截面应力是由应力圆上点 A_x 按相同的方向绕圆心转动 2α 得到 A_α 点所对应的应力，如图 9-6（b）所示。即为应力圆的特点：**点面对应，夹角 2 倍，转向相同**。

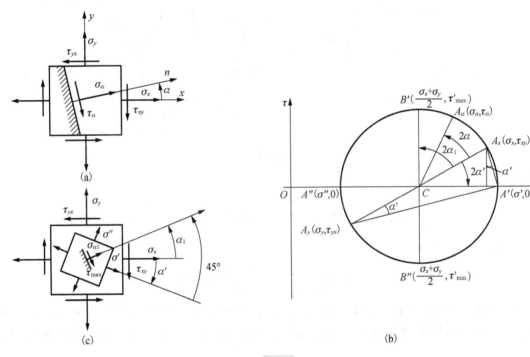

图 9-6

9.2.3　主平面和主应力的确定

图 9-6（b）所示的应力圆上存在两个特殊点 $A'(\sigma',0)$ 和 $A''(\sigma'',0)$，这两点的切应力为零，故这两点的横坐标是主应力，由应力圆可知主应力是极值正应力。得主应力公式

$$\left.\begin{array}{r}\sigma' \\ \sigma''\end{array}\right\} = \frac{\sigma_x + \sigma_y}{2} \pm \sqrt{\left(\frac{\sigma_x - \sigma_y}{2}\right)^2 + \tau_{xy}^2} \tag{9-4}$$

将 σ'、σ''、0 从大到小排序，依次得到主应力 σ_1、σ_2、σ_3。由应力圆可得**主平面位置公式**

$$\tan 2\alpha_0 = \frac{-2\tau_{xy}}{\sigma_x - \sigma_y} \tag{9-5}$$

由应力圆可知，当 $\sigma_x > \sigma_y$ 时，A_x 点必在圆心的右侧，因此圆心角 $\angle A_x CA' < \pi/2$，即可得到 σ' 所对应 $|\alpha_0| < \pi/4$ 的主方位角。同理可得当 $\sigma_x < \sigma_y$ 时，σ' 所对应 $|\alpha_0| > \pi/4$ 的主方位角。当 $\sigma_x = \sigma_y$ 时，σ' 所对应 α_0 与 τ_{xy} 的实际方向有关，当 $\tau_{xy} > 0$ 时，σ' 所对应 $\alpha_0 = -\pi/4$ 的主方位角；当 $\tau_{xy} < 0$ 时，σ' 所对应 $\alpha_0 = \pi/4$ 的主方位角。

利用应力圆同样可导出**切应力的极值公式**

$$\left.\begin{matrix} \tau'_{\max} \\ \tau'_{\min} \end{matrix}\right\} = \pm R = \pm \sqrt{(\frac{\sigma_x - \sigma_y}{2})^2 + \tau_{xy}^2} \tag{9-6}$$

由应力圆可知在应力状态中从主应力 σ' 的方位逆时针转动 45° 即得 $\tau'_{\max}$ 的方位，从主应力 σ' 的方位顺时针转动 45° 即得 $\tau'_{\max}$ 的方位。

【例 9-4】   试求图 9-7(a)所示平面应力状态的主应力和主方向。

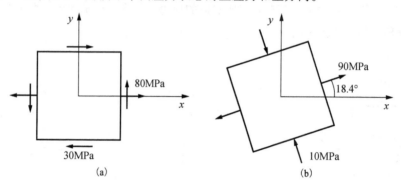

图 9-7

解：（1）求主应力

$$\left.\begin{matrix} \sigma' \\ \sigma'' \end{matrix}\right\} = \frac{\sigma_x + \sigma_y}{2} \pm \sqrt{(\frac{\sigma_x - \sigma_y}{2})^2 + \tau_{xy}^2} = \frac{80+0}{2} \pm \sqrt{(\frac{80-0}{2})^2 + (-30)^2} = \left.\begin{matrix} 90 \\ -10 \end{matrix}\right\} \text{MPa}$$

（2）求主方向

$$\tan 2\alpha_0 = \frac{-2\tau_{xy}}{\sigma_x - \sigma_y} = \frac{-2 \times (-30)}{80} = 0.75$$

α_0 在 $-90° \sim 90°$ 范围内有两个解，分别为 $\alpha_0 = 18.4°$ 或 $\alpha_0 = -71.6°$。由于 $\sigma_x > \sigma_y$ 时，σ' 所对应 $|\alpha_0| < \pi/4$ 的主方位角，即 σ' 所对应 $\alpha_0 = 18.4°$，σ'' 所对应 $\alpha_0 = -71.6°$，其主单元体如图 9-7(b)所示。

【例 9-5】   试分析图 9-8 所示矩形截面梁中的主应力。

解：（1）主应力

考虑任意横截面上 A、B、C、D、E 五个点，如图 9-8(a)所示，取各点处的单元体如图 9-8(b)所示。

利用应力圆法作应力状态分析，可确定各点的主应力，如图 9-8(c)所示。比较各点的主应力，可知其沿横截面高度的变化规律：从梁的上表面到下表面，主拉应力由水平逐渐变化到竖直、其值由最大逐渐变化到零；而主压应力，方向由竖直到水平，其值由零逐渐变到最大。

（2）全梁上主应力方向的变化图——**主应力迹线**

研究梁内各截面上各点的主应力的方向。为表示其变化规律，在梁纵截面上绘制两组曲线：一条曲线上各点的切向方向与主拉应力方向重合，称**主拉应力迹线**；另一组曲线上各点的切向与主压应力方向重合，称**主压应力迹线**。根据斜截面的应力特征可知这两组应力迹线在相交处是正交的，如图 9-8(d)所示。

如果该梁为钢筋混凝土的梁，主钢筋的走向应与主拉应力迹线一致，以承受拉应力。

（3）主应力值的变化图——主应力的等值线

可用主应力的等值线来表示主应力值的变化，如图 9-8(e)所示，其中的实线和虚线分别表示主拉力和主压应力等值线。

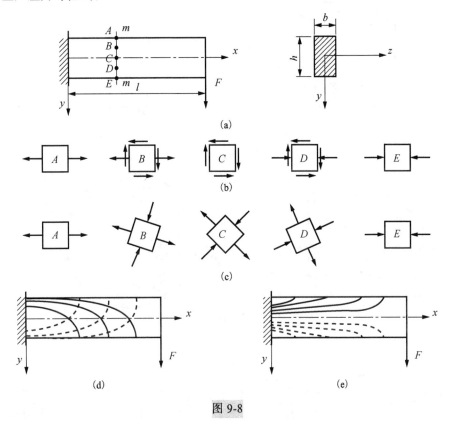

图 9-8

9.3　空间应力状态分析

对空间应力状态不作深入讨论，只介绍图 9-9(a)所示单元体的三个主应力 σ_1、σ_2、σ_3 皆为已知的情况下，讨论其最大正应力和最大切应力，以便进行强度计算。

首先考察单元体内平行 σ_3 的斜截面上的应力，亦即图 9-9(a)中画阴影线的斜截面上的应力。显然该截面上的应力不受 σ_3 影响，只与 σ_1、σ_2 有关。因此分析这类斜截面上的应力时，可以按平面应力状态分析的方法来分析，其斜截面上的应力可由 σ_1、σ_2 所确定的应力圆 AC 上的点来表示，如图 9-9(d)所示。同理，平行于 σ_2 的斜截面上的应力，由 σ_1、σ_3 确定的应力圆 AB 上的点来表示，平行于 σ_1 的斜截面上的应力，由 σ_2、σ_3 确定的应力圆 BC 上的点来表示。

由弹性力学分析表明，在与三个主应力都不平行的斜截面 def（见图 9-9(c)）上的应力，总可以由 9-9(d)中阴影区域内某一点 D 的坐标来表示。于是一点处各向方位最大和最小正应力以及最大切应力分别为

$$\sigma_{max} = \sigma_1, \qquad \sigma_{min} = \sigma_3, \qquad \tau_{max} = \frac{\sigma_1 - \sigma_3}{2} \tag{9-7}$$

【例 9-6】　图 9-10(a)所示单元体中，$\tau_{xy} = 40\text{MPa}$，$\sigma_y = -60\text{MPa}$，$\sigma_z = 60\text{MPa}$。求单元体的主应力和最大切应力。

解：单元体上 $\sigma_z = 60\text{MPa}$ 是主应力，与它平行的截面和 σ_z 无关，故可以用平面应力状态方法分析，代入主应力计算公式，得

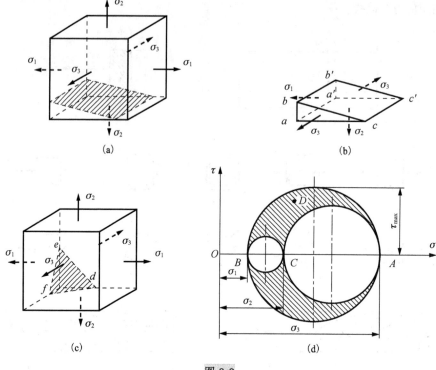

图 9-9

$$\left.\begin{array}{c}\sigma' \\ \sigma''\end{array}\right\} = \frac{\sigma_x + \sigma_y}{2} \pm \sqrt{\left(\frac{\sigma_x - \sigma_y}{2}\right)^2 + \tau_{xy}^2} = \frac{0 + (-60)}{2} \pm \sqrt{\left(\frac{0 - (-60)}{2}\right)^2 + 40^2} = \begin{cases} 20\text{MPa} \\ -80\text{MPa} \end{cases}$$

该点的三个主应力

$$\sigma_1 = 60\text{MPa}, \quad \sigma_2 = 20\text{MPa}, \quad \sigma_3 = -80\text{MPa}$$

代入最大切应力计算公式，得

$$\tau_{\max} = \frac{\sigma_1 - \sigma_3}{2} = \frac{60 - (-80)}{2} = 70\text{MPa}$$

该点的三向应力圆如图 9-10(b) 所示。

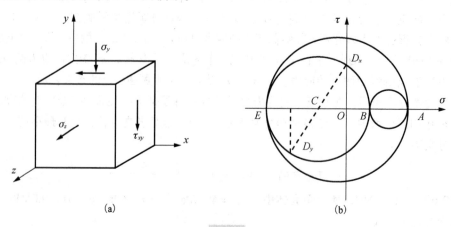

图 9-10

9.4　广义胡克定律

前面学习了单向和纯剪切应力状态下的胡克定律，本节介绍复杂应力状态下的应力——应变关系，即广义胡克定律（generalized Hooke's law）。

9.4.1　平面应力状态下的胡克定律

考虑图 9-11(a)所示的平面应力状态下的应变，可以运用叠加原理求得。图 9-11(a)单元的应变等于单元体图 9-11(b)、(c)、(d)的应变之和，单元体图 9-11(b)、(c)的应变可以运用轴向拉压简单胡克定律求得，单元体图 9-11(d)的应变可以由剪切胡克定律求得。于是，单元体图 9-11(a)的应变为

$$\begin{cases} \varepsilon_x = \dfrac{1}{E}(\sigma_x - \mu\sigma_y) \\[2mm] \varepsilon_y = \dfrac{1}{E}(\sigma_y - \mu\sigma_x) \\[2mm] \gamma_{xy} = \dfrac{1}{G}\tau_{xy} \end{cases} \tag{9-8}$$

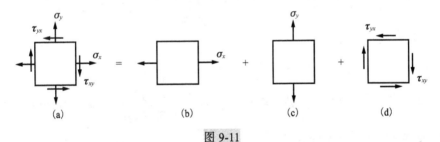

图 9-11

9.4.2　空间应力状态下的胡克定律

对于图 9-12(a)所示的一般空间应力状态，可以像平面应力状态一样采用叠加原理导出其应力-应变关系为

$$\begin{cases} \varepsilon_x = \dfrac{1}{E}\big[\sigma_x - \mu(\sigma_y + \sigma_z)\big] \\[2mm] \varepsilon_y = \dfrac{1}{E}\big[\sigma_y - \mu(\sigma_x + \sigma_z)\big] \\[2mm] \varepsilon_z = \dfrac{1}{E}\big[\sigma_z - \mu(\sigma_x + \sigma_y)\big] \\[2mm] \gamma_{xy} = \dfrac{1}{G}\tau_{xy}, \gamma_{yz} = \dfrac{1}{G}\tau_{yz}, \gamma_{xz} = \dfrac{1}{G}\tau_{xz} \end{cases} \tag{9-9}$$

如果是主单元体，应力-应变关系为

$$\begin{cases} \varepsilon_1 = \dfrac{1}{E}\big[(\sigma_1 - \mu(\sigma_2 + \sigma_3)\big] \\[2mm] \varepsilon_2 = \dfrac{1}{E}\big[(\sigma_2 - \mu(\sigma_1 + \sigma_3)\big] \\[2mm] \varepsilon_3 = \dfrac{1}{E}\big[(\sigma_3 - \mu(\sigma_1 + \sigma_2)\big] \end{cases} \tag{9-10}$$

由上式算出的正应变称为**主应变**(principal strain)。

上述应力-应变关系,统称为**广义胡克定律**。必须注意,它们的适用条件是:各向同性材料在线弹性范围内产生小变形。

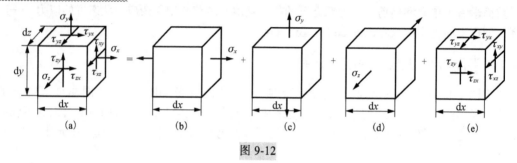

图 9-12

9.4.3　体积胡克定律

为研究构件在外力作用下的体积变化,引入体积应变的概念和计算方法。对于主单元体,变形前单元体的体积为 $V = \mathrm{d}x \cdot \mathrm{d}y \cdot \mathrm{d}z$,变形后的体积为 $V' = (1+\varepsilon_1)\mathrm{d}x \cdot (1+\varepsilon_2)\mathrm{d}y \cdot (1+\varepsilon_3)\mathrm{d}z$ 。则该单元体的体积相对改变量,称为**体积应变**(volume strain),用 θ 表示。

$$\theta = \frac{V'-V}{V} = \frac{(1+\varepsilon_1)\mathrm{d}x \cdot (1+\varepsilon_2)\mathrm{d}y \cdot (1+\varepsilon_3)\mathrm{d}z - \mathrm{d}x \cdot \mathrm{d}y \cdot \mathrm{d}z}{\mathrm{d}x \cdot \mathrm{d}y \cdot \mathrm{d}z} \approx \varepsilon_1 + \varepsilon_2 + \varepsilon_3 \tag{9-11}$$

若将广义胡克定律代入上式,得

$$\theta = \frac{1-2\mu}{E}(\sigma_1 + \sigma_2 + \sigma_3) = \frac{\sigma_{\mathrm{m}}}{K} \tag{9-12}$$

式中, $\sigma_{\mathrm{m}} = \dfrac{(\sigma_1 + \sigma_2 + \sigma_3)}{3}$ 称为一点处的**平均主应力**; $K = \dfrac{E}{3(1-2\mu)}$ 称为各向同性材料的**体积弹性模量**(elasticity modulus of volume)。

【**例 9-7**】　试在纯剪切应力状态下推导各向同性材料的弹性常数 E、G、μ 的关系。

解:图 9-13(a)所示纯剪切应力状态,根据应力圆分析可得 $\sigma_{45°} = -\tau$, $\sigma_{-45°} = \tau$,将其代入广义胡克定律(9-8)得对角线的线应变为

$$\varepsilon_{-45°} = \frac{1}{E}(\sigma_{-45°} - \mu\sigma_{45°}) = \frac{1}{E}\left[\tau - \mu(-\tau)\right] = \frac{1+\mu}{E}\tau \tag{a}$$

此外,还可以利用几何方法求出角线的线应变。图 9-13(c)表示正方形单元体在纯剪切应力状态下的变形。在小变形的情况下,对角线的伸长量为 $\gamma \mathrm{d}x \cdot \cos 45°$ 。对角线的线应变为

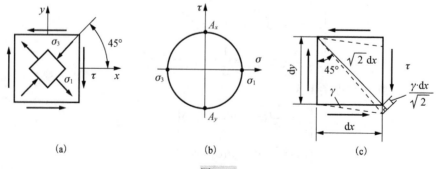

图 9-13

$$\varepsilon_{-45^\circ} = \frac{\gamma dx \cdot \cos 45^\circ}{dx / \cos 45^\circ} = \frac{\gamma}{2} \tag{b}$$

根据剪切胡克定律 $\tau = G\gamma$ 得

$$G = \frac{E}{2(1+\mu)}$$

【例 9-8】　如图 9-14 所示，在槽形刚性模中放置一边长为 $a = 10\text{mm}$ 的立方体铝块。上表面承受压力 $F = 6\text{kN}$ 作用。已知铝的 $E = 70\text{MPa}$，$\mu = 0.33$，不计摩擦。试求三个主应力和主应变。

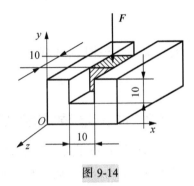

图 9-14

解：选取坐标系如图 9-14 所示。显然，$\sigma_z = 0$，σ_y 为压应力，其值为

$$\sigma_y = -\frac{F}{A} = -\frac{6 \times 10^3}{(10 \times 10^{-3})^2}\text{Pa} = -6 \times 10^7\text{Pa} = -60\text{MPa}$$

σ_x 未知。由于三个坐标平面上的切应力都等于零，故 σ_x、σ_y、σ_z 即为主应力。因不计刚性槽的变形，铝块沿 x 方向的线应变等于零，由式(9-9)得

$$\varepsilon_x = \frac{1}{E}\left[\sigma_x - \mu(\sigma_y + \sigma_z)\right] = \frac{\sigma_x - 0.33(-60 + 0) \times 10^6}{70 \times 10^9} = 0$$

由此解出 $\sigma_x = -19.8\text{MPa}$。按主应力的规定有

$$\sigma_1 = \sigma_z = 0, \quad \sigma_2 = \sigma_x - 19.8\text{MPa}, \quad \sigma_3 = \sigma_y = -60\text{MPa}$$

代入式(9-10)，得

$$\varepsilon_1 = \frac{0 - 0.33(-19.8 - 60) \times 10^6}{70 \times 10^9} = 376 \times 10^{-6}$$

$$\varepsilon_2 = 0$$

$$\varepsilon_3 = \frac{-60 - 0.33(-19.8 + 0) \times 10^6}{70 \times 10^9} = -764 \times 10^{-6}$$

9.5　复杂应力状态下的应变能

9.5.1　应变能的概念

弹性体受外力要发生变形。在变形过程中，外力在相应位移上所做的功称为**外力功**，用 W 表示。在小变形和线弹性的前提下，力 F 与相应的变形 Δ 呈线性关系，如图 9-15 所示。在此过程中，力所做的功等于图中的阴影面积，即

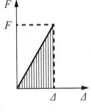

图 9-15

$$W = \frac{1}{2}F\Delta$$

如果加载过程缓慢，变形过程中忽略热能等能量消耗，则外力功全部转化为弹性体的应变能。即

$$V_\varepsilon = W \tag{9-13}$$

上式称为**功能原理**(work-energy principle)。

一般情况下，弹性体内各处的应力和变形不同，因此，弹性体内各部分积蓄的应变能也不相同。我们把弹性体内一点处单位体积的应变能称为**应变能密度**(strain energy density)，用 ν_ε 表示。

9.5.2 复杂应力状态下的应变能密度

在复杂应力状态下，弹性应变能与外力功在数值上仍应相等。但是它应该只决定于外力和变形的最终值，而与加力的次序无关。假定三个主应力按等比例同时从零增加到最终值，在线弹性条件下，每个主应力与相应的主应变之间仍然线性关系。于是三向应力状态下的应变能密度

$$v_\varepsilon = \frac{1}{2}\sigma_1\varepsilon_1 + \frac{1}{2}\sigma_2\varepsilon_2 + \frac{1}{2}\sigma_3\varepsilon_3$$

将广义胡克定律代入上式得

$$v_\varepsilon = \frac{1}{2E}\left[\sigma_1^2 + \sigma_2^2 + \sigma_3^2 - 2\mu(\sigma_1\sigma_2 + \sigma_2\sigma_3 + \sigma_1\sigma_3)\right] \tag{9-14}$$

9.5.3 体积改变能密度和畸变能密度

将图 9-16(a)所示的复杂应力状态分解为图 9-16(b)和(c)所示。图 9-16(b)所示单元体各截面上的应力相同，其中 $\sigma_m = (\sigma_1 + \sigma_2 + \sigma_3)/3$，称为平均应力。该单元体形状不变，只发生体积改变。这种情况下的应变能密度称为**体积改变能密度**，用 v_V 表示。

将 σ_m 代入式(9-14)得

$$v_V = \frac{3(1-2\mu)}{2E}\sigma_m^2 = \frac{1-2\mu}{6E}(\sigma_1 + \sigma_2 + \sigma_3)^2 \tag{9-15}$$

图 9-16(c)所示单元体的三个主应力之和为零，由式(9-12)可得其体积应变为零，即体积没有变化，只有形状变化。这种情况下的应变能称为**畸变能密度**(distortional strain energy density)，用 v_d 表示。将图 9-16(c)所示单元体的主应力代入式(9-14)可得

$$v_d = \frac{1+\mu}{6E}\left[(\sigma_1 - \sigma_2)^2 + (\sigma_2 - \sigma_3)^2 + (\sigma_1 - \sigma_3)^2\right] \tag{9-16}$$

可以证明：$v_\varepsilon = v_V + v_d$。值得注意的是，总应变能密度并不等于每对主应力单独作用下的应变能密度之和。

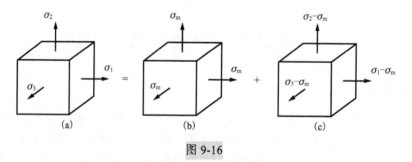

图 9-16

9.6 强 度 理 论

9.6.1 强度理论的概念

构件因材料的破坏而丧失正常工作的能力的现象称为强度失效。在常温、静载下材料的破坏形式有脆性断裂和塑性屈服。在单向应力状态下，其失效形式和强度条件都是以实验为基础的，开始产生塑性变形的屈服极限 σ_s 和发生脆性断裂时的强度极限 σ_b 可由实验测定，统称为失效应

力（又称为材料的危险应力）。以安全因数除失效应力得到许用应力 $[\sigma]$，于是建立强度条件为

$$\sigma_{\max} \leqslant [\sigma]$$

对复杂应力状态不能应用上述准则，也难以用实验方法建立强度失效准则，其主要原因如下。

（1）不同的应力状态对材料的强度有综合影响。例如，鸡蛋受单向压缩时很容易破碎，如果放置在深水中，在同样的压应力下就不会破坏。

（2）同一种材料在不同的应力状态下失效形式也不一定相同。例如，淬火钢块能在铸铁块上压出圆坑，即作为脆性材料的铸铁在三向受压的应力状态下产生一定的塑性变形而不发生破裂；而冬天有时可见铸铁管因内部自来水结冰而发生平行于管道轴线方向的脆性破裂，此时铸铁管处于二向受拉应力状态。显然冰块单向受力的强度远小于铸铁材料，但这时的冰块处于三向受压的应力状态。

（3）主应力之间的比值有无穷多个，不可能通过实验一一测定。

因此对于复杂应力状态，需要使用**强度理论**（theory of strength）。强度理论是关于材料发生强度失效力学因素的假说。假设材料无论在任何应力状态下某种形式的失效是由某一力学因素引起的，而与应力状态无关。利用强度理论，便可由单向拉伸下的强度失效来建立复杂应力状态下的强度条件。

9.6.2　四种常用的强度理论

1. 最大拉应力理论（第一强度理论）

这一理论认为：最大拉应力是引起材料发生脆性断裂的主要因素。即认为无论是什么应力状态，只要最大拉应力 $\sigma_1 > 0$ 达到与材料单向拉伸断裂时的强度极限 σ_b，材料就发生脆性断裂。该理论的材料破坏条件为

$$\sigma_1 = \sigma_b$$

按第一强度理论建立的强度条件是

$$\sigma_1 \leqslant [\sigma] \tag{9-17}$$

对于铸铁、石料、玻璃等脆性材料在单向和二向拉伸应力状态下的实验结果与该理论相符。但这一理论也存在一定的问题，没有考虑其他两个主应力的影响，对没有拉应力的情况，如单向或二向压缩，该理论不再适用。

2. 最大拉应变理论（第二强度理论）

这一理论认为：最大拉应变是引起材料发生脆性断裂的主要因素。即认为无论是什么应力状态，只要最大拉应变 ε_1 达到与材料单向拉伸断裂时的最大拉应变 $\varepsilon_u = \sigma_b/E$，材料就发生脆性断裂。该理论的材料破坏条件为

$$\frac{1}{E}\left[\sigma_1 - \mu(\sigma_2 + \sigma_3)\right] = \frac{\sigma_b}{E}$$

按第一强度理论建立的强度条件是

$$\sigma_1 - \mu(\sigma_2 + \sigma_3) \leqslant [\sigma] \tag{9-18}$$

该理论存在较大的近似性，即材料满足胡克定律，直到发生脆性断裂。故该理论在工程中已较少使用。但却被用于研究具有内部裂纹的材料其裂纹是否会进一步扩展的断裂力学分析中。

3. 最大切应力理论（第三强度理论）

这一理论认为：最大切应力是引起材料屈服的主要因素。即认为无论是什么应力状态，只要最大切应力 $\tau_{\max}$ 达到与材料单向拉伸屈服时的最大切应力 $\tau_s = \sigma_s/2$，材料就发生塑性屈服。该理

论的材料破坏条件为

$$\frac{\sigma_1 - \sigma_3}{2} = \frac{\sigma_s}{2}$$

按第三强度理论建立的强度条件是

$$\sigma_1 - \sigma_3 \leqslant [\sigma] \tag{9-19}$$

4. 畸变能密度理论（第四强度理论）

这一理论认为：畸变能密度是引起材料屈服的主要因素。即认为无论是什么应力状态，只要畸变能密度 v_d 达到与材料单向拉伸屈服时的畸变能密度 v_d，材料就发生塑性屈服。单向拉伸时，由式(9-16)得到屈服时的畸变能密度为

$$v_d = \frac{1 + \mu}{3E} \sigma_s^2$$

将复杂应力状态下的畸变能密度代入得到该理论的材料破坏条件为

$$\sqrt{\frac{1}{2}\left[(\sigma_1 - \sigma_2)^2 + (\sigma_2 - \sigma_3)^2 + (\sigma_1 - \sigma_3)^2\right]} = \sigma_s$$

按畸变能密度理论建立的强度条件是

$$\sqrt{\frac{1}{2}\left[(\sigma_1 - \sigma_2)^2 + (\sigma_2 - \sigma_3)^2 + (\sigma_3 - \sigma_1)^2\right]} \leqslant [\sigma] \tag{9-20}$$

第三强度理论和第四强度理论现在都广泛运用于各种金属塑性材料的非三向受拉的应力状态。第三强度理论计算式简单，结果偏于保守。大量关于低碳钢、铜、铝等金属材料的实验结果表明，按照第四强度理论的材料破坏条件计算更准确，因此第四强度理论在工程中得到广泛应用。

9.6.3　莫尔强度理论

莫尔强度理论在建立强度理论的思想和方法上完全不同于上述的经典强度理论，该理论是根据有限的实验结果用唯象学的方法，在应力空间推理材料的破坏条件，而不管材料破坏的内在力学因素是什么。

根据材料单向拉伸、单向压缩、纯剪切的破坏性实验结果，在应力空间分别作出它们对应破坏时的应力圆（称为极限应力圆，见图 9-17），再作出与三个应力圆相切的两条包络线。可以推理，如果根据材料各点的应力状态作出的最大应力圆（由 σ_1、σ_3 确定）在两条包络线所夹的区域内，则材料不会发生强度破坏；而当应力圆与包络线相切时，即为材料发生强度破坏的条件。

建立强度条件时为了简化，只考虑单向拉伸和单向压缩的许用应力，作出两个应力圆，用其公切线代替包络线（图 9-18）。图中 $[\sigma_t]$ 和 $[\sigma_c]$ 分别为材料的许用拉应力和许用压应力。若某点应力状态的最大应力圆在两公切线内，则这样的应力状态是安全的。应力圆与两公切线相切为应力状态的最大许用状态，可由此推出莫尔强度条件。由图 9-18 可知

$$\frac{C_3 N}{C_2 P} = \frac{C_3 C_1}{C_2 C_1}$$

$$C_3 N = C_3 L - C_1 T = \frac{\sigma_1 - \sigma_3}{2} - \frac{[\sigma_t]}{2}$$

$$C_2 P = C_2 M - C_1 T = \frac{[\sigma_c]}{2} - \frac{[\sigma_t]}{2}$$

$$C_3 C_1 = C_1 O - C_3 O = \frac{[\sigma_t]}{2} - \frac{\sigma_1 + \sigma_3}{2}$$

$$C_2C_1 = C_1O + OC_2 = \frac{[\sigma_t]}{2} + \frac{[\sigma_c]}{2}$$

以上诸式可解得，$\sigma_1 - \dfrac{[\sigma_t]}{[\sigma_c]}\sigma_3 = [\sigma_t]$。

莫尔强度理论的强度条件为

$$\sigma_1 - \frac{[\sigma_t]}{[\sigma_c]}\sigma_3 \leqslant [\sigma_t] \qquad (9\text{-}21)$$

对抗拉和抗压强度相等的材料（$[\sigma_t]=[\sigma_c]$），上式退化为第三强度理论的强度条件。从这个意义上讲，莫尔强度理论是针对抗拉和抗压强度不等的材料，对第三强度理论的一种修正理论。

莫尔强度理论能较好地适用于铸铁等脆性材料的 $\sigma_1 \geqslant 0$ 且 $\sigma_3 \leqslant 0$ 的应力状态，也可用于弹簧钢等塑性较低的材料。

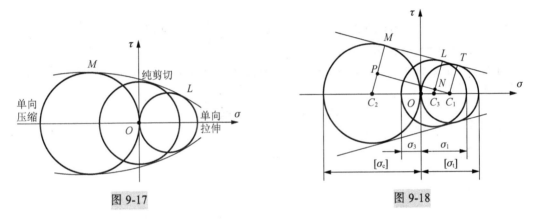

图 9-17 图 9-18

9.6.4 强度理论的应用

为了表述和应用，将强度理论写成统一形式：

$$\sigma_{ri} \leqslant [\sigma] \qquad (9\text{-}22)$$

σ_{ri} 称为相当应力。其中

$$\sigma_{r1} = \sigma_1$$
$$\sigma_{r2} = \sigma_1 - \mu(\sigma_2 + \sigma_3)$$
$$\sigma_{r3} = \sigma_1 - \sigma_3$$
$$\sigma_{r4} = \sqrt{\frac{1}{2}\Big[(\sigma_1-\sigma_2)^2 + (\sigma_2-\sigma_3)^2 + (\sigma_1-\sigma_3)^2\Big]}$$
$$\sigma_{rM} = \sigma_1 - \frac{[\sigma_t]}{[\sigma_c]}\sigma_3$$

材料的强度问题极为复杂。人们虽然建立了许多强度理论，但都只能被某些试验所证实，其适用范围是有限的。在对构件作强度计算时，要根据具体情况加以选用。一般说来，铸铁、混凝土、玻璃等脆性材料以拉为主时，宜采用第一强度理论，以压为主时，选用莫尔强度理论。碳钢、铝、铜等塑性材料通常以塑性屈服的方式失效，宜采用第三和第四强度理论。

【例 9-9】 有一铸铁构件，其危险点 K 的应力状态如图 9-19 所示，$\sigma_x = 20\text{MPa}$，$\tau_{xy} = -20\text{MPa}$，材料的 $[\sigma_t] = 35\text{MPa}$，$[\sigma_c] = 120\text{MPa}$。试校核此构件的强度。

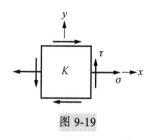

图 9-19

解： (1)求危险点的主应力

图示单元体属于平面应力状态，其中

$$\sigma_x = \sigma = 20\text{MPa}$$
$$\sigma_y = 0$$
$$\tau_{xy} = -\tau = -20\text{MPa}$$

将其代入式(9-4)可得

$$\left.\begin{array}{c}\sigma'\\\sigma''\end{array}\right\} = \frac{\sigma_x + \sigma_y}{2} \pm \sqrt{\left(\frac{\sigma_x - \sigma_y}{2}\right)^2 + \tau_{xy}^2} = \frac{20+0}{2} \pm \sqrt{\left(\frac{20-0}{2}\right)^2 + (-20)^2}$$

$$= \left.\begin{array}{c}32.4\\-12.4\end{array}\right\}\text{MPa}$$

由此得到

$$\sigma_1 = 32.4\text{MPa} , \quad \sigma_2 = 0\text{MPa} , \quad \sigma_3 = -12.4\text{MPa}$$

(2)选用强度理论校核强度

由于材料为脆性材料，该点的应力状态 $\sigma_1 > 0$ 且 σ_1 绝对值最大，因此该点以受拉为主，选第一强度理论

$$\sigma_{r1} = \sigma_1 = 32.4\text{MPa} \leqslant [\sigma]$$

因此构件危险点满足强度计算。

【例 9-10】 钢制圆柱薄壁容器，内径为 800mm ，壁厚为 4mm ， $[\sigma] = 120\text{MPa}$ 。试用强度理论确定许用的内压 p 。

解： 由例 9-3 可知

$$\sigma_1 = \sigma_\theta = \frac{pD}{2\delta} , \quad \sigma_2 = \sigma_x = \frac{pD}{4\delta} , \quad \sigma_3 = 0 。$$

根据给定的材料和应力状态，适用第三强度理论或第四强度理论

$$\sigma_{r3} = \sigma_1 - \sigma_3 = \frac{pD}{2\delta} \leqslant [\sigma]$$

解得

$$p \leqslant \frac{2\delta[\sigma]}{D} = \frac{2 \times 4 \times 120 \times 10^6}{800}\text{Pa} = 1.2 \times 10^6\text{Pa} = 1.2\text{MPa}$$

$$\sigma_{r4} = \sqrt{\frac{1}{2}\left[(\sigma_1 - \sigma_2)^2 + (\sigma_2 - \sigma_3)^2 + (\sigma_1 - \sigma_3)^2\right]} = \frac{\sqrt{3}pD}{4\delta} \leqslant [\sigma]$$

解得

$$p \leqslant \frac{4\delta[\sigma]}{\sqrt{3}D} = \frac{4 \times 4 \times 120 \times 10^6}{\sqrt{3} \times 800}\text{Pa} = 1.39 \times 10^6\text{Pa} = 1.39\text{MPa}$$

可见，第三强度理论偏于保守。

习　题

9.1　对图示构件：（1）确定危险点的位置；（2）用单元体表示危险点的应力状态。

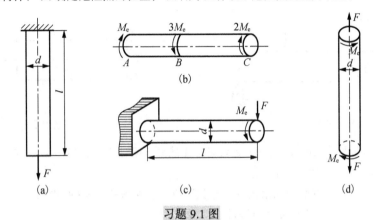

习题 9.1 图

9.2　已知应力状态如图所示，试用解析法计算图中指定截面的正应力和切应力。

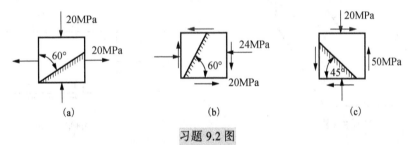

习题 9.2 图

9.3　图为薄壁圆筒的扭转和拉伸的示意图，若 $F = 20\text{kN}$，$M_\text{e} = 600\text{N} \cdot \text{m}$。圆筒的平均直径 $d = 50\text{mm}$，厚度 $\delta = 2\text{mm}$。试求：（1）点 A 处指定斜截面上的应力；（2）A 点主应力的大小及方向，并画出主单元体。

习题 9.3 图

9.4　已知一点处的两个相交平面上的应力如图（应力的单位为 MPa）。试求该点的主应力和主方向，并画出主单元体（用应力圆求解较为简便）。

9.5　已知应力状态如图所示（应力的单位为 MPa），求主应力和最大切应力。

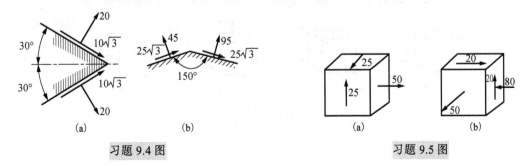

习题 9.4 图　　　　　　　　　　　　　习题 9.5 图

9.6　列车通过钢桥时，用应变仪测得钢梁 A 点的应变为 $\varepsilon_x = 0.0004$，$\varepsilon_y = -0.00012$，钢材 $E = 200\text{GPa}$，$\mu = 0.3$。试求 A 点在 x 和 y 方向的正应力。

9.7　一拉杆如图所示，已知载荷 F、截面尺寸 b 和 h，材料弹性模量 E 和泊松比 μ。试求线段 AB 的变形 Δl_{AB}。

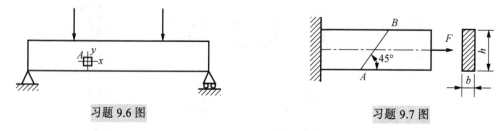

习题 9.6 图　　　　　　　　　　　　　习题 9.7 图

9.8　如图所示边长为 10mm 的立方铝块紧密无隙置于刚性模内，铝的 $E = 70\text{GPa}$，$\mu = 0.33$。若 $F = 6\text{kN}$，试求铝块的三个主应力和主应变。

9.9　从钢构件内某一点的周围取出一部分如图所示。材料的 $E = 200\text{GPa}$，$\mu = 0.3$，根据计算得 $\sigma = 30\text{MPa}$，$\tau = 15\text{MPa}$。试求对角线 AC 的长度改变量 Δl_{AC}。

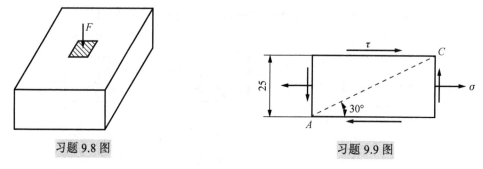

习题 9.8 图　　　　　　　　　　　　　习题 9.9 图

9.10　在空心圆轴表面测得一点 B 的 45° 线应变 $\varepsilon_{45°} = 200 \times 10^{-6}$，已知材料切变模量 $G = 80\text{GPa}$，$\mu = 0.28$。求作用在圆轴上的外力偶 M_e。

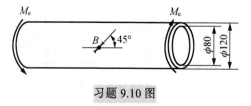

习题 9.10 图

9.11　车轮与钢轨接触点的主应力分别为 -800MPa，-900MPa，-1100MPa，若 $[\sigma] = 300\text{MPa}$。试对接触点作强度校核。

9.12　试用第三强度理论分析图示四个应力状态(应力单位为 MPa)中哪个最危险。

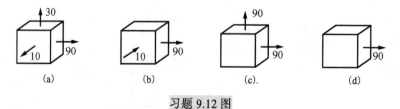

(a)　　　　　(b)　　　　　(c)　　　　　(d)

习题 9.12 图

9.13　图示铸铁薄壁圆管，管的内径为 $D = 300\text{mm}$，壁厚 $\delta = 15\text{mm}$，管内压强 $p = 2\text{MPa}$，$F = 180\text{kN}$，拉压的许用应力分别为 $[\sigma_t] = 30\text{MPa}$，$[\sigma_c] = 120\text{MPa}$。试用莫尔强度理论校核管的强度。

9.14　圆截面杆受力如图所示，已知 $M_e = Fd / 10$，圆杆直径 $d = 10\text{mm}$，材料的许用应力 $[\sigma] = 120\text{MPa}$。试按第四强度理论确定许可载荷。

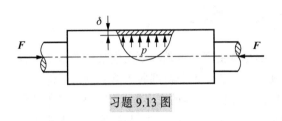

习题 9.13 图

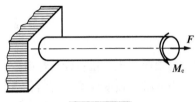

习题 9.14 图

第10章 组合变形

10.1 组合变形概述

构件的轴向拉压、扭转以及弯曲变形称为杆件的**基本变形**。杆件单独发生某种基本变形时，杆内的应力分析和强度计算在前面各章节都有详细讨论，它们的分析都属于单一应力分析。

在复杂外力作用下，杆件的变形会同时含几种基本变形，这样的变形称为**组合变形**（在组合变形中，通常忽略剪切变形），当几种变形所对应的应力处于同一数量级时，都必须考虑各基本变形下的应力。例如图 10-1 所示悬臂吊车，横梁 AB 在横向力 F、F_{Ay}、F_{By} 的作用下产生弯曲变形，同时在轴向力 F_{Ax}、F_{Bx} 的作用下产生压缩变形，所以它是弯曲与压缩组合变形；图 10-2 所示电动机通个一传动轴带动胶带轮转动，轴受到胶带拉力产生弯曲变形，胶带力向轴线简化的力偶与电动机的驱动力偶作用下使轴产生扭转变形，所以传动轴发生弯曲与扭转组合变形。

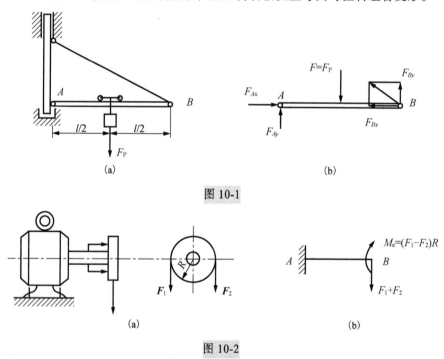

图 10-1

图 10-2

本章主要讨论工程中各种典型组合变形杆件的应力分布与危险应力状态的确定和强度计算。在线弹性和小变形的情况下，由于内力、应力、变形与载荷为线性关系，因此，可以利用叠加原理进行计算，即先将外力分解或简化成与各基本变形对应的分力，分别计算各自产生的应力和变形，然后将所求得的同类应力和变形叠加起来，可得组合变形杆件的应力和变形。

几种基本变形可以有各种相互组合的方式，这里只讨论工程中常见的几种情况：①斜弯曲（即两个主惯性平面内弯曲的组合）；②拉伸（或压缩）与弯曲的组合；③扭转与弯曲的组合。

10.2　斜　弯　曲

在工程中经常碰到一些非对称弯曲，例如图 10-3(a)所示梁，虽然具有两个互相垂直纵向对称面，但作用在梁上的载荷偏离纵向对称面；或在两个纵向对称面同时作用有载荷，如图 10-3(b)所示，考察图 10-3(a)所示梁和图 10-3(b)所示 F_1 与固定端部分的梁，其加载面与变形面不共面，这类弯曲称为**斜弯曲**(skew bending)。

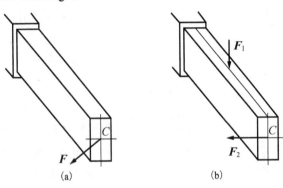

图 10-3

10.2.1　斜弯曲正应力分析

考虑图 10-4 所示斜弯曲，载荷 F 作用在自由端的形心，并与对称轴 y 成 φ 角。为了分析梁的应力，将载荷沿对称轴 y, z 分解为 F_y 和 F_z 两个分力，显然，F_y 使梁在 $x-y$ 面内发生平面弯曲，F_z 使梁在 $x-z$ 平面内发生平面弯曲。于是斜弯曲问题转化为两个平面弯曲的组合。显然在固定端的弯矩绝对值最大。

$$\left| M_z \right| = F_y l = Fl\cos\varphi , \qquad \left| M_y \right| = F_z l = Fl\sin\varphi$$

设截面对 y 轴和 z 轴的惯性矩分别为 I_y 和 I_z，截面上任一点 C 的坐标为 (y, z)，则根据叠加原理可知，该点的弯曲正应力为

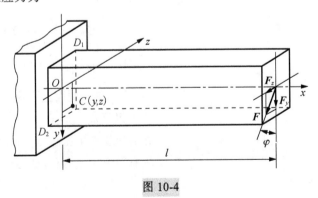

图 10-4

$$\sigma = -\frac{Fl\cos\varphi}{I_z} \cdot y + \frac{Fl\sin\varphi}{I_y} \cdot z$$

叠加后，在固定端截面第四象限内，两个弯曲压应力相加；在第二象限内，两个弯曲拉应力相加。即 D_1 点拉应力最大，D_2 点压应力最大，其绝对值相等，且

$$\sigma_{\max} = \left| \frac{M_z}{I_z} \cdot y_{\max} \right| + \left| \frac{M_y}{I_y} \cdot z_{\max} \right| = \left| \frac{Fl\cos\varphi}{I_z} \cdot y_{\max} \right| + \left| \frac{Fl\sin\varphi}{I_y} \cdot z_{\max} \right| \tag{10-1}$$

10.2.2　斜弯曲正应力强度计算

对于工程中常用的具有四个棱角点的横截面，各棱角点到截面的主惯性轴的距离均为最远的点（如矩形、工字形、槽形等），在计算最大正应力时，可直接根据两个相互垂直的平面弯曲的正应力分布情况，直观判断正应力最大点的位置，用叠加原理来计算出最大正应力的数值。由于此类斜弯曲危险点为单向应力状态，由式(10-1)可得强度条件为

$$\sigma_{\max} = \frac{|M_y|}{W_y} + \frac{|M_z|}{W_z} \leqslant [\sigma] \tag{10-2}$$

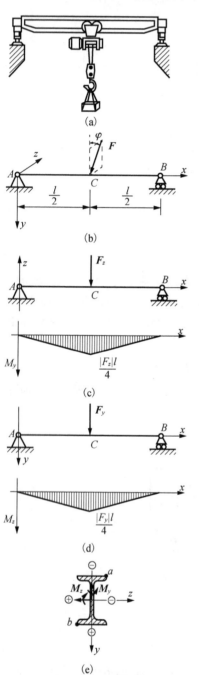

图 10-5

【例 10-1】　图 10-5(a)所示吊车梁，跨度 $l=4\text{m}$，用 No.20a 工字钢制成。当起吊时，由于被吊物体位置倾斜，致使载荷偏离梁截面的铅垂对称轴，若载荷 $F=26\text{kN}$，钢材的许用应力 $[\sigma]=160\text{MPa}$，倾斜角 $\varphi=5°$。试校核梁的强度。

解： 梁的计算简图如 10-5(b)所示，将载荷 F 沿截面对称轴 y 和 z 分解，得

$$F_y = F\cos\varphi = (26\times10^3)\cos5°\,\text{N}$$
$$= 2.59\times10^4\,\text{N}$$
$$F_z = F\sin\varphi = (26\times10^3)\sin5°\,\text{N}$$
$$= 2.27\times10^3\,\text{N}$$

梁的弯矩图如图 10-5(c)和(d)所示，显然在跨中处产生最大弯矩，该截面为危险截面

$$|M_z| = \frac{|F_y|l}{4} = 2.59\times10^4\,\text{N}\cdot\text{m}$$
$$|M_y| = \frac{|F_z|l}{4} = 2.27\times10^3\,\text{N}\cdot\text{m}$$

M_z 在 C 截面上边缘产生压应力，在下边缘产生拉应力；M_y 在 C 截面前边缘产生拉应力，在后边缘产生压应力。即 C 截面的凸角 a、b 分别有最大压应力和拉应力，如图 10-5(e)所示。由型钢表查得，No.20a 工字钢对 y 轴和 z 轴的抗弯截面系数分别为

$$W_y = 3.15\times10^4\,\text{mm}^3，\qquad W_z = 2.37\times10^5\,\text{mm}^3$$

则危险点的最大正应力为

$$\sigma_{\max} = \frac{|M_y|}{W_y} + \frac{|M_z|}{W_z} = \frac{2.27 \times 10^3}{3.15 \times 10^4 \times 10^{-9}} \text{Pa} + \frac{2.59 \times 10^4}{2.37 \times 10^5 \times 10^{-9}} \text{Pa}$$

$$= 72.1 \text{MPa} + 109.3 \text{MPa} = 181.4 \text{MPa} > [\sigma]$$

显然梁的强度不够。

讨论：本题若令 $\varphi = 0°$，则最大应力为

$$\sigma_{\max} = \frac{|M_z|_{\max}}{W_z} = \frac{Fl/4}{W_z} = 109.7 \text{MPa}$$

此时最大正应力远小于许用应力，与上述结果比较可知，外力偏离 y 轴的角度不大，但由于 W_y 远小于 W_z，导致梁的最大工作应力明显增大，因此，在工程中应尽量避免出现这样的情形。

10.2.3 合成弯矩

对于一般截面，如图 10-6 所示。当式 (10-1) 去掉绝对值（内力偶 M_z 和 M_y 矢量方向沿着 z、y 轴的正向时为正，相反为负）并令 $\sigma = 0$ 时，得到**中性轴方程**为

$$\frac{M_y}{I_y} \cdot z - \frac{M_z}{I_z} \cdot y = 0$$

中性轴方向

$$\tan \alpha = \frac{y}{z} = \frac{M_y}{M_z} \cdot \frac{I_z}{I_y} = \frac{I_z}{I_y} \tan \varphi$$

由此得到

当 $I_y = I_z$ 时，$\alpha = \varphi$，即中性轴与合成弯矩矢量重合，加载面与变形面共面，是平面弯曲。

当 $I_y \neq I_z$ 时，$\alpha \neq \varphi$，即中性轴与合成弯矩矢量不重合，加载面与变形面不共面，为斜弯曲。

对于截面为圆截面的轴，由于 $I_y = I_z$，其变形为平面弯曲。所以，先将截面上的 M_y 和 M_z 用矢量表示（图 10-6(c)），可以把 M_y 和 M_z 合成得到合弯矩 $M = \sqrt{M_y^2 + M_z^2}$，再按平面弯曲计算其危险点的应力，并得强度条件为

$$\sigma_{\max} = \frac{M}{W_z} \leqslant [\sigma] \tag{10-3}$$

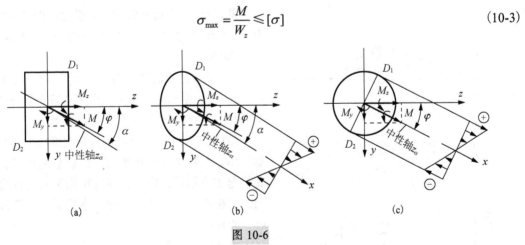

(a)　　　　　　　　　(b)　　　　　　　　　(c)

图 10-6

10.3　拉伸或压缩与弯曲组合变形

10.3.1　拉压与弯曲组合变形

拉伸（或压缩）与弯曲的组合变形是工程中常见的情形。以图 10-7(a)所示起重机横梁 AB 为例，其受力简图如图 10-7(b)所示。横梁 AC 段即受轴向力 F_{Ax} 和 F_x 引起的压缩，又承受横向力 F_{Ay}、F_y 和 F_W 引起的弯曲，故为压弯组合变形。在线弹性和小变形情况下载荷与内力、应力和变形为线性关系，因此可用叠加原理计算其横截面上的应力为

$$\sigma = \frac{M_y}{I_y} \cdot z - \frac{M_z}{I_z} \cdot y + \frac{F_N}{A} \tag{10-4}$$

对于工程中常用的具有四个棱角点的横截面，各棱角点到截面的主惯性轴的距离均为最远的点（如矩形、工字形、槽形等），由式(10-4)可得拉伸或压缩与弯曲组合的强度条件为

$$\sigma_{max} = \frac{|M_y|}{W_y} + \frac{|M_z|}{W_z} + \frac{|F_N|}{A} \leqslant [\sigma] \tag{10-5}$$

对于更一般的横截面，可由式(10-4)求得横截面上的最大工作应力再进行强度分析，对于圆形或圆环截面，其拉伸与或压缩与弯曲组合的强度条件为

$$\sigma_{max} = \frac{\sqrt{M_y^2 + M_z^2}}{W_z} + \frac{|F_N|}{A} \leqslant [\sigma] \tag{10-6}$$

下面通过例题来说明轴向拉伸或压缩与弯曲组合变形强度分析的具体过程。

【**例 10-2**】　如图 10-7(a)所示，起重机的最大吊重 $F_W = 12kN$，$[\sigma] = 100MPa$。试为横梁选择适用的工字钢型号。

解：(1)根据横梁的 AB 的受力简图 10-7(b)，由平衡方程 $\sum M_A = 0$ 得 $F_y = 18kN$，于是可得 $F_x = 24kN$。

(2)作 AB 梁的弯矩图和轴力图如图 10-7(c)所示。在 C 点左侧的截面上，弯矩为最大值而轴力与 AC 段的其他截面相同，故为危险截面。

(3)在工程中，由于梁的抗弯刚度较大，弯曲变形很小，在拉伸与或压缩与弯曲组合变形时，弯曲变形起主导作用，因此，本题可先不考虑轴力的影响，只按弯曲强度条件确定工字钢梁的抗弯截面系数。即有

$$W \geqslant \frac{M_{max}}{[\sigma]} = \frac{12 \times 10^3}{160 \times 10^6} m^3 = 1.2 \times 10^{-4} m^3 = 120cm^3$$

查型钢表，选取 $W = 141cm^3$ 的 No.16 号工字钢，其截面面积 $A = 26.1cm^2$，再按弯曲与压缩的组合变

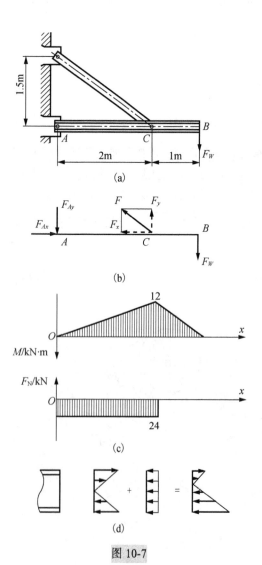

图 10-7

形进行校核，按叠加原理，在 C 点左侧的截面上的应力为弯曲引起的线性分布正应力与轴向压缩引起的均匀分布正应力代数之和，其叠加所得应力分布图如图 10-7(d) 所示。在截面下边缘各点上压应力最大，且

$$\sigma_{max} = \frac{|F_N|}{A} + \frac{|M|_{max}}{W_z} = \frac{24 \times 10^3}{26.1 \times 10^{-4}} Pa + \frac{12 \times 10^3}{24.1 \times 10^{-6}} Pa = 94.3 MPa < [\sigma]$$

最大压应力略小于许用应力，说明所选工字钢型号是合适的。

10.3.2 偏心拉伸或压缩

【例 10-3】 带槽钢板如图 10-8(a) 所示，钢板宽 $b = 80mm$，厚 $\delta = 10mm$，半圆槽半径 $r = 10mm$。钢板在其宽度中央受一对轴向拉力 $F = 80kN$。材料的许用应力 $[\sigma] = 140MPa$。试对钢板进行强度校核。

解： 对本题而言，由于钢板上部有槽，故在这部分截面上外力不通过其轴线，这种变形通常称为**偏心拉伸（或压缩）**(eccentric tension or compression)，将外力向截面的形心平移，平移后所得的力与力偶分别使构件产生轴向拉伸（或压缩）与弯曲变形，因此偏心拉伸（或压缩）也是拉伸（压缩）与弯曲组合变形。工程中把 F 偏离轴线的距离称为**偏心距**(eccentric distance)。

1-1 截面上的轴力 $F_N = F$，弯矩 $|M| = Fe$ (图 10-8(b))。

半圆槽底部 a 点为危险点，其正应力为拉伸应力与弯曲应力的叠加

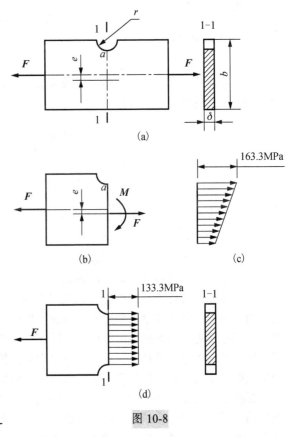

图 10-8

$$\sigma_{max} = \sigma_N + \sigma_M = \frac{|F_N|}{A} + \frac{|M|}{W_z} = \frac{F}{\delta(b-r)} + \frac{6Fe}{\delta(b-r)^2}$$

$$= \left(\frac{80 \times 10^3}{10 \times 70 \times 10^{-6}} + \frac{6 \times 80 \times 5}{10 \times 10^{-3} \times (70 \times 10^{-3})^2} \right) Pa = 163.3 MPa > [\sigma]$$

钢板强度不够。1-1 截面上的应力分布如图 10-8(c) 所示。

讨论：如图 10-8(d) 所示，在情况允许时，对称开槽，这时截面 1-1 上的最大正应力按轴向拉应力公式计算：

$$\sigma_{max} = \frac{|F_N|}{A} = \left(\frac{80 \times 10^3}{10 \times 10^{-3} \times 60 \times 10^{-3}} \right) Pa = 133.3 MPa < [\sigma]$$

结果表明：对称开槽，截面面积虽然减少，但消除了偏心载荷，没有附加弯曲应力。这也是为什么一些工程构件对称开卸荷槽的原因。

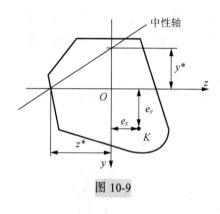

图 10-9

10.3.3　截面核心

对于图 10-9 所示在偏离于截面形心 K 点处作用一个压力 F，K 点坐标为 (e_y, e_z)，y、z 轴为主形心轴。显然，将偏心压力平移到形心后，横截面上将有三个内力分量，即轴力 F_N、弯矩 M_y 和 M_z，其中 $F_N = -F$，$M_y = -Fe_z$，$M_z = Fe_y$，将轴力 F_N、弯矩 M_y 和 M_z 代入式 (10-4) 并令 $\sigma = 0$，通过简化可得中性轴方程为：

$$\frac{1}{A} + \frac{e_y y}{I_z} + \frac{e_z z}{I_y} = 0 \tag{10-7}$$

由此可见中性轴是一条不通过横截面形心的直线，由中性轴方程可得中性轴在 y、z 轴上的截距 y^* 和 z^*，其值可由下列公式计算

$$\begin{cases} y^* = -\dfrac{I_z}{Ae_y} = -\dfrac{i_z^2}{e_y} \\[3mm] z^* = -\dfrac{I_y}{Ae_z} = -\dfrac{i_y^2}{e_z} \end{cases} \tag{10-8}$$

式中，$i_y = \sqrt{I_y/A}$ 和 $i_z = \sqrt{I_z/A}$ 分别称为横截面对形心主轴 y 轴和 z 轴的惯性半径。由式 (10-8) 可知，中性轴的截距 y^*、z^* 分别与 e_y、e_z 异号，即中性轴与外力作用点恒位于相对的两个坐标象限之内，且当力作用点离形心越近，中性轴离截面的形心越远。

工程中常用的混凝土、砖石或铸铁等，其抗拉强度远低于抗压强度，在这类材料的构件承载时，其横截面上最好不出现拉应力。混凝土或岩石构筑的挡水墙和水坝在设计时应绝对避免出现拉应力，为此应使中性轴不穿过其横截面，以保证横截面只存在压应力。因为只有当载荷作用点离截面形心越近，中性轴离形心越远。因此，当载荷作用点位于截面形心附近一个区域内时，就可保证中性轴不穿过横截面，这个区域称为**截面核心**(core of section)。当载荷作用在截面核心的边界上时，中性轴就正好与截面的周边相切。根据这一特点，可以确定截面核心的位置。

要确定任意形状截面 (图 10-10) 的截面核心，可将与截面周边相切的任一直线①看作中性轴，它在 y、z 两个形心主轴上的截距分别为 y^* 和 z^*，根据这两个值，就可以从式 (10-8) 求出与该中性轴对应的载荷作用点 1 的坐标 (e_y, e_z)。

$$e_y = -\frac{i_z^2}{y^*}, \qquad e_z = -\frac{i_y^2}{z^*} \tag{10-9}$$

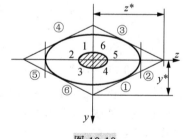

图 10-10

同理，可将与截面相切的其他直线②、③等看作是中性轴，并按上述方法求得与它们对应的截面核心边上点 2、3 等的坐标。连接这些点可以得到一条封闭曲线，它所围成的区域就是所求的截面核心。下面以矩形截面为例来具体说明。

对于截面尺寸为如图 10-11 所示的矩形，y、z 轴为截面的形心主轴，先将 BC 看作是中性轴，它在 y、z 轴上的截距分别为

$$y^* = \frac{h}{2}, \quad z^* = \infty$$

该截面惯性半径的平方为

$$i_y^2 = \frac{I_y}{A} = \frac{b^2}{12} , \quad i_z^2 = \frac{I_z}{A} = \frac{h^2}{12}$$

将以上各量代入式（10-9），就可得到与中性轴 BC 对应的截面核心边界上点 1 的坐标：

$$e_{y1} = -\frac{i_z^2}{y^*} = -\frac{h}{6} , \quad e_{z1} = -\frac{i_y^2}{z^*} = 0$$

同理，将分别与 AD、AB、DC 看作中性轴，按上述方法可求得与它们对应的截面核心边界上的点 2、3、4。其坐标依次为

$$e_{y2} = \frac{h}{6} , \; e_{z2} = 0 ; \quad e_{y3} = 0 , \; e_{z3} = -\frac{b}{6} ; \quad e_{y4} = 0 , \; e_{z4} = \frac{b}{6}$$

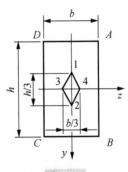

图 10-11

这样就得到截面核心边界上的四个点。由式（10-7）可知过 A 点并绕 A 点转动的所有中性轴方程所对应的压力作用点构成一条直线，因此中性轴 BA（所对应压力作用点为 3 点）逆时针绕 A 点至中性轴 AD（所对应压力作用点为 2 点）所对应的压力作用点为从 3 点连接到 2 点的一段线段 32。同理可得中性轴 CB 逆时针绕 B 点转动至 BA、DC 逆时针绕 C 点转动至 CB、AD 逆时针绕 D 点转动至 DC 分别所对应压力作用点为线段 13、41、24。可见由这四条线段所围成菱形区域即为该矩形截面的截面核心，如图 10-11 所示。

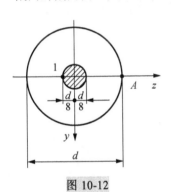

图 10-12

【例 10-4】 确定图 10-12 所示圆截面的截面核心，已知直径为 d。

解：由于截面对于圆心完全对称，故截面核心边界也关于圆心对称，即截面核心是半径为 e 的同心圆。当中性轴为过 A 点的切线，此时中性轴在 y、z 轴的截距分别为

$$y^* = \infty , \quad z^* = \frac{d}{2}$$

由式（10-9）可得压力作用点 1 坐标为

$$e_y = -\frac{i_z^2}{y^*} = 0$$

$$e_z = -\frac{i_y^2}{z^*} = -\frac{\left(\pi d^4/64\right)/\left(\pi d^2/4\right)}{d/2} = -\frac{d}{8}$$

截面核心为半径为 $d/4$ 的圆。

图 10-13 中给出了几种常见截面的截面核心形状，读者可自行校核。

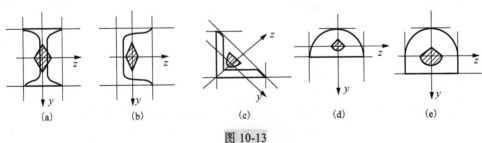

(a)　　　　(b)　　　　(c)　　　　(d)　　　　(e)

图 10-13

10.4　弯曲与扭转组合变形

在机械工程的轴类零件的变形经常是弯曲和扭转的组合变形。图 10-14 所示的电动机传动轴，轴端装有直径为 D 的带轮，其紧边和松边的张力分别为 F_1 和 F_2，现在研究轴的强度计算。

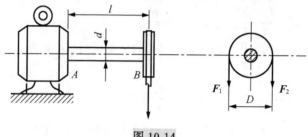

图 10-14

首先将带张力向 AB 轴简化，得一横向力 F 和一力偶 M_e，其值分别为

$$F = F_1 + F_2 , \qquad M_e = (F_1 - F_2)\frac{D}{2}$$

轴的受力简图如图 10-15(a) 所示，横向力 F 使轴弯曲，力偶矩 M_e 使轴扭转，轴的扭矩图和弯矩图如图 10-15(c) 和 (d) 所示，故轴 AB 属于弯曲和扭转的组合变形，横截面 A 为危险截面。

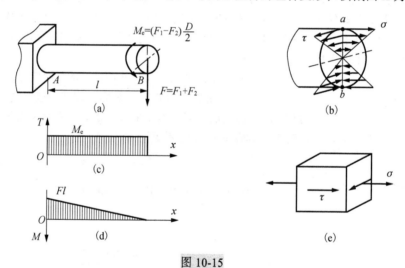

图 10-15

在危险截面上弯矩 $|M| = Fl$，扭矩 $T = M_e$，直径 ab 上各点的应力分布情况如图 10-15(b) 所示。由图可知，该截面的 a、b 点 (即垂直直径的两个端点) 为危险点，在此二点处，同时作用有最大弯曲正应力和最大扭转切应力，其值分别为

$$\begin{cases} \sigma = \dfrac{M}{W_z} \\[2mm] \tau = \dfrac{T}{W_P} \end{cases} \tag{a}$$

从 a 点取单元体，其应力状态如图 10-15(e) 所示。它的三个主应力分别为

$$\begin{cases} \sigma_1 = \dfrac{\sigma}{2} + \sqrt{(\dfrac{\sigma}{2})^2 + \tau^2} \\[2mm] \sigma_2 = 0 \\[2mm] \sigma_3 = \dfrac{\sigma}{2} - \sqrt{(\dfrac{\sigma}{2})^2 + \tau^2} \end{cases} \tag{b}$$

考虑到轴类零件多用塑性材料，故用最大切应力理论或畸变能理论，由第 9 章的强度理论得

$$\begin{cases} \sigma_{r3} = \sqrt{\sigma^2 + 4\tau^2} \leqslant [\sigma] \\ \sigma_{r4} = \sqrt{\sigma^2 + 3\tau^2} \leqslant [\sigma] \end{cases} \quad (10\text{-}10)$$

再将式 (a) 中的 σ、τ 代入式 (10-10)，并注意到圆截面有 $W_P = 2W_z$，于是式 (10-10) 也可以直接用内力表示，并得强度条件如下：

$$\begin{cases} \sigma_{r3} = \dfrac{1}{W_z} \sqrt{M^2 + T^2} \leqslant [\sigma] \\ \sigma_{r4} = \dfrac{1}{W_z} \sqrt{M^2 + 0.75T^2} \leqslant [\sigma] \end{cases} \quad (10\text{-}11)$$

说明：(1) 对于圆轴在两个主惯性平面的双向弯曲 (实际为平面弯曲) 与扭转的组合变形，式 (10-11) 中的 $M = \sqrt{M_y^2 + M_z^2}$。

(2) 对于圆轴在拉伸 (压缩) 与弯曲和扭转的组合变形，式 (10-10) 中的 $\tau = |T|/W_P$，$\sigma = |F_N|/A + \sqrt{M_y^2 + M_z^2}/W_z$。

【例 10-5】　图 10-16(a) 所示传动轴 AB 由电动机带动，轴长 $l = 1.2\text{m}$，在跨中处安装一胶带轮，重力 $F_P = 5\text{kN}$，半径 $R = 0.6\text{m}$，胶带紧边张力 $F_1 = 6\text{kN}$，松边张力 $F_2 = 3\text{kN}$。轴的直径 $d = 100\text{mm}$，材料的许用应力 $[\sigma] = 50\text{MPa}$。试按第三强度理论校核轴的强度。

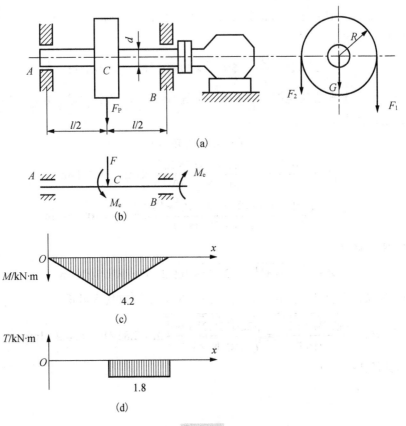

图 10-16

解：(1)外力分析：将作用在胶带上的胶带拉力 F_1 和 F_2 向轴线简化，结果如图 10-16(b)所示。传动轴受竖向主动力为

$$F = F_P + F_1 + F_2 = 14\text{kN}$$

此力使轴在铅垂平面内发生弯曲变形，附加外力偶矩为

$$M_e = (F_1 - F_2)R = -1.8\text{kN} \cdot \text{m}$$

此外力偶矩使轴产生扭转变形，故此轴属于弯扭组合变形。

(2)内力分析：分别画出轴的弯矩图和扭矩图如图 10-16(c)和(d)所示，可以判断出 C 处右侧截面为危险截面。危险截面上的内力为

$$M = 4.2\text{kN} \cdot \text{m}, \quad T = 1.8\text{kN} \cdot \text{m}$$

(3)强度校核：按第三强度理论，由式(10-11)得

$$\sigma_{r3} = \frac{\sqrt{M^2 + T^2}}{W_z} = \frac{\sqrt{(4.2 \times 10^3)^2 + (-1.8 \times 10^3)^2}}{\pi \times (0.1)^3 / 32}\text{Pa} = 4.66 \times 10^7\text{Pa} = 46.6\text{MPa} < [\sigma]$$

故轴满足强度要求。

【例 10-6】 图 10-17(a)所示齿轮传动轴由电动机带动，作用在齿轮上的径向力 $F = 546\text{N}$，切向力 $F_\tau = 1.5\text{kN}$。已知齿轮节圆直径 $D = 80\text{mm}$，轴由 No.45 钢制成，材料许用应力 $[\sigma] = 60\text{MPa}$。试用第三强度理论设计轴的直径。

解：(1)外力简化：把作用在齿轮上的力向轴线简化，得铅垂力 F、水平力 F_τ 和力偶矩 M_e，如图 10-17(b)所示，其中

$$M_e = F_\tau \times \frac{D}{2} = 1.5 \times 10^3 \times 40 \times 10^{-3}\text{N} \cdot \text{m} = 60\text{N} \cdot \text{m}$$

(2)内力分析：分别画出扭矩图、弯矩图，如图 10-17(c)、(e)、(g)所示。由内力图可见危险截面在齿轮 C 处，其中

$$T = M_e = 60\text{N} \cdot \text{m}$$

$$|M_z| = \frac{Fab}{l} = \frac{546 \times 120 \times 185 \times 10^{-6}}{(120 + 185) \times 10^{-3}}\text{N} \cdot \text{m} = 39.7\text{N} \cdot \text{m}$$

$$|M_y| = \frac{F_\tau ab}{l} = \frac{1.5 \times 10^3 \times 120 \times 185 \times 10^{-6}}{(120 + 185) \times 10^{-3}}\text{N} \cdot \text{m} = 109.2\text{N} \cdot \text{m}$$

C 截面的合成弯矩 M 为

$$M = \sqrt{M_z^2 + M_y^2} = \sqrt{39.7^2 + 109.2^2}\text{N} \cdot \text{m} = 116.2\text{N} \cdot \text{m}$$

(3)利用强度条件求直径：由式(10-11)，并将 $W_z = \pi d^3 / 32$ 代入可得

$$d \geqslant \sqrt[3]{\frac{32\sqrt{M^2 + T^2}}{\pi[\sigma]}} = \sqrt[3]{\frac{32\sqrt{116.2^2 + 60^2}}{\pi \times 60 \times 10^6}}\text{m} = 2.81 \times 10^{-2}\text{m} = 28.1\text{mm}$$

因此，取轴的直径 $d = 28\text{mm}$。

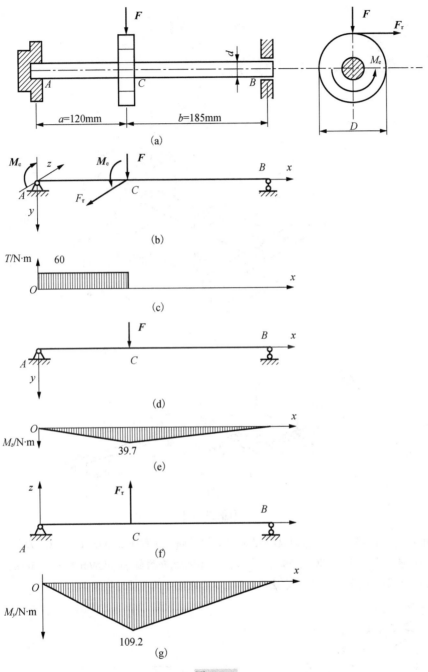

图 10-17

习　　题

10.1　试求图示构件在 $m-m$ 截面上的内力分量。

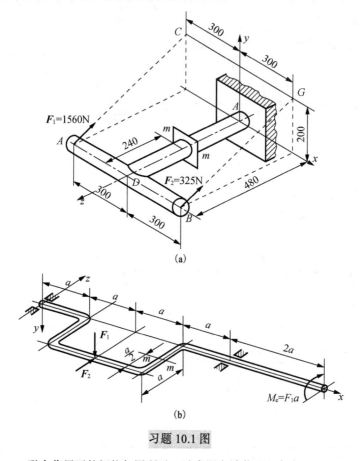

习题 10.1 图

10.2　在力 F_1、F_2 联合作用下的短柱如图所示，试求固定端截面上角点 A、B、C、D 的正应力。

10.3　图示悬臂梁采用工字钢 No.25b，长 $l=3$m，承受均布载荷 $q=5$kN/m 及 $F=25$kN，试求：（1）梁内的最大拉应力和最大压应力；（2）固定端截面和 $l/2$ 处截面上的中性轴位置。

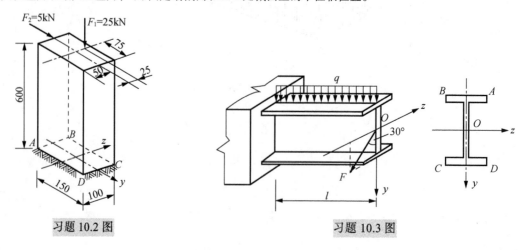

习题 10.2 图　　　　　　　　　　　习题 10.3 图

10.4 木材矩形截面悬臂梁承受载荷如图所示，已知材料的许用应力 $[\sigma]=10\text{MPa}$ ， $F_1=800\text{ N}$ ， $F_2=1650\text{ N}$ 。试求：(1)矩形的截面尺寸 b、h（设 $h/b=2$）；(2)左半段和右半段的中性轴方程。

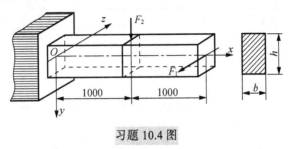

习题 10.4 图

10.5 图示 AB 横梁由 No.14 工字钢制成，已知 $F=12\text{kN}$ ，材料的许用应力 $[\sigma]=160\text{MPa}$ 。试校核横梁的强度。

10.6 图示斜梁 AB 的横截面是 $100\text{mm}\times100\text{mm}$ 的正方形，若 $F=3\text{kN}$ ，试作轴力图和弯矩图，并求最大拉应力和最大压应力。

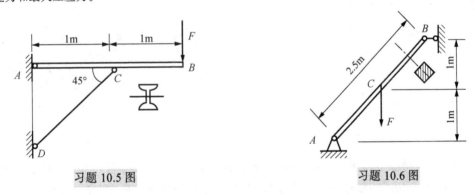

习题 10.5 图　　　　　　　　　　　习题 10.6 图

10.7 如图所示，边长为 a 正方形截面杆，受轴向压力 F 的作用，现在杆的中段开一个宽为 $a/2$ 的切口。试求切口处的最大拉应力和最大压应力。

10.8 图示立柱，已知 $F_1=100\text{kN}$ ， $F_2=45\text{kN}$ ， $b=180\text{mm}$ ， $h=300\text{mm}$ ，试求 F_2 偏心距 e 为多少时截面上不产生拉应力?

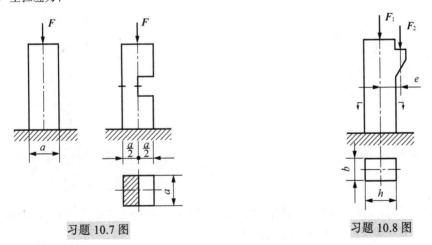

习题 10.7 图　　　　　　　　　　　习题 10.8 图

10.9 图示矩形截面梁，用应变片测得上、下表面的纵向线应变分别为 $\varepsilon_a=1000\times10^{-6}$ 和 $\varepsilon_b=400\times10^{-6}$ ，材料的弹性模量 $E=210\text{GPa}$ 。试绘制横截面上的正应力分布图，并求拉力 F 和偏心距 e 的数值。

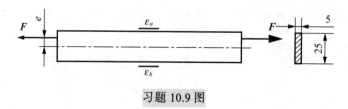

习题 10.9 图

10.10   水平面内直角折杆，直径 $d = 20\text{mm}$，受铅垂载荷 F 作用，已知材料的许用应力 $[\sigma] = 160\text{MPa}$。试按第三强度理论确定长度 a 尺寸的许可值。

10.11   水平直角折杆受铅垂力 F 作用，已知 AB 段直径 $d = 100\text{mm}$，$a = 400\text{mm}$，材料的 $\mu = 0.25$，$E = 200\text{GPa}$，在 D 截面顶点 K 测得轴向线应变 $\varepsilon = 275 \times 10^{-6}$。试求 AB 杆段危险点的第三强度理论相当应力 σ_{r3}（提示：测量应变的截面 D 不是危险截面）。

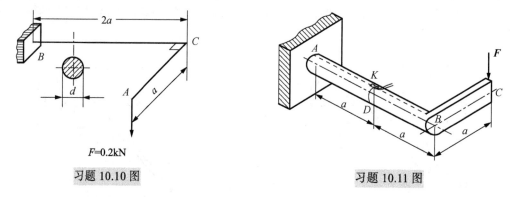

习题 10.10 图   习题 10.11 图

10.12   铁道路标的圆信号板装在外径 $D = 60\text{mm}$ 的空心圆柱上。若信号板上作用的最大风载的压强 $p = 2\text{kPa}$，材料的许用应力 $[\sigma] = 60\text{MPa}$。试按最大切应力强度理论选择圆柱的壁厚。

10.13   如图所示，牙轮钻机钻杆为无缝钢管，外径 $D = 152\text{mm}$，内径 $d = 120\text{mm}$，材料的许用应力 $[\sigma] = 100\text{MPa}$。最大钻压力 $F = 180\text{kN}$，扭矩 $T = 17.3\text{kN·m}$。试按最大切应力强度理论校核钻杆的强度。

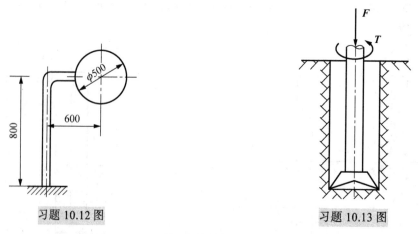

习题 10.12 图   习题 10.13 图

10.14   如图所示操纵装置水平杆，杆的截面为空心圆，外径 $D = 30\text{mm}$，内径 $d = 24\text{mm}$。材料为 Q235 钢，$[\sigma] = 100\text{MPa}$。试用第三强度理论校核轴的强度。

10.15 水轮机主轴的示意图如图所示。水轮机组输出功率 $P=37500\text{kW}$，转速 $n=150\text{r/min}$。已知轴向推力 $F_x=4800\text{kN}$，转轮重 $W_1=390\text{kN}$，主轴内径 $d=340\text{mm}$，外径 $D=750\text{mm}$，自重 $W=285\text{kN}$。主轴的 $[\sigma]=80\text{MPa}$。试按第四强度理论校核主轴的强度。

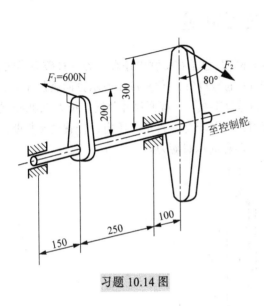

习题 10.14 图

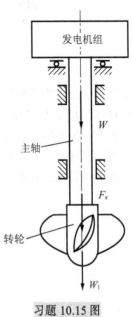

习题 10.15 图

第11章 压杆稳定

11.1 压杆稳定概述

构件和结构的安全性大部分取决于构件的强度和刚度。但是在工程中还存在另一种破坏形式，例如，取一块横截面尺寸为20mm×3mm，高为20mm的塑料板，按图11-1所示方向施加压力，显然，要想靠人力将其压坏是很困难的，但如果压的是材料相同、截面尺寸相同、长为500mm的细长杆，情况就不一样了，用不着施加太大的力就可以将其压弯，再增大压力，杆就会被折断。可见，对于受压的细长杆，必须研究维持其直线平衡形态的承载能力。

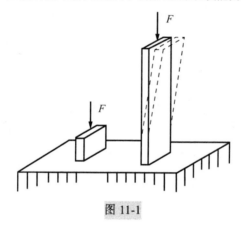

图 11-1

工程中有很多受压的细长杆，例如桥梁、钻井井架等各种桁架结构中的受压杆件，建筑物和结构中的立柱，内燃机中的连杆、气门挺杆，液压油缸和活塞泵的活塞杆等。对于这些细长压杆，当作用于其上的轴向压力达到或超过某一极限值时，杆件会突然发生侧向弯曲而失去原有的直线平衡形态，这种现象称为**压杆丧失稳定性**。对于一般构件，当载荷增大构件或结构不能保持原有平衡形态而突然变化到另一种平衡形态的现象称为**失稳或屈曲**。现以图11-2所示受轴向压力的理想直杆来考察，当压力 F 较小时，杆件保持直线形状的平衡形态，如图 11-2(a)所示，当压力逐渐增大，但小于某一极限值时，杆仍保持直线形状的平衡，这时若施加一微小的侧向干扰力使其暂时偏离直线平衡形态，如图 11-2(b)所示，当干扰力撤除后，杆仍能恢复到直线平衡形态，如图 11-2(c)所示，称这时压杆的直线平衡形态是**稳定的**。若压力继续增加到某一极限值时，再用微小的侧向干扰力使它偏离直线平衡形态，则当干扰力解除后，压杆不能再恢复其原有的直线状态，但能保持曲线形状的平衡，如图 11-2(d)所示，则称此时压杆的直线平衡形态是**不稳定的**，使压杆由稳定的直线平衡形态过渡到不稳定的平衡形态的极限压力值，称为**临界压力**(critical compressive force)，记作 F_{cr}。压杆失稳后，增加微小的压力都将导致弯曲变形显著增大，说明此时压杆已经丧失承载能力。

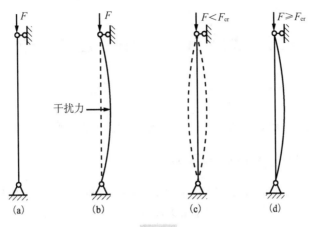

图 11-2

　　失稳问题早在 17 世纪已提出，但未引起工程界的重视。随着高强度材料如钢材和铝合金的出现，构件的截面设计得越来越小，稳定性问题才开始引起人们的重视。在 1881～1897 年的 16 年间，世界各地共有 24 座桥梁倒塌。经事后调查，它们都不是因为强度不够而失效，而是由于某些构件失稳而造成的。其中有代表性的例子有：1891 年由法国著名设计师埃菲尔设计建造的瑞士明汗斯太因铁路大桥在客车通过时由于桥梁桁架中的压杆失稳而发生坍塌，74 人遇难，200 人受伤；1904 年和 1916 年美国 584m 长的奎北克大桥两次倒塌，经调查也是由斜撑杆(压杆)失稳而引起；1983 年北京的中国社会科学院科研楼工地的钢管脚手架在距地面 5～6m 处突然开弓，高达 54.2m、长 17.25m、总重 56.54kN 的大型脚手架整体坍塌，造成 5 死 7 伤，脚手架材料大部分报废，现场调查结果表明，脚手架整体结构存在严重缺陷而导致失稳坍塌。工程中无数实例告诉我们，失稳现象突然发生，失稳时构件的应力远小于弹性极限。事故发生的突然性和破坏的彻底性，往往造成灾难性的后果，因此失稳问题引起力学界和工程界的高度重视。研究的目的就是要找出构件和结构失稳的原因并采取防止失稳的措施。另一方面，工程中有时也利用失稳现象达到某种设计目的，如矿井坑木上的过载预警装置，利用受压杆件的失稳触发报警系统；还可以利用薄金属片的失稳制成自动开关等。对于有可能发生失稳的构件和结构，都必须进行稳定性计算。

　　除压杆外，其他弹性结构也存在弹性失稳现象。板条或工字梁在最大弯曲刚度平面内横力弯曲时，会因载荷达到临界值而产生侧弯失稳(在刚度最小的平面内弯曲并伴随扭转)，如图 11-3(a)所示。薄圆环受径向外压作用而失稳，如图 11-3(b)所示。薄壁压力容器在外压或负内压(真空容器)作用下会被压扁，如深海潜艇可因这类事故而沉没。限于篇幅，本章只讨论压杆的稳定，其他形式的稳定性问题不作讨论。

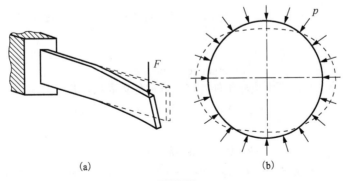

(a)　　　　　　　　　　　　　　　　　　(b)

图 11-3

11.2 细长压杆的临界压力分析

解决压杆稳定问题的关键是确定其临界压力，上节指出当压力达到临界值时，压杆将由直线平衡形态转变为曲线平衡形态，可见，临界压力就是使压杆保持微小弯曲平衡的最小压力。对于细长压杆（工作应力小于比例极限的压杆），如何确定其临界压力呢？下面分别讨论。

11.2.1 两端铰支细长压杆的临界压力

图 11-4 所示两端球形铰支的细长等直杆，两端承受与轴线重合的压力 F。当压力到达临界压力 F_{cr} 时，由于外力干扰杆由直线平衡状态变为曲线平衡状态。

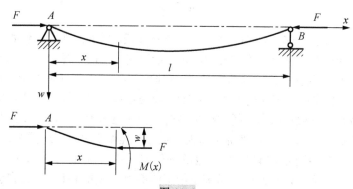

图 11-4

在图示坐标系中，从处于微弯平衡状态的杆中取出一段，该段必然也处于平衡状态。距最左端 x 的横截面的挠度为 w，考虑到静力平衡条件，则该截面上必有一弯矩，其值为

$$M(x) = Fw \tag{a}$$

将 M 代入挠曲线近似微分方程得

$$\frac{\mathrm{d}^2 w}{\mathrm{d}x^2} = -\frac{Fw}{EI} \tag{b}$$

式中，I 是横截面最小的惯性矩，引用记号

$$k^2 = \frac{F}{EI} \tag{c}$$

于是式（b）可以写成

$$\frac{\mathrm{d}^2 w}{\mathrm{d}x^2} + k^2 w = 0 \tag{d}$$

以上微分方程的通解为

$$w = A\sin kx + B\cos kx \tag{e}$$

式中，A、B 为积分常数，可由边界条件确定。杆件的边界条件是

$$x = 0 \text{ 和 } x = l \text{ 时}, \quad w = 0$$

由此得

$$B = 0, \quad A\sin kl = 0$$

后面的式子表明 A 或者 $\sin kl$ 等于零。当 $A = 0$ 时，表示杆件轴线上任意点的挠度皆为零，即杆不变形仍为直线，这就与杆件失稳发生微小弯曲的前提相矛盾。因此必须是

$$\sin kl = 0$$

于是得

$$k = \frac{n\pi}{l} \qquad (n \text{ 为整数})$$

代入式(c)，得

$$F = \frac{n^2\pi^2 EI}{l^2} \tag{f}$$

上式表明，使杆处于微弯平衡状态的临界压力有无穷多个，其中使压杆保持微小弯曲的最小压力才是临界压力。故取 $n^2 = 1$，式(f)成为

$$F_{cr} = \frac{\pi^2 EI}{l^2} \tag{11-1}$$

这是计算两端铰支细长压杆的临界压力的公式，称为两端铰支细长压杆的**欧拉公式**(Euler's formula)。这种杆件在工程中最常见，如活塞杆和桁架中的受压杆。当然，欧拉公式只适用于小变形和杆中应力不超过材料比例极限的情况。

讨论：

(1)当压杆截面在不同方向有不同的惯性矩时(如工字形截面等)，应取其中最小的惯性矩 I_{min} 代入欧拉公式。这是因为在杆端约束相同的情况下，失稳发生在惯性矩最小的方位上。

(2)将式(11-1)代入式(c)，再代入(e)，得到

$$w = A\sin\frac{\pi x}{l} \tag{g}$$

可见，在临界压力作用下，两端铰支细长压杆的微弯状态为半波正弦曲线。

(3)式(g)中 A 是杆件中点 $(x = l/2)$ 的挠度 w_{max}，它的数值很小，但却是未定的，但这并不意味着压杆在大于临界压力 F_{cr} 的某一载荷下失稳后可以在任意微弯状态下平衡。如图 11-5 所示，若以横坐标表示中点的挠度 w_{max}，纵坐标表示压力 F，当 F 小于 F_{cr} 时，杆件的直线平衡是稳定的，w_{max} 恒为零，F 与 w_{max} 的关系如图中铅垂直线 AO 所示；当 F 达到 F_{cr} 时，杆件的直线平衡是不稳定的，将过渡为曲线平衡，F 与 w_{max} 的关系如图中水平直线 AB 所示。这是由于在推导欧拉公式过程中使用了挠曲线近似微分方程(线性分析)的缘故。如果使用精确的挠曲线方程(非线性分析)，则可确定对应于某一载荷的最大挠度，此时 F 与 w_{max} 的关系如图中曲线 AC 所示。

前面的公式推导，不论是采用挠曲线近似微分方程还是挠曲线精确微分方程，压杆都是理想压杆。而实际压杆难以保证没有初弯曲、压力没有偏心、材料绝对均匀。因此，实际的 F 与 w_{max} 的关系可以通过实验确定，如图 11-5 中曲线 OBD 所示。由图可见，理想压杆临界压力的欧拉公式与真实情况有差异，不过它的理论分析计算仍然具有实际意义。一方面理想压杆的分析远比真实压杆简单，另一方面它所对应的临界载荷是实际压杆临界压力的上限。所以通过理想压杆这种模型解决压杆失稳成为工程中行之有效的方法，这也是工程中常用的模型化方法的一个例子。

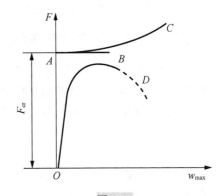

图 11-5

【例 11-1】 如图 11-6 所示，AB 和 AC 均为圆截面细长杆，直径 $d = 80\text{mm}$，材料为 Q235 钢，$E = 200\text{GPa}$。试

求此结构的临界载荷 F_{cr}。

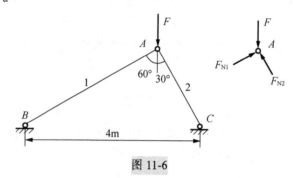

图 11-6

解：(1)计算在 F 作用下各杆的轴力

取 A 点为研究对象，列静力平衡方程

$$\sum F_x = 0, \qquad F_{N1}\cos 30° - F_{N2}\sin 30° = 0$$

$$\sum F_y = 0, \qquad F_{N1}\sin 30° + F_{N2}\cos 30° = F$$

求解得

$$F_{N1} = \frac{1}{2}F, \qquad F = 2F_{N1}$$

$$F_{N2} = \frac{\sqrt{3}}{2}F, \qquad F = \frac{2}{\sqrt{3}} = 1.15F_{N2}$$

(2)用欧拉公式计算各杆的临界压力，确定结构的临界压力

对 1 杆

$$F_{N1} = \frac{\pi^2 EI}{l_1^2} = \frac{\pi^2 \times 200 \times 10^9 \times \dfrac{\pi \times (80 \times 10^{-3})^4}{64}}{(4 \times \cos 30°)^2}\,\text{N} = 3.30 \times 10^5\,\text{N} = 330\text{kN}$$

$$F_{cr} = 2F_{N1} = 661.4\text{kN}$$

对 2 杆

$$F_{N2} = \frac{\pi^2 EI}{l_2^2} = \frac{\pi^2 \times 200 \times 10^9 \times \dfrac{\pi \times (80 \times 10^{-3})^4}{64}}{(4 \times \sin 30°)^2}\,\text{N} = 9.90 \times 10^5\,\text{N} = 990\text{kN}$$

$$F_{cr} = 1.15F_{N2} = 1139\text{kN}$$

取该结构的临界载荷中的较小值，即 $F_{cr} = 661.4\text{kN}$。

11.2.2　其他支座条件下压杆的临界压力

压杆两端的支座除同为铰支以外，还可能有其他情况。例如千斤顶的螺杆(图 11-7)下端可视为固定端，上端因可与顶起的重物共同作侧向位移，可简化为自由端。对这类压杆，可用与上节相同的方法导出计算临界压力的公式为

$$F_{cr} = \frac{\pi^2 EI}{(2l)^2} \tag{11-2}$$

上式也可用比较简单的类比法求出，设压杆在临界压力下以微弯的形状保持平衡(图 11-8)，若把挠曲线对称地向下延伸一倍，如图中假想线所示。然后比较图 11-8 和图 11-4，可见，一端固定、另一端自由、且长为 l 的压杆的挠曲线，相当于两端铰支、长为 $2l$ 的压杆的挠曲线的一半。所以，

一端自由、一端固定的压杆的临界压力与两端铰支、长为 $2l$ 的压杆的临界压力相同，即式(11-2)所示。

其他杆端约束情况下细长压杆的临界压力也可以采用类比的方法确定。若用 μ 表示反映不同杆端约束情况的**长度因数**(factor of length)，则不同杆端约束情况下细长压杆临界压力的计算公式可统一表示为

$$F_{cr} = \frac{\pi^2 EI}{(\mu l)^2} \tag{11-3}$$

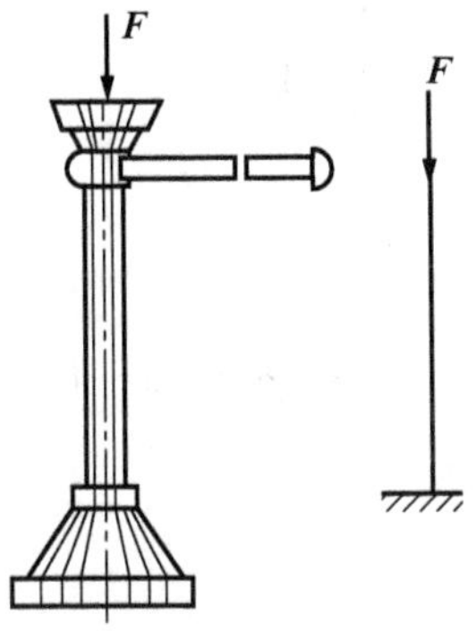

图 11-7

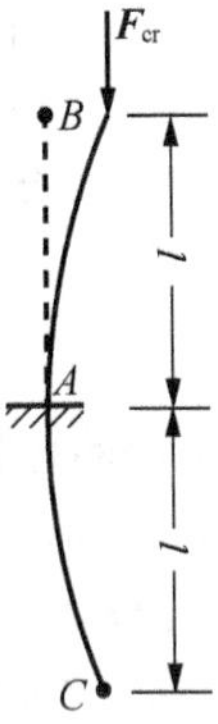

图 11-8

表 11-1 给出了不同杆端约束情况下长度因数 μ 和临界压力的大小。值得注意的是，表中给出的都是理想约束情况。实际工程问题中，杆端约束多种多样，要根据具体实际约束的性质和相关设计规范确定 μ 值的大小。

表 11-1　不同杆端约束情况下的长度因数值和临界压力

约束条件	两端铰支	一端固定另一端自由	两端固定	一端固定另一端铰支
挠曲线形状	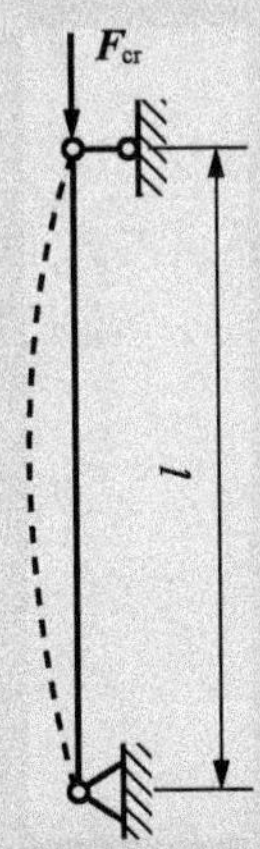	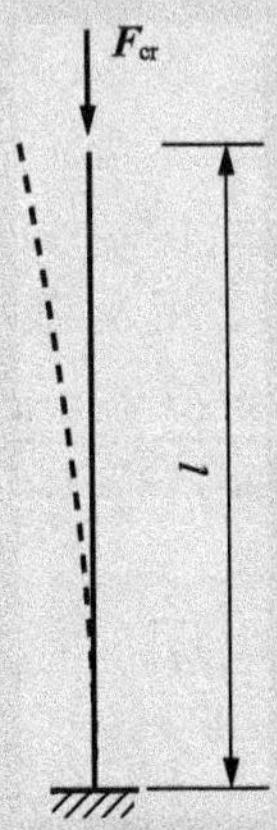	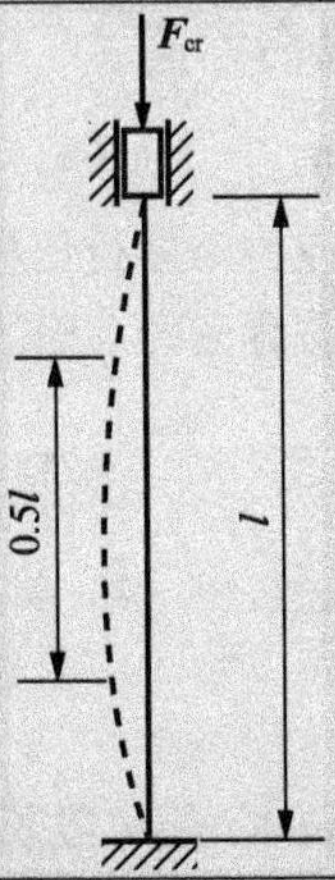	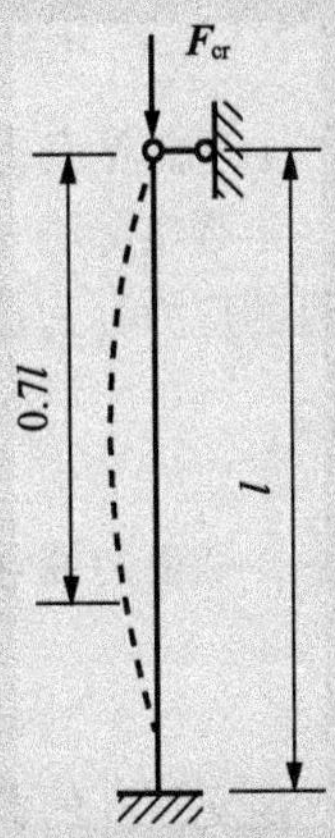
μ	$\mu = 1$	$\mu = 2$	$\mu = 0.5$	$\mu = 0.7$
F_{cr}	$F_{cr} = \dfrac{\pi^2 EI}{l^2}$	$F_{cr} = \dfrac{\pi^2 EI}{(2l)^2}$	$F_{cr} = \dfrac{\pi^2 EI}{(0.5l)^2}$	$F_{cr} = \dfrac{\pi^2 EI}{(0.7l)^2}$

【**例 11-2**】　图 11-9 所示各压杆均为细长杆，其横截面形状、尺寸均相同，材料一样。试判断哪根杆最先失稳？哪根杆最后失稳？

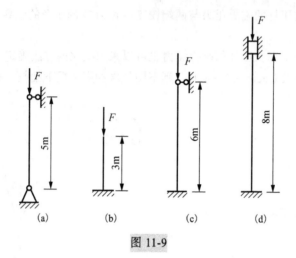

图 11-9

解：临界压力最小的杆先失稳，临界压力最大的杆后失稳。四根杆横截面形状、尺寸均相同，材料一样，根据欧拉公式，只需要比较它们的相当长度 μl 即可。

图 11-9(a)杆：$\mu l = 1 \times 5\text{m} = 5\text{m}$

图 11-9(b)杆：$\mu l = 2 \times 3\text{m} = 6\text{m}$

图 11-9(c)杆：$\mu l = 0.7 \times 6\text{m} = 4.2\text{m}$

图 11-9(d)杆：$\mu l = 0.5 \times 8\text{m} = 4\text{m}$

μl 最大的图 11-9(b)杆，其临界压力最小，最先失稳；μl 最小的图 11-9(d)杆，其临界压力最大，最后失稳。

11.3　压杆的临界应力

11.3.1　大柔度杆的临界应力

1. 临界应力和柔度

工程实际中一般用应力来进行压杆的稳定性计算。将压杆的临界压力 F_{cr} 除以横截面面积 A，所得的应力称为压杆的**临界应力**（critical stress），用 σ_{cr} 表示。显然，对于细长杆

$$\sigma_{cr} = \frac{F_{cr}}{A} = \frac{\pi^2 EI}{(\mu l)^2 A} = \frac{\pi^2 E}{(\mu l / i)^2}$$

式中，截面的惯性半径

$$i = \sqrt{\frac{I}{A}}$$

定义压杆的**柔度**（slenderness）或**长细比**

$$\lambda = \frac{\mu l}{i}$$

则压杆的临界应力可表示为

$$\sigma_{cr} = \frac{\pi^2 E}{\lambda^2} \tag{11-4}$$

上式为欧拉公式的另一种表达式。由上式可以看到，压杆的柔度越大，临界应力越低，压杆

越容易失稳；柔度越小，临界应力越大，压杆越不容易失稳。所以，柔度 λ 是压杆抵抗失稳的能力的特征量，是压杆稳定计算中的一个重要参数。柔度 λ 是一个无量纲的物理量，它集中反映了压杆截面的几何性质（i）、约束条件（μ）和压杆的长度（l）对临界应力的影响。

2. 欧拉公式的适用范围

欧拉公式是由弯曲变形的挠曲线近似微分方程推导出来的，故材料必须符合胡克定律，因此，只有在临界应力小于材料的比例极限时，欧拉公式才适用。令 $\sigma_{cr} \leqslant \sigma_p$，可推出

$$\lambda \geqslant \sqrt{\frac{\pi^2 E}{\sigma_p}} = \lambda_p \tag{11-5}$$

$\lambda \geqslant \lambda_p$ 的压杆称为**大柔度杆**（slender column），即为通常所说的细长杆，式（11-5）指出，欧拉公式只适用于大柔度压杆。由于 λ_p 与材料的比例极限有关，所以，对于不同材料的压杆，欧拉公式的适用范围也不同。例如，对于工程上常用的 Q235 钢制成的压杆，$E = 206\text{GPa}$，$\sigma_p = 200\text{MPa}$，$\lambda_p = 101$；而由 $E = 70\text{GPa}$、$\sigma_p = 175\text{MPa}$ 的铝合金制成的压杆，$\lambda_p = 62.8$。则对这两种压杆，只有在 λ 分别大于等于 101 和 62.8 时才能用欧拉公式计算其临界应力。

11.3.2 中小柔度杆的临界应力

当压杆的柔度小于 λ_p（亦即 $\sigma_{cr} > \sigma_p$）时，欧拉公式不再适用。柔度越小，临界应力越大。事实上，当压杆的柔度小于某一值 λ_0 时，在失稳前，应力就已经达到或超过材料的极限应力，压杆就已经因材料破坏而失去承载能力。此时只需考虑压杆的强度问题即可。

一般将 $\lambda < \lambda_0$ 的压杆称为**小柔度杆**（stocky column），又称为**短粗杆**；将柔度 $\lambda_0 \leqslant \lambda < \lambda_p$ 的压杆称为**中柔度杆**（intermediate column），又称为**中长杆**。

在工程中所采用的中小柔度压杆，由于临界应力大于比例极限，材料不再满足线性关系，理论分析其临界应力不太方便。工程中目前使用以实验结果为基础的经验公式来确定临界应力。常用的经验公式有直线公式和抛物线公式。

1. 直线公式

对于中柔度杆，临界应力 σ_{cr} 与柔度 λ 可视为下列直线关系：

$$\sigma_{cr} = a - b\lambda \tag{11-6}$$

式中，a 和 b 是和材料有关的常数，可以查表得到。

对于上式计算出的临界应力最高只能等于极限应力 σ_u，对于塑性材料 $\sigma_u = \sigma_s$，对于脆性材料 $\sigma_u = \sigma_b$，即可知

$$\lambda_0 = \frac{a - \sigma_u}{b} \tag{11-7}$$

对于小柔度杆，压杆失稳实际上就是强度问题，如果一定要给一个临界应力，则

$$\sigma_{cr} = \sigma_u \tag{11-8}$$

表 11-2 列出了不同材料的 a、b 值以及 λ_p、λ_0 的值。

总结以上的讨论，根据柔度值的大小可将压杆分为三类：$\lambda < \lambda_0$ 为小柔度杆；$\lambda_0 \leqslant \lambda < \lambda_p$ 为中柔度杆；$\lambda \geqslant \lambda_p$ 为大柔度杆。对小柔度杆，应按强度问题计算；对中柔度杆，应用直线公式（11-6）计算压杆的临界应力；对大柔度杆，用欧拉公式（11-4）计算临界应力。以柔度 λ 为横坐标，临界应力 σ_{cr} 为纵坐标，将临界应力与柔度的关系曲线用图表示，即得到临界应力随柔度 λ 变化情况的**临界应力总图**（total diagram of critical stress），如图 11-10（a）所示。

表 11-2　常见材料 a、b 值以及 λ_{p}、λ_0 的值

材料 ($\sigma_{\mathrm{s}}, \sigma_{\mathrm{b}}/\mathrm{MPa}$)	a/MPa	b/MPa	λ_{p}	λ_0
Q235 钢 ($\sigma_{\mathrm{s}}=235, \sigma_{\mathrm{b}}\geqslant372$)	304	1.12	101	61.6
优质碳钢 ($\sigma_{\mathrm{s}}=306, \sigma_{\mathrm{b}}\geqslant470$)	460	2.57	100	60
硅钢 ($\sigma_{\mathrm{s}}=353, \sigma_{\mathrm{b}}=510$)	577	3.74	100	60
铬钼钢	980	5.29	55	
硬铝	392	3.26	50	
铸铁	332	1.45	80	
松木	28.7	0.5	89	

2. 抛物线公式

对于结构钢与低合金钢结构，抛物线公式是另一经验公式，对于临界应力超过材料比例极限的中、小柔度杆，临界应力 σ_{cr} 与柔度 λ 的关系表示为下列抛物线：

$$\sigma_{\mathrm{cr}} = a_1 - b_1\lambda^2 \tag{11-9}$$

式中，a_1 和 b_1 是和材料有关的常数，可以查表得到。

其临界应力总图如图 11-10(b) 所示。λ_{c} 为代表经验公式的抛物线和代表欧拉公式的双曲线的交点所对应的柔度，以 Q235 钢为例，$\lambda_{\mathrm{c}}=123$，而 $\lambda_{\mathrm{p}}=101$，$\sigma_{\mathrm{cr}}=235-0.0068\lambda^2$。这表示一部分柔度不太大的大柔度杆也使用经验公式而不是用欧拉公式进行计算。这是由于工程中实际使用的是存在缺陷的真实压杆，欧拉公式是用理想压杆模型得到的，经验公式则是以实验结果为依据的，故采用后者计算比较符合实际情况，也偏于安全。

从临界应力总图可以看到：进行压杆稳定性计算首先要确定压杆的柔度，然后再根据柔度的大小确定压杆的种类，选择正确的公式进行计算。

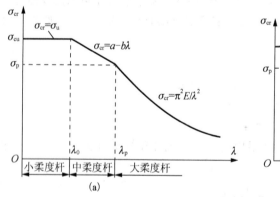
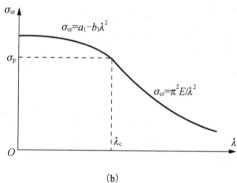

图 11-10

【例 11-3】　移动式起重机的起重臂 AB 长 $l=5.6\mathrm{m}$，截面外径 $D=115\mathrm{mm}$，内径 $d=105\mathrm{mm}$，如图 11-11 所示，材料为 Q235 钢，弹性模量 $E=206\mathrm{GPa}$，试求 AB 能承受的最大压力。

解：起重机可视为两端铰支的压杆。先计算柔度，空心圆截面的惯性半径为

$$i = \sqrt{\frac{I}{A}} = \sqrt{\frac{\pi(D^4-d^4)\times4}{64\times(D^2-d^2)\pi}} = \frac{1}{4}\sqrt{(D^2+d^2)}$$

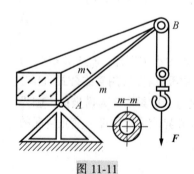

图 11-11

$$= \frac{1}{4}\sqrt{115^2 + 105^2}\,\text{mm} = 38.9\text{mm}$$

$$\lambda = \frac{\mu l}{i} = \frac{1 \times 5600}{38.9} = 144 > \lambda_p = 101$$

AB 为大柔度杆，应按欧拉公式计算其临界应力：

$$\sigma_{cr} = \frac{\pi^2 E}{\lambda^2} = \frac{\pi^2 \times 206 \times 10^9 \text{Pa}}{144^2} = 9.80 \times 10^7\,\text{Pa} = 98\text{MPa}$$

起重臂能承受的最大压力即为失稳时的临界压力：

$$F_{max} = F_{cr} = \sigma_{cr} A = \sigma_{cr}\frac{\pi \times (D^2 - d^2)}{4} = \frac{9.80 \times 10^7\,\text{Pa} \times \pi \times (115^2 - 105^2) \times 10^{-6}\,\text{m}^2}{4}$$

$$= 1.69 \times 10^5\,\text{N} = 169\text{kN}$$

【例 11-4】　矩形截面钢质连杆长 $l = 0.6\text{m}$，截面尺寸如图 11-12 所示，材料为 Q235 钢，两端用圆柱铰链支承。求连杆的临界压力。

解：（1）确定失稳平面

假定连杆在图示 xy 平面（绕 z 轴转动）失稳，连杆可视为两端铰支，$\mu_z = 1$。其惯性半径为

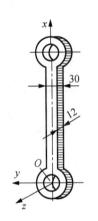

图 11-12

$$i_z = \sqrt{\frac{I_z}{A}} = \sqrt{\frac{12 \times 30^3\,\text{mm}^4}{12 \times 12 \times 30\,\text{mm}^2}} = \frac{15}{\sqrt{3}}\,\text{mm}$$

柔度为

$$\lambda_z = \frac{\mu_z l}{i_z} = 69.3$$

假定连杆在图示 xz 平面（绕 y 轴转动）失稳，在 xz 平面可视为两端固定支座，$\mu_y = 0.5$。其惯性半径为

$$i_y = \sqrt{\frac{I_y}{A}} = \sqrt{\frac{30 \times 12^3\,\text{mm}^4}{12 \times 30 \times 12\,\text{mm}^2}} = 2\sqrt{3}\,\text{mm}$$

柔度为

$$\lambda_y = \frac{\mu_y l}{i_y} = 86.6$$

压杆将在柔度大的平面内失稳，因为 $\lambda_y > \lambda_z$，亦即压杆在 xz 平面内失稳。

（2）确定临界载荷

因为 Q235 钢 $\lambda_p = 101 > \lambda_y > \lambda_0 = 61.6$，因此连杆为中柔度杆，选用直线公式计算其临界应力为

$$\sigma_{cr} = a - b\lambda = 304\text{MPa} - 1.12\text{MPa} \times 86.6 = 207\text{MPa}$$

故临界压力为

$$F_{cr} = \sigma_{cr} A = (207 \times 10^6\,\text{Pa}) \times (12 \times 10^{-3}\,\text{m}) \times (30 \times 10^{-3}\,\text{m}) = 7.452 \times 10^4\,\text{N} = 74.52\text{kN}$$

11.4　压杆的稳定计算

11.4.1　安全因数法

压杆的稳定计算包括稳定性校核、确定许可载荷和截面尺寸设计三个方面的问题。要使压杆能正常工作，必须要求

$$\sigma = \frac{F_N}{A} \leqslant [\sigma_{cr}] = \frac{\sigma_{cr}}{n_{st}} \qquad (11\text{-}10)$$

由于临界应力 σ_{cr} 随着柔度而变化，故将上式换成用安全因数表示的另一种形式，即

$$n = \frac{\sigma_{cr}}{\sigma} = \frac{F_{cr}}{F} \geqslant n_{st} \qquad (11\text{-}11)$$

式(11-11)称为压杆稳定计算的安全因数法，当然它本质和式(11-10)完全一样。式中 n 为压杆的工作安全因数，n_{st} 为规定的**稳定安全因数**(safe factor of stability)。稳定安全因数一般要高于强度安全因数。因为除类似确定强度安全因数的一般原则外，还要考虑一些难以避免的因素，如杆件的初弯曲、压力偏心、材料不均匀和支座的缺陷等，这些都将严重影响压杆的稳定性，使临界压力降低，但与此同时，这些原因对强度的影响就不像对稳定性那么严重。稳定安全因数可从有关设计规范的手册中查得。表 11-3 给出几种常见压杆的稳定安全因数 n_{st}。

表 11-3　常见压杆的稳定安全因数

实际压杆	钢结构	铸铁	木材	机床丝杠	高速发动机挺杆	低速发动机挺杆	矿山、冶金设备
n_{st}	1.8～3.0	5.0～5.5	2.8～3.2	2.5～4.0	2～5	4～6	4～8

【例 11-5】　空气压缩机的活塞杆由 45 号钢制成，材料的 $\sigma_s = 350\text{MPa}$，$\sigma_P = 280\text{MPa}$，$E = 210\text{GPa}$，杆长 $l = 703\text{mm}$，直径 $d = 45\text{mm}$，最大工作压力 $F_{max} = 41.6\text{kN}$，规定稳定安全因数 n_{st} 在 8～10。试校核其稳定性。

解：(1)计算 λ，判断压杆的类型。

由式(11-5)求出

$$\lambda_P = \sqrt{\frac{\pi^2 E}{\sigma_P}} = \sqrt{\frac{\pi^2 \times 210 \times 10^9 \text{Pa}}{280 \times 10^6 \text{Pa}}} = 86$$

活塞杆两端可简化为铰支座，故 $\mu = 1$。活塞杆横截面为圆形，则

$$i = \sqrt{\frac{I}{A}} = \sqrt{\frac{\pi d^4 / 64}{\pi d^2 / 4}} = \frac{d}{4}$$

故柔度为

$$\lambda = \frac{\mu l}{i} = \frac{1 \times 703}{45/4} = 62.5$$

因 $\lambda < \lambda_P$，所以不能用欧拉公式计算临界压力。由相关手册查得 45 钢的 $a = 460\text{MPa}$，$b = 2.57\text{MPa}$。由式(11-7)得

$$\lambda_0 = \frac{a - \sigma_u}{b} = \frac{a - \sigma_s}{b} = \frac{460\text{MPa} - 350\text{MPa}}{2.57\text{MPa}} = 43.3$$

可见

$$\lambda_0 < \lambda < \lambda_P$$

活塞杆为中柔度杆。

(2)计算临界压力。

活塞杆的临界应力由直线经验公式确定

$$\sigma_{cr} = a - b\lambda = 460\text{MPa} - 2.57\text{MPa} \times 62.5 = 299.4\text{MPa}$$

$$F_{cr} = \sigma_{cr} A = 299.4\text{MPa} \times \frac{\pi \times 45^2 \text{mm}^2}{4} = 4.78 \times 10^5 \text{N} = 478\text{kN}$$

(3)稳定校核。

活塞杆的工作安全因数为

$$n = \frac{F_{cr}}{F_{max}} = \frac{478kN}{41.6kN} = 11.5 > n_{st}$$

因此，活塞杆满足稳定性要求。

【例 11-6】　图 11-13 所示结构中，梁 AB 为 No.14 普通热轧工字钢，支承柱 CD 的直径 $d = 20mm$，二者材料都为 Q235 钢。A、C、D 三处均为球形铰，已知 $F = 25kN$，$l_1 = 1.25m$，$l_2 = 0.55m$，$E = 206GPa$，规定稳定安全因数 $n_{st} = 2.0$，梁的许用应力 $[\sigma] = 160MPa$，试校核此结构是否安全。

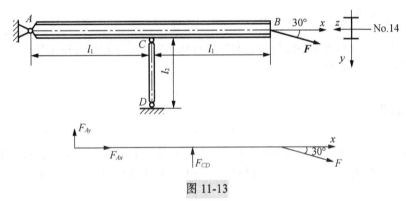

图 11-13

解： 此结构中梁 AB 承受拉伸与弯曲的组合作用，属于强度问题；支承柱 CD 承受压力，属于稳定问题，应分别校核。

(1)梁 AB 的强度校核

梁 AB 在 C 处弯矩最大，故为危险面，其上弯矩和轴向力分别为

$$|M|_{max} = F\sin30°l_1 = 25kN \times 0.5 \times 1.25m = 15.63kN \cdot m$$

$$F_N = F\cos30° = 25kN \times 0.866 = 21.65kN$$

由型钢表查得 No.14 普通热轧工字钢的几何性质：

$$W_z = 102 \times 10^{-6} m^3, \quad A = 21.5 \times 10^{-4} m^2$$

于是可算得

$$\sigma_{max} = \frac{|M|_{max}}{W_z} + \frac{|F_N|}{A} = \frac{15.63 \times 10^3 N \cdot m}{102 \times 10^{-6} m^3} + \frac{21.65 \times 10^3 N}{21.5 \times 10^{-4} m^2} = 1.63 \times 10^8 Pa = 163MPa$$

此值略大于 $[\sigma]$，但不超过 5%，所以仍认为梁是安全的。

(2)压杆 CD 的稳定性校核

取 AB 为研究对象，画受力图，列平衡方程

$$\sum M_A(\boldsymbol{F}) = 0, \quad F_{CD} \times l_1 - F \times \sin30° \times 2l_1 = 0$$

$$F_{CD} = 2F\sin30° = 25kN$$

因为是圆截面，故

$$i = \sqrt{\frac{I}{A}} = \frac{d}{4} = \frac{20mm}{4} = 5mm$$

又因为两端为球铰约束，故 $\mu = 1$，所以有

$$\lambda = \frac{\mu l_2}{i} = \frac{1 \times 0.55\mathrm{m}}{5 \times 10^{-3}\,\mathrm{m}} = 110 > \lambda_\mathrm{p} = 101$$

此压杆为细长压杆，故可用欧拉公式计算其临界压力

$$F_\mathrm{cr} = \sigma_\mathrm{cr} A = \frac{\pi^2 E}{\lambda^2} \times \frac{\pi d^2}{4} = \frac{\pi^3 \times 206 \times 10^9\,\mathrm{Pa} \times 20^2 \times 10^{-6}\,\mathrm{m}^2}{4 \times 110^2} = 5.28 \times 10^4\,\mathrm{N} = 52.8\mathrm{kN}$$

由此得

$$n = \frac{F_\mathrm{cr}}{F_{CD}} = \frac{52.8}{25} = 2.11 > n_\mathrm{st}$$

故支承柱 CD 的稳定性是安全的，因此结构安全。

*11.4.2　折减系数法

在起重机械、桥梁和房屋的设计中，常采用折减系数法对压杆进行稳定性计算。在这种情况下，稳定许用应力被写成

$$[\sigma_\mathrm{cr}] = \varphi[\sigma] \tag{11-12}$$

对应的稳定条件为

$$\sigma \leqslant \varphi[\sigma] \tag{11-13}$$

式中，σ 是压杆的工作压应力，$[\sigma]$ 为许用压应力，φ 是一个小于 1 的系数，称为**稳定系数或折减系数**，其值与压杆的柔度和所用的材料有关。各种工程中常用材料的稳定系数，可查阅相关的设计规范。

11.5　提高压杆稳定性的措施

提高压杆的稳定性，就是要提高压杆的临界压力，由以上各节的讨论可知，临界压力的大小取决于压杆的截面形状和尺寸、压杆的长度和约束条件、材料的性能等。所以，本节就从这几个方面入手讨论如何提高压杆的稳定性。

1.　减小压杆的长度

欧拉公式表明，临界压力与压杆的长度的平方成反比，所以，在设计时，应尽量减小压杆的长度，或在长压杆中增加中间支承来提高其稳定性。对大柔度杆，杆长减半其临界压力可以提高到原来的四倍。

2.　合理选择材料

欧拉公式表明，临界压力与压杆材料的弹性模量成正比，弹性模量高的材料制成的压杆，其稳定性好。钢材的弹性模量比铸铁、铜、铝等的弹性模量大，故压杆通常选用钢材。合金钢等优质钢材虽然强度指标比普通钢材高，但其弹性模量与低碳钢相差无几。所以，大柔度杆选用优质钢材对提高压杆的稳定作用不大，而对中小柔度，其临界压力与材料的强度指标有关，强度高的材料，其临界压力也高，所以选择高强度材料对提高中小柔度杆的稳定性有一定作用。

3.　改变压杆的约束条件

压杆的支座条件直接影响临界压力的大小。固定端最好，铰支端次之，自由端最差。两端铰支压杆改成两端固定，临界载荷提高到原来的四倍。一般来说，增加约束使压杆更不容易弯曲，可提高其稳定性。

4. 选择合理的截面形状

欧拉公式表明压杆的临界压力与截面的惯性矩成正比。因此，应选择截面惯性矩较大的截面形状。当不增加截面面积，尽可能把材料放在离截面形心较远处，以取得较大的 I 和 i，就等于提高了临界压力。例如，空心的环形截面就比实心圆截面合理，如图 11-14(a)所示。因为若两者截面面积相同，环形截面的 I 和 i 都比实心圆截面的大得多。同理，由四根角钢组成的起重臂，其四根角钢应分散放置在截面的四角，而不是集中地放置在截面形心附近，如图 11-14(b)所示。

当压杆在不同纵向平面内的约束不相同时，例如，发动机的连杆(见例 11-4)，在摆动平面内两端可视为铰支座，$\mu_z = 1$；在与摆动平面垂直的平面内两端可简化为固定端，$\mu_y = 0.5$。这就要求连杆横截面对两个形心主惯性轴 z 和 y 有不同的的 i_z 和 i_y，使得在两个主惯性平面内的柔度 $\lambda_z = \mu_1 l_1 / i_z$ 和 $\lambda_y = \mu_2 l_2 / i_y$ 相等，这样，保证连杆在两个平面内有相同的稳定性。

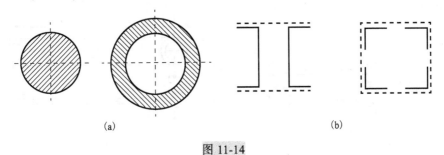

(a)   (b)

图 11-14

习 题

11.1 图示细长压杆，两端为球形铰支，压杆材料的弹性模量均为 $E = 200\text{GPa}$。试计算下面几种不同截面形状时的临界压力：(1)圆形截面，直径 $d = 25\text{mm}$，$l = 1\text{m}$；(2)矩形截面，$h = 2b = 40\text{mm}$，$l = 1\text{m}$；(3)工字钢 No.16，$l = 2\text{m}$。

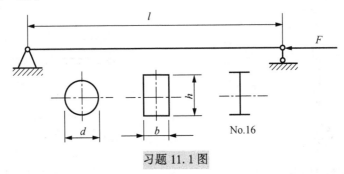

习题 11.1 图

11.2 由压杆挠曲线的微分方程，导出一端固定另一端自由的压杆的欧拉公式。

11.3 如图所示圆截面的材料均为 Q235 钢，$E = 200\text{GPa}$，直径均为 $d = 160\text{mm}$，求各杆的临界压力。

11.4 飞机起落架中斜撑杆如图所示。杆为空心圆管，外径 $D = 52\text{mm}$，内径 $d = 44\text{mm}$，$l = 950\text{mm}$，材料为 30CrMnSiNi$_2$A，$\sigma_b = 1600\text{MPa}$，$\sigma_P = 1200\text{MPa}$，$E = 210\text{GPa}$。试求这一斜撑杆的 F_{cr} 和 σ_{cr}。

11.5 图示活塞杆，用硅钢制成，其直径 $d = 40\text{mm}$，外伸部分的最大长度 $l = 1\text{m}$，弹性模量 $E = 210\text{GPa}$，$\lambda_p = 100$。试确定活塞杆的临界载荷。

11.6 图示压杆，横截面为 $b \times h$ 的矩形，试从稳定性方面考虑，确定 h/b 的最佳值。当压杆在 $x-z$ 平面内失稳时，可取 $\mu_y = 0.7$ 。

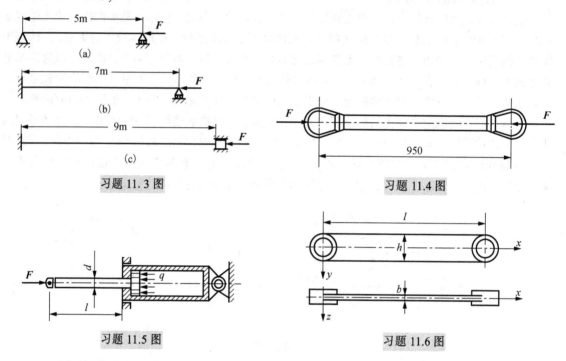

习题 11.3 图　　　　　　　　　　习题 11.4 图

习题 11.5 图　　　　　　　　　　习题 11.6 图

11.7　图示螺旋千斤顶丝杠的最大承载 $F = 150\text{kN}$ ，直径 $d = 52\text{mm}$ ，最大升高长度 $l = 500\text{mm}$ ，材料为 Q235 钢。可以认为丝杠下端是固定的，上端是自由的。试计算丝杠的工作安全系数。

11.8　简易支架如图，斜撑 BD 为 No.20 槽钢，材料为 Q235 钢。支架的最大起重重量 $F = 40\text{kN}$ 。若稳定安全因数 $n_{st} = 5$ 。试校核斜撑杆的稳定性。

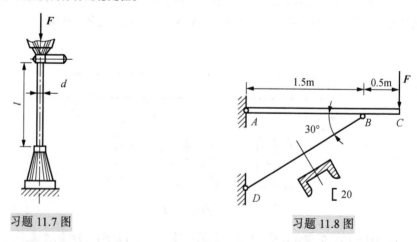

习题 11.7 图　　　　　　　　　　习题 11.8 图

11.9　图示铰接杆系中，AB 和 AC 皆为大柔度杆，且截面相同材料相同，$\beta = 60°$ 。若杆系由于在 ABC 平面内丧失稳定而失效，并规定 $0 < \theta < \pi/2$ ，试确定 F 为最大值的 θ 角。

11.10　图示正方形桁架，五根相同直径的圆截面杆，已知杆直径 $d = 50\text{mm}$ ，杆长 $a = 1\text{m}$ ，材料为 Q235 钢，弹性模量 $E = 200\text{GPa}$ 。试求桁架的临界压力 F 。若载荷 F 方向反向，桁架的临界拉力 F 又为何值？

11.11　图示三角形桁架，两杆均为 Q235 钢制成的圆截面杆。已知直径 $d = 20\text{mm}$ ，$F = 15\text{kN}$ ，材料的弹性模量 $E = 200\text{GPa}$ ，屈服极限 $\sigma_s = 240\text{MPa}$ ，强度安全因数 $n = 2.0$ ，稳定安全因数 $n_{st} = 2.5$ 。试检查结构能否安全工作。

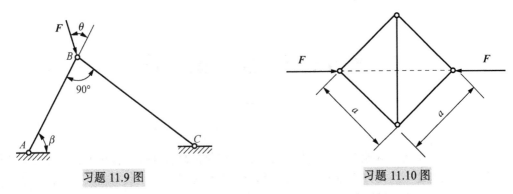

习题 11.9 图   习题 11.10 图

11.12 图示结构用 Q275 钢制成，材料的弹性模量 $E = 205$GPa，屈服极限 $\sigma_s = 275$MPa，强度安全因数 $n = 2.0$，稳定安全因数 $n_{st} = 3.0$，中柔度杆的临界应力公式 $\sigma_{cr} = 338 - 1.22\lambda$（$50 \leqslant \lambda \leqslant 90$）。$AB$ 为 No.16 工字钢，BC 为实心圆截面，试确定载荷 F 的许用值。

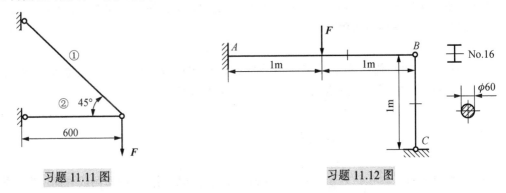

习题 11.11 图   习题 11.12 图

11.13 万能材料实验机四根立柱的长度为 $a = 3$m（见图(a)），钢材的弹性模量 $E = 210$GPa。立柱推移后稳定的变形曲线如图(b)所示。若 F 的最大值为 1000kN，规定的稳定安全系数为 $n_{st} = 4$，试按稳定条件确定立柱的直径。

11.14 图示结构中，杆 AD 和 AG 的材料均为 Q235 钢，$E = 206$GPa，$\sigma_s = 235$MPa，a=304MPa，b=1.12MPa，$[\sigma]=160$MPa。两杆均为圆截面杆，杆 AD 的直径为 $d_1 = 40$mm，杆 AG 的直径为 $d_2 = 25$mm。横梁可视为刚体，规定的稳定安全因数 $n_{st} = 3$，试求 F 的许可值。

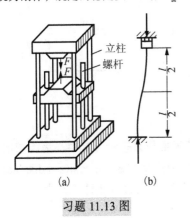

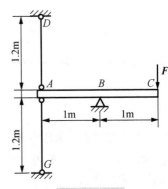

习题 11.13 图   习题 11.14 图

第 12 章 能 量 法

12.1 引 言

固体力学中，把与功和能有关的一些定理统称为能量原理。在外力作用下，构件发生弹性变形，载荷作用点随之产生沿外力方向的位移，因此，在变形过程中，载荷在相应位移上做功。同时，弹性体因变形而储存了能量，此能量称为弹性变形能，也称弹性应变能(elastic strain energy)，通常用 V_ε 表示。当外力逐渐减小时，弹性体的变形也逐渐减小，它又将释放出储存的应变能而做功。

当外力由零开始缓慢增加时(静载)，构件始终处于平衡状态，其动能的变化及其他形式能量耗散很小，可忽略不计。根据能量守恒定理，在此情形下，外力功 W 将全部转化为构件内的弹性变形能 V_ε，此关系称为功能原理，即

$$V_\varepsilon = W \tag{12-1}$$

利用上述功和能的概念及其关系分析和计算构件或结构变形的方法称为**能量法**(energy method)。本章主要介绍用能量法计算结构位移的原理和方法。

12.2 广义力和广义位移

力学中功的概念可定义为：一个不变的集中力与其作用点沿作用线方向所发生的位移的乘积。例如在图 12-1(a)所示结构中，A 处作用有一个集中力 F，结构在其他因素作用下发生如图 12-1(b)中虚线所示的变形，力 F 的作用点由 A 移动到 A'，在移动过程中，如果力 F 的大小和方向均保持不变，则力 F 所做的功为

$$W = F\Delta \tag{12-2}$$

式中，Δ 是 A 点的线位移 AA' 在力作用线方向上与该力对应的位移。为了清晰表述，在图 12-1(a)中没有标明由于力 F 作用而使结构发生的变形，在图 12-1(b)中则没有标明使结构发生变形的原因。

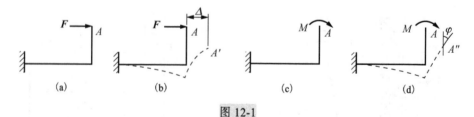

图 12-1

对于其他形式的力或力系所做的功，也常用两个因子的乘积来表示，其中与力相应的因子称为**广义力**(generalized force)，而另一个与位移相应的因子称为**广义位移**(generalized displacement)。这样便可用统一的形式将功表示为广义力与广义位移的乘积。下面对几种广义力所做的功加以说明。

如图 12-1(c)所示结构，在 A 点受一集中力偶 M 作用，当此结构由于某种其他原因发生如图 12-1(d)中虚线所示的变形时，A 截面的转角位移为 φ。由于做功过程中力偶的大小和转向均保

持不变，则这一力偶 M 所做的功为

$$W = M\varphi$$

式中，φ 是与 A 点集中力偶 M 相对应的广义位移。

图 12-2(a) 所示结构在 A、B 两点受有一对大小相等、方向相反并沿 AB 连线作用的力 F。当此结构由于某种其他原因发生如图 12-2(b) 中虚线所示的变形时，A、B 两点分别移至 A' 和 B'。设 Δ_A 和 Δ_B 分别代表 A、B 两点沿 AB 连线方向的位移，由于做功过程中两个力的大小和方向均保持不变，则这一对力 F 所做的功为

$$W = F\Delta_A + F\Delta_B = F(\Delta_A + \Delta_B) = F\Delta$$

式中，$\Delta = \Delta_A + \Delta_B$ 代表 A、B 两点沿其连线方向的相对线位移。

由上式可见，广义力是作用于 A、B 两点并沿该两点连线的一对等值而反向的力 F，而 A、B 两点沿力的方向产生的相对线位移 Δ 则为广义位移。

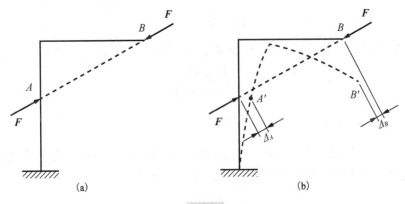

图 12-2

再如图 12-3(a) 所示铰 C 两侧受等值而反向的力偶 M 作用的多跨静定梁 AB，当由于某种其他原因发生如图 12-3(b) 中虚线所示的变形时，由于做功过程中 M 的大小和方向均保持不变，则铰 C 两侧力偶所做总功为

$$W = M\alpha + M\beta = M(\alpha + \beta) = M\varphi$$

式中，$\varphi = \alpha + \beta$ 代表 C 两侧截面的相对转角位移。由上式可知，可取作用于铰 C 两侧等值而反向的力偶 M 作为广义力，而取铰 C 两侧截面的相对转角 φ 作为广义位移。

由以上例子可见，做功时广义力与相应广义位移的乘积具有相同的量纲，即功的量纲。

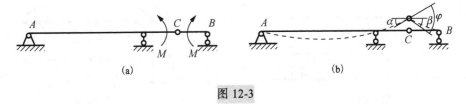

图 12-3

12.3　杆件的外力功和弹性变形能

在静载荷条件下，线性弹性体外载荷 f 与弹性体在载荷作用点沿载荷作用方向的位移 δ 之间的关系可用图 12-4 表示，f 为广义力，δ 为广义位移。当广义力从零加载到 F 时，其相应的广

义位移为 Δ，则广义力做的功为图 12-4 阴影部分：

$$W = \int_0^{\Delta} f \, \mathrm{d}\delta = \frac{1}{2} F \Delta \tag{12-3}$$

下面研究各类变形杆件的外力功和弹性应变能。

12.3.1　轴向拉压杆的外力功和应变能

图 12-5 所示的轴向拉伸杆件，其伸长量 Δl 就是轴向力 F 作用下的位移，因此其外力功为

$$W = \frac{1}{2} F \Delta l \tag{12-4}$$

将 $\Delta l = \dfrac{F_{\mathrm{N}} l}{EA}$ 和 $F = F_{\mathrm{N}}$ 代入上式，利用功能原理，则轴向拉压杆件的应变能为

$$V_{\varepsilon} = \frac{F_{\mathrm{N}}^2 l}{2EA} \tag{12-5}$$

若轴力、弹性模量和截面面积均沿杆轴线变化，则杆中应变能用下式计算

$$V_{\varepsilon} = \int_l \frac{F_{\mathrm{N}}^2(x) \mathrm{d}x}{2E(x)A(x)} \tag{12-6}$$

12.3.2　圆轴扭转时的外力功和应变能

图 12-6 所示的圆轴发生扭转变形，其两端的相对扭转角 φ 就是扭力偶 M_{e} 作用下的位移，这时广义力是力偶，对应的广义位移是转角。因此其外力功为

$$W = \frac{1}{2} M_{\mathrm{e}} \varphi \tag{12-7}$$

将 $\varphi = \dfrac{Tl}{GI_{\mathrm{p}}}$ 和 $M_{\mathrm{e}} = T$ 代入上式，利用功能关系，则扭转圆轴的应变能为

$$V_{\varepsilon} = \frac{T^2 l}{2GI_{\mathrm{p}}} \tag{12-8}$$

若扭矩、剪切模量和截面极惯性矩均沿杆轴线变化，则杆中应变能用下式计算

$$V_{\varepsilon} = \int_l \frac{T^2(x) \mathrm{d}x}{2G(x)I_{\mathrm{p}}(x)} \tag{12-9}$$

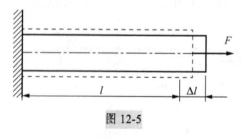

图 12-5

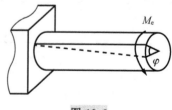

图 12-6

12.3.3　梁弯曲时的外力功和应变能

图 12-7 所示的梁，由于作用在梁上的载荷有多种形式，因此其外力功也有多种不同的表达式。如果作用在梁上的载荷是集中力，如图 12-7(a) 所示，则外力功为

$$W = \frac{1}{2}Fw \qquad (12\text{-}10)$$

式中，w 是集中力 F 作用点处梁的挠度。

如果作用在梁上的载荷是集中力偶，如图 12-7(b)所示，则外力功为

$$W = \frac{1}{2}M\theta \qquad (12\text{-}11)$$

式中，θ 是集中力偶 M 作用截面处梁的转角。

如果作用在梁上的载荷是分布载荷，如图 12-7(c)所示，则外力功为

$$W = \frac{1}{2}\int_a^b q(x)w(x)\,\mathrm{d}x \qquad (12\text{-}12)$$

式中，$q(x)$ 是分布载荷集度，$w(x)$ 是分布载荷作用区段 $[a,b]$ 梁的挠度函数。

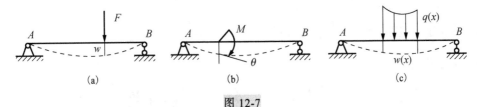

图 12-7

对一般横力弯曲梁，设梁的长度为 l，其弯矩函数和剪力函数分别为 $M(x)$ 和 $F_s(x)$，抗弯刚度和抗剪刚度分别为 EI 和 GA，从横力弯曲梁上取一微梁段，梁段的变形和内力如图 12-8 所示，在加载过程中，外力所做的功为

$$\mathrm{d}W = \frac{1}{2}M(x)\mathrm{d}\theta + \frac{1}{2}F_s(x)\mathrm{d}v$$

将 $\mathrm{d}\theta = \dfrac{\mathrm{d}x}{\rho} = \dfrac{M(x)\mathrm{d}x}{EI}$ 和 $\mathrm{d}v = \gamma\mathrm{d}x = \dfrac{kF_s(x)}{GA}\mathrm{d}x$ 代入上式，利用功能关系，则横力弯曲梁的应变能为

$$V_\varepsilon = \int_l \frac{M^2(x)\mathrm{d}x}{2EI} + \int_l \frac{kF_s^2(x)\mathrm{d}x}{2GA} \qquad (12\text{-}13)$$

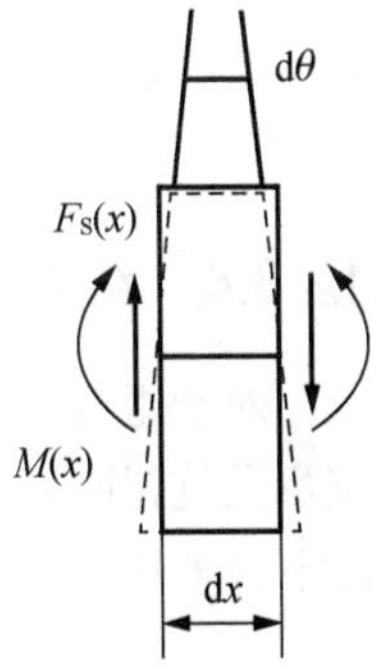

式中，k 为切应力不均匀系数，与截面形状有关，对于矩形截面 $k=6/5$。

图 12-8

特别要注意的是在一般横力弯曲梁中，剪切变形引起的应变能相对于由弯曲变形引起的应变能来说是很小的，往往可以忽略不计。因此在各种梁的问题中通常不考虑剪切变形对应变能影响，梁的应变能简化为

$$V_\varepsilon = \int_l \frac{M^2(x)\mathrm{d}x}{2EI} \qquad (12\text{-}14)$$

在应用上式时，不要求对同一构件采用统一的坐标系。计算时可根据简便原则选取坐标系。

【例 12-1】 设有一矩形截面简支梁如图 12-9 所示。已知材料弹性模量为 E，泊松比 $\mu = 0.25$，在梁跨度中点 C 处作用一集中力 F，试求此梁内的应变能。

解：分段列出剪力方程和弯矩方程

AC 段，以 A 为坐标原点向右为正，

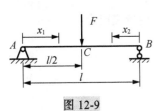

图 12-9

$$F_s(x_1) = \frac{F}{2} \quad \left(0 < x_1 < \frac{1}{2}\right)$$

$$M(x_1) = \frac{F}{2}x_1 \quad \left(0 \leqslant x_1 \leqslant \frac{l}{2}\right)$$

BC 段，以 B 为坐标原点、向左为正。

$$F_S(x_2) = -\frac{F}{2} \quad (0 < x_1 < \frac{l}{2})$$

$$M(x_2) = \frac{F}{2}x_2 \quad (0 \leqslant x_2 \leqslant \frac{l}{2})$$

将 $M(x_1)$、$M(x_2)$、$F_S(x_1)$ 和 $F_S(x_2)$ 代入式（12-13），梁的应变能为

$$
\begin{aligned}
V_\varepsilon &= \int_l \frac{M^2(x)\mathrm{d}x}{2EI} + \int_l \frac{kF_S^2(x)\mathrm{d}x}{2GA} \\
&= \frac{1}{2EI}\left[\int_0^{l/2} M^2(x_1)\mathrm{d}x_1 + \int_0^{l/2} M^2(x_2)\mathrm{d}x_2\right] + \frac{k}{2GA}\left[\int_0^{l/2} F_S^2(x_1)\mathrm{d}x_1 + \int_0^{l/2} F_S^2(x_2)\mathrm{d}x_2\right] \\
&= \frac{F^2 l^2}{96EI} + \frac{kF^2 l}{8GA}
\end{aligned}
$$

由于梁为矩形截面，则 $k = \dfrac{6}{5}$，且 $G = \dfrac{E}{2(1+\mu)} = \dfrac{E}{2(1+0.25)} = \dfrac{E}{2.5}$。

将 k 和 G 代入上式

$$V_\varepsilon = \frac{F^2 l^2}{96E \times \dfrac{bh^3}{12}} + \frac{6}{5} \times \frac{F^2 l}{8 \times \dfrac{E}{2.5} bh} = \frac{F^2 l^3}{8Ebh^3} + \frac{3F^2 l}{8Ebh}$$

由上式可见，梁内的剪切引起的应变能与弯曲变形引起的应变能之比为 $3(h/l)^2$，当 $h/l = 1/10$ 时，梁内的剪切变形能仅为弯曲变形能的 3%，所以一般情况下，细长梁内的剪切变形能可忽略不计。

12.3.4　组合变形杆件的应变能

对于组合变形杆件，设其长度为 l，轴力、弯矩及扭矩分别为 $F_N(x)$、$M(x)$、$T(x)$，其抗拉、抗弯及抗扭刚度分别为 EA、EI、GI_P。在线弹性小变形条件下，各种基本变形之间没有耦合效应，若不计剪切变形引起的应变能，则组合变形杆件的应变能为

$$V_\varepsilon = \int_l \left[\frac{F_N^2(x)}{2EA} + \frac{M^2(x)}{2EI} + \frac{T^2(x)}{2GI_P}\right]\mathrm{d}x \tag{12-15}$$

【例 12-2】　图 12-10 所示结构，已知杆的拉压刚度为 EA，试计算下列情况下杆件的应变能：(1)轴向外力 F_1 和 F_2 分别单独作用于杆件；(2)轴向外力 F_1 和 F_2 共同作用于杆件。

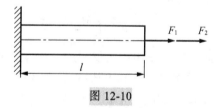

图 12-10

解： (1)杆件发生轴向拉伸，当载荷 F_1 单独作用在杆件上时，杆件的应变能为

$$V_{\varepsilon 1} = \frac{F_1^2 l}{2EA}$$

当载荷 F_2 单独作用时，应变能为

$$V_{\varepsilon 2} = \frac{F_2^2 l}{2EA}$$

（2）当两个载荷共同作用时，杆件的应变能为

$$V_\varepsilon = \frac{(F_1+F_2)^2 l}{2EA} = \frac{F_1^2 l}{2EA} + \frac{F_2^2 l}{2EA} + \frac{F_1 F_2 l}{EA} = V_{\varepsilon1} + V_{\varepsilon2} + \frac{F_1 F_2 l}{EA}$$

由计算可见，若干载荷共同作用下构件的应变能不等于各个载荷单独作用时产生的应变能之和，即叠加法不适用于应变能的计算。因为从式（12-5）可知，应变能与载荷之间不满足线性关系，而叠加法是在线性关系基础上才成立的，故应变能计算不能用叠加原理。

【例 12-3】 图 12-11（a）所示结构，承受竖向载荷 F 作用。已知杆 BC 与 DG 为刚性杆，杆 1 与 2 为弹性杆，且各横截面的拉压刚度均为 EA，试用功能原理计算节点 D 的竖向位移。

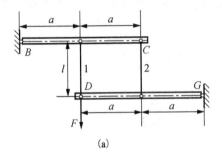 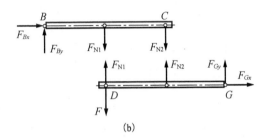

图 12-11

解： （1）轴力计算

分别取 BC 和 DG 进行受力分析，设杆 1 与杆 2 均受拉，受力图如图 12-11（b）所示，可见未知力共六个，能列出的独立平衡方程也为六个，故为静定问题。

列平衡方程

$$\sum M_B = 0 , \quad F_{N1} \cdot a + F_{N2} \cdot 2a = 0$$
$$\sum M_G = 0 , \quad F \cdot 2a - F_{N1} \cdot 2a - F_{N2} \cdot a = 0$$

得

$$F_{N1} = \frac{4F}{3} \text{（受拉）}, \quad F_{N2} = -\frac{2F}{3} \text{（受压）}$$

（2）应变能计算

结构的应变能为

$$V_\varepsilon = \frac{F_{N1}^2 l}{2EA} + \frac{F_{N2}^2 l}{2EA} = \frac{F^2 l}{2EA}\left[\left(\frac{4}{3}\right)^2 + \left(-\frac{2}{3}\right)^2\right] = \frac{10F^2 l}{9EA}$$

设节点 D 的竖向位移 Δ_{Dy} 与载荷 F 同向，载荷 F 所做的功为

$$W = \frac{1}{2} F \Delta_{Dy}$$

（3）位移计算

根据功能原理，有

$$\frac{1}{2} F \Delta_{Dy} = \frac{10F^2 l}{9EA}$$

由此得节点 D 的竖向位移为

$$\Delta_{Dy} = \frac{20Fl}{9EA} \ (\downarrow)$$

计算结果为正，表明 D 处的竖向位移与 D 处的载荷方向相同。

12.4　莫 尔 定 理

图 12-12(a)所示梁，其长度为 l ，抗弯刚度为 EI ，梁受一组广义力 $F_i(i=1,2,\cdots,n)$ 作用，其相应的广义位移为 $\Delta_i(i=1,2,\cdots,n)$ ，现欲求梁上 C 处的广义位移 Δ 。

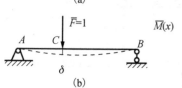

(a)

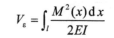

(b)

(c)

图 12-12

如图 12-12(a)所示，梁上作用有实际载荷，梁的应变能为

$$V_\varepsilon = \int_l \frac{M^2(x)\,\mathrm{d}x}{2EI}$$

外力做功为

$$W = \sum_{i=1}^{n} \frac{1}{2}F_i\Delta_i$$

根据功能原理 $V_\varepsilon = W$ ，有

$$\int_l \frac{M^2(x)\,\mathrm{d}x}{2EI} = \sum_{i=1}^{n} \frac{1}{2}F_i\Delta_i \tag{a}$$

由于载荷中没有与待求位移对应的广义力，故不能使用功能原理来直接求解，需要先虚构一个与待求位移对应的广义力，即 C 处的竖向载荷。考虑如下加载情况：

第一步：在梁上 C 点处施加一单位竖向载荷 $\overline{F}=1$ ，设此时梁的弯矩为 $\overline{M}(x)$ ，单位载荷作用处的位移为 δ ，如图 12-12(b)所示。则此时梁的应变能为

$$\overline{V}_\varepsilon = \int_l \frac{\overline{M}^2(x)\,\mathrm{d}x}{2EI}$$

此时，外力做功为

$$\overline{W} = \frac{1}{2}\overline{F}\delta$$

同样，根据功能原理有

$$\int_l \frac{\overline{M}^2(x)\,\mathrm{d}x}{2EI} = \frac{1}{2}\overline{F}\delta \tag{b}$$

第二步：在单位载荷作用于梁上之后，再施加实际载荷，如图 12-12(c)所示，根据叠加原理，此时梁的弯矩为 $M(x)+\overline{M}(x)$ ，于是梁的应变能为

$$V_\varepsilon = \int_l \frac{[M(x)+\overline{M}(x)]^2}{2EI}\,\mathrm{d}x = \int_l \frac{M^2(x)\,\mathrm{d}x}{2EI} + \int_l \frac{\overline{M}^2(x)\,\mathrm{d}x}{2EI} + \int_l \frac{M(x)\overline{M}(x)}{EI}\,\mathrm{d}x$$

在这一个加载过程中，在 F_i 作用位置和方向上产生的对应位移为 Δ_i ，在 $\overline{F}$ 作用位置和方向上产生的对应位移为 Δ ，由于产生位移 Δ 的过程中，$\overline{F}$ 始终保持为常量，则 $\overline{F}$ 在位移 Δ 上作的功为 $\overline{F}\Delta$ 。所以，总的外力做功为

$$W = \frac{1}{2}\overline{F}\delta + \sum_{i=1}^{n} \frac{1}{2}F_i\Delta_i + \overline{F}\Delta$$

根据功能原理有

$$\int_l \frac{M^2(x)\mathrm{d}x}{2EI} + \int_l \frac{\overline{M}^2(x)\mathrm{d}x}{2EI} + \int_l \frac{M(x)\overline{M}(x)}{EI}\mathrm{d}x = \frac{1}{2}\overline{F}\delta + \sum_{i=1}^n \frac{1}{2}F_i\Delta_i + \overline{F}\Delta \qquad (c)$$

将式(a)和(b)代入(c)，得

$$\Delta = \int_l \frac{M(x)\overline{M}(x)}{EI}\mathrm{d}x \qquad (12\text{-}16)$$

上式称为**莫尔定理**(Mohr's theorem)，是材料力学中应用最为广泛的一种能量方法。由于在所求位移处虚设了单位载荷，又称为**单位载荷法**(unit load method)或**单位力法**(unit force method)。特别要注意的是：图 12-12(b)所示梁应看成是一辅助计算的结构，与图 12-12(a)所示梁是同一结构的两种不同受力状态。

虽然上述推导过程以梁弯曲为例，但莫尔定理同样适用于其他变形杆件和结构。

(1)桁架

根据桁架的受力特点，其上杆件均为轴向拉压杆，根据式(11-27)以及上述原理，桁架结构系统的莫尔定理为

$$\Delta = \sum \frac{F_N \overline{F}_N l}{EA} \qquad (12\text{-}17)$$

(2)梁和刚架

忽略剪切变形对结构位移的影响，则梁和刚架的莫尔定理为

$$\Delta = \sum \int_l \frac{M(x)\overline{M}(x)}{EI}\mathrm{d}x \qquad (12\text{-}18)$$

需要注意的是对小曲率杆件的位移计算上式也适用。

(3)轴

$$\Delta = \sum \int_l \frac{T(x)\overline{T}(x)}{GI_p}\mathrm{d}x \qquad (12\text{-}19)$$

(4)组合变形杆

$$\Delta = \sum \frac{F_N \overline{F}_N l}{EA} + \sum \int_l \frac{M(x)\overline{M}(x)}{EI}\mathrm{d}x + \sum \int_l \frac{T(x)\overline{T}(x)}{GI_p}\mathrm{d}x \qquad (12\text{-}20)$$

式中，F_N、M、T 为实际载荷作用下各杆件的内力，$\overline{F}_N$、$\overline{M}$、$\overline{T}$ 为虚设单位载荷作用下各杆件的内力。如果根据莫尔定理计算出的位移为正，表示所求位移与虚加单位载荷方向相同；反之，则表示所求位移与虚加单位载荷方向相反。

【例 12-4】 图 12-13(a)所示阶梯形简支梁，已知梁的弯曲刚度为 EI，承受载荷 F 作用。试计算横截面 A 的转角 θ_A。

解：(1)虚设单位力状态

在截面 A 处假想地施加一顺时针转向力偶矩 $M_A = 1$，并建立坐标，如图 12-13(b)所示。列出虚设单位力状态下的弯矩方程

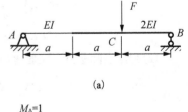

(a)

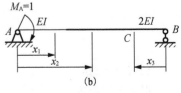

(b)

$$\overline{M}(x_1) = 1 - \frac{x_1}{3a} \quad (0 < x_1 \leqslant a)$$

$$\overline{M}(x_2) = 1 - \frac{x_2}{3a} \quad (a \leqslant x_2 \leqslant 2a)$$

图 12-13

$$\overline{M}(x_3) = \frac{x_3}{3a} \quad (0 \leqslant x_3 \leqslant a)$$

(2)列出实际载荷下梁的弯矩方程

$$M(x_1) = \frac{F}{3}x_1 \quad (0 \leqslant x_1 \leqslant a)$$

$$M(x_2) = \frac{F}{3}x_2 \quad (a \leqslant x_2 \leqslant 2a)$$

$$M(x_3) = \frac{2F}{3}x_3 \quad (0 \leqslant x_3 \leqslant a)$$

(3)计算位移

根据莫尔定理，得

$$\theta_A = \frac{1}{EI}\int_0^a \left(1 - \frac{x_1}{3a}\right)\left(\frac{F}{3}x_1\right)\mathrm{d}x_1 + \frac{1}{2EI}\int_a^{2a}\left(1 - \frac{x_2}{3a}\right)\left(\frac{F}{3}x_2\right)\mathrm{d}x_2 + \frac{1}{2EI}\int_0^a\left(\frac{x_3}{3a}\right)\left(\frac{2F}{3}x_3\right)\mathrm{d}x_3$$

$$= \frac{31Fa^2}{108EI}$$

计算结果为正，说明 A 截面的转角方向与虚设的单位力偶方向相同，即顺时针。

【例 12-5】　图 12-14(a)所示刚架，弯曲刚度 EI 为常数。试计算截面 A 的转角 θ_A 及截面 D 的水平位移 Δ_D。

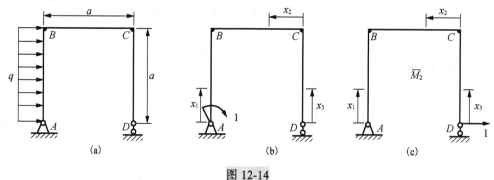

图 12-14

解：(1)虚设单位力状态

求 θ_A 和 Δ_D 的虚设单位力状态如图 12-14(b)和(c)所示，虚设单位力状态下的弯矩方程分别为

$$\overline{M}(x_1) = 1 \quad (0 < x_1 < a) \qquad \tilde{M}(x_1) = x_1 \quad (0 \leqslant x_1 < a)$$

$$\overline{M}(x_2) = \frac{1}{a}x_2 \quad (0 \leqslant x_2 < a) \quad \tilde{M}(x_2) = a \quad (0 < x_2 < a)$$

$$\overline{M}(x_3) = 0 \quad (0 \leqslant x_3 \leqslant a) \qquad \tilde{M}(x_3) = x_3 \quad (0 \leqslant x_3 < a)$$

(2)列出实际载荷下梁的弯矩方程

$$M(x_1) = qax_1 - \frac{q}{2}x_1^2 \quad (0 \leqslant x_1 < a)$$

$$M(x_2) = \frac{qa}{2}x_2 \quad (0 \leqslant x_2 < a)$$

$$M(x_3) = 0 \quad (0 \leqslant x_3 \leqslant a)$$

(3)计算位移

根据莫尔定理，得

$$\theta_A = \frac{1}{EI}\left[\int_0^a (1)\left(qax_1 - \frac{q}{2}x_1^2\right)dx_1 + \int_0^a\left(\frac{x_2}{a}\right)\left(\frac{qax_2}{2}\right)dx_2\right] = \frac{qa^3}{2EI} \text{(顺时针)}$$

$$\Delta_D = \frac{1}{EI}\left[\int_0^a (x_1)\left(qax_1 - \frac{q}{2}x_1^2\right)dx_1 + \int_0^a (a)\left(\frac{qa}{2}x_2\right)dx_2\right] = \frac{11qa^4}{24EI} \text{(→)}$$

【例 12-6】 图 12-15(a)所示桁架，各杆的材料和截面面积均相同。试求节点 A 处的水平位移 Δ_x 和竖向位移 Δ_y。

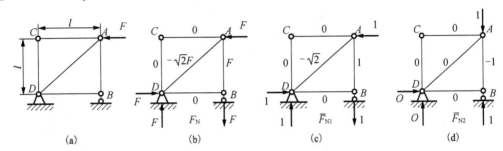

图 12-15

解：(1)计算各杆的轴力 F_{Ni}

经计算，各杆轴力值标于图 12-15(b)中。

(2)虚设单位力状态

计算点 A 水平位移 Δ_x 和竖向位移对应的虚设单位力状态如图 12-15(c)和(d)所示，并标出虚设单位力状态下的轴力 $\bar{F}_{Ni}$。

(3)计算位移

根据莫尔定理，得

$$\Delta_x = \sum_{i=1}^5 \frac{\bar{F}_{Ni}F_{Ni}l_i}{EA} = \frac{1}{EA}\left[F\cdot 1\cdot l + (-\sqrt{2}F)(-\sqrt{2})\sqrt{2}l\right] = \frac{Fl}{EA}(1+2\sqrt{2}) \text{(←)}$$

$$\Delta_y = \frac{l}{EA}(-1)\cdot F = -\frac{Fl}{EA} \text{(↑)}$$

【例 12-7】 图 12-16 所示刚架结构各杆直径均为 $d=40\,\text{mm}$，材料的弹性模量 $E=200\,\text{GPa}$，泊松比 $\mu=0.25$，载荷集度 $q=5\,\text{kN/m}$，$l=2a=0.5\,\text{m}$，求刚架自由端 D 处的竖向位移以及转角。

解：(1)实际载荷作用下结构的内力

各杆采用局部坐标系，如图 12-16(a)所示，忽略轴力和剪力的影响，由截面法得到刚架的内力为

CD 段：$M_1 = -\frac{qx_1^2}{2}$ $(0 \leqslant x_1 < a)$

BC 段：$M_2 = -\frac{qa^2}{2}$ $(0 < x_2 < a)$

AB 段：$M_3 = -qax_3$ $(0 < x_3 < l)$，$T_3 = -\frac{qa^2}{2}$ $(0 < x_3 < l)$

(2)求自由端 D 点处的铅垂位移

在原结构的 D 点处施加竖向单位集中力，如图 12-16(b)所示，则结构中的内力为

CD 段：$\bar{M}_1 = -x_1$ $(0 \leqslant x_1 < a)$

BC 段：$\bar{M}_2 = -a$ $(0 < x_2 < a)$

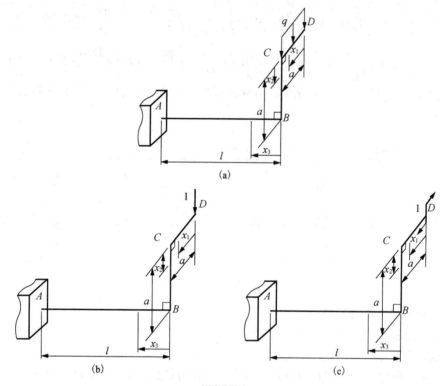

图 12-16

AB 段：$\overline{M}_3 = -x_3 \quad (0 < x_3 < l)$，　$\overline{T}_3 = -a \quad (0 < x_3 < l)$

根据莫尔定理，D 处的竖向位移为

$$\Delta_D = \sum \int_l \left(\frac{M\overline{M}}{EI} + \frac{T\overline{T}}{GI_P} \right) dx = \frac{1}{EI} \left(\int_0^a \frac{q}{2} x_1^3\, dx_1 + \int_0^a \frac{qa^3}{2}\, dx_2 + \int_0^l qax_3^2\, dx_3 \right) + \frac{1}{GI_P} \int_0^l \frac{qa^3}{2}\, dx_3$$

$$= \frac{5qa^4}{8EI} + \frac{qal^3}{3EI} + \frac{qa^3 l}{2GI_P}$$

因 $G = \dfrac{E}{2(1+\mu)} = \dfrac{E}{2(1+0.25)} = 0.4E$ 和 $I_P = 2I = \dfrac{\pi d^4}{32} = 2.52 \times 10^5\, \text{mm}^4$，得 $GI_P = 0.8EI$，则 D 处

的竖向位移为

$$\Delta_D = 3.29 \frac{qa^4}{EI} + \frac{qa^4}{GI_P} = 4.54 \frac{qa^4}{EI} = \frac{4.54 \times 5 \times 250^4}{200 \times 10^3 \times 2.52 \times 10^5} = 1.76\, \text{mm} \ (\downarrow)$$

(3)求自由端 D 截面的转角

在原结构的 D 点处施加单位集中力偶，如图 12-16(c)所示，则结构中的内力为

CD 段：$\overline{M}_1 = -1 \quad (0 < x_1 < a)$

BC 段：$\overline{M}_2 = -1 \quad (0 < x_2 < a)$

AB 段：$\overline{M}_3 = 0 \ (0 < x_3 < l)$，　$\overline{T}_3 = -1 \quad (0 < x_3 < l)$

根据莫尔原理，D 截面的转角为

$$\theta_D = \sum \int_l \left(\frac{M\overline{M}}{EI} + \frac{T\overline{T}}{GI_P} \right) \mathrm{d}x = \frac{1}{EI} \left(\int_0^a \frac{q}{2} x_1^2 \, \mathrm{d}x_1 + \int_0^a \frac{qa^2}{2} \, \mathrm{d}x_2 \right) + \frac{1}{GI_P} \int_0^l \frac{qa^2}{2} \, \mathrm{d}x_3$$

$$= \frac{2qa^3}{3EI} + \frac{qa^2 l}{2GI_P} = \frac{2qa^3}{3EI} + \frac{qa^3}{GI_P} = 1.9 \frac{qa^3}{EI} = \frac{1.9 \times 5 \times 250^3}{200 \times 10^3 \times 2.52 \times 10^5} = 3 \times 10^{-3} \text{ rad}$$

12.5 卡 氏 定 理

设在弹性结构上作用一组载荷 $F_1, F_2 \cdots F_k \cdots F_n$，如图 12-17(a)所示。各力作用点处相应的位移分别为 $\Delta_1, \Delta_2 \cdots \Delta_k \cdots \Delta_n$，梁的应变能为 V_ε。

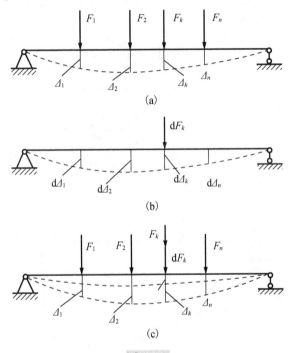

图 12-17

当给 F_k 一个微增量 $\mathrm{d}F_k$，梁的应变能也产生一微增量为

$$\mathrm{d}V_\varepsilon = \frac{\partial V_\varepsilon}{\partial F_k} \mathrm{d}F_k \tag{a}$$

式中，偏导数为变形能 V_ε 对力 F_k 的变化率。则此时梁的应变能为

$$V_\varepsilon + \frac{\partial V_\varepsilon}{\partial F_k} \mathrm{d}F_k \tag{b}$$

将上述加载次序改变，即先施加 $\mathrm{d}F_k$，再施加 $F_1, F_2 \cdots F_k \cdots F_n$，如图 12-17(c)所示。由 $\mathrm{d}F_k$ 作用引起的梁内应变能为 $\mathrm{d}F_k \mathrm{d}\Delta_k / 2$；由施加 $F_1, F_2 \cdots F_k \cdots F_n$ 作用引起的梁内应变能为 V_ε；由于施加 $F_1, F_2 \cdots F_k \cdots F_n$ 而使 F_k 作用处沿 F_k 方向产生位移 Δ_k 的过程中，$\mathrm{d}F_k$ 始终保持为常量，则 $\mathrm{d}F_k$ 在位移 Δ_k 上做的功为 $\mathrm{d}F_k \Delta_k$，所以梁的总应变能为

$$\frac{1}{2} \mathrm{d}F_k \mathrm{d}\Delta_k + V_\varepsilon + \mathrm{d}F_k \Delta_k \tag{c}$$

由于弹性体中应变能与加载次序无关，所以式(b)和式(c)相等，即

$$V_\varepsilon + \frac{\partial V_\varepsilon}{\partial F_k}\mathrm{d}F_k = \frac{1}{2}\mathrm{d}F_k\mathrm{d}\Delta_k + V_\varepsilon + \mathrm{d}F_k\Delta_k$$

略去二阶小量，整理后得

$$\Delta_k = \frac{\partial V_\varepsilon}{\partial F_k} \tag{12-21}$$

上式称为**卡氏定理**(Castigliano's theorem)：在线弹性小变形条件下，某个广义力作用处沿载荷作用方向的广义位移等于弹性体的应变能对该广义力的偏导数。

用卡氏定理计算出的位移 Δ_k 为正时，表示位移 Δ_k 与载荷 F_k 的方向一致；若为负时，表示位移 Δ_k 与载荷 F_k 的方向相反。

将各类型杆件应变能的表达式(12-6)、式(12-9)、式(12-14)代入卡氏定理，可得到一般杆件在外力作用下某点处的广义位移为

$$\Delta = \int_l \frac{F_N(x)}{EA}\frac{\partial F_N(x)}{\partial F}\mathrm{d}x \tag{12-22}$$

$$\Delta = \int_l \frac{T(x)}{EA}\frac{\partial T(x)}{\partial F}\mathrm{d}x \tag{12-23}$$

$$\Delta = \int_l \frac{M(x)}{EI}\frac{\partial M(x)}{\partial F}\mathrm{d}x \tag{12-24}$$

【**例 12-8**】　如图 12-18 所示，抗弯刚度为 EI 的梁 AB，跨度为 l，A 端为固定铰支座，B 端为弹簧支座，其弹簧刚度为 k，受到集中力 F 的作用。试求力 F 作用点 C 的挠度。

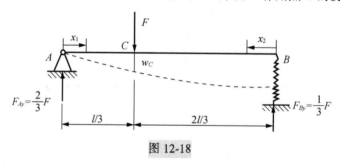

图 12-18

解：C 处有沿代求挠度方向上的作用力，采用功能原理和卡氏定理均能求解。以下使用卡氏定理求解，需要注意的是计算应变能时要对整个系统来求解，即包括梁和弹簧。因为弹簧的变形也对 C 处产生位移有影响。

(1)计算约束力

$$F_{Ay} = \frac{2F}{3}, \quad F_{By} = \frac{F}{3}$$

(2)写出梁的弯矩方程

AC 段，以 A 为坐标原点：向右为正、正向

$$M(x_1) = F_{Ay}x_1 = \frac{2F}{3}x_1 \quad (0 \leqslant x_1 \leqslant l/3)$$

BC 段，以 B 为坐标原点：向左为正、正向

$$M(x_2) = F_{By}x_2 = \frac{F}{3}x_2 \quad (0 \leqslant x_2 \leqslant 2l/3)$$

（3）计算应变能

梁的应变能为

$$V_{\varepsilon 1} = \int_l \frac{M^2(x)}{2EI}\mathrm{d}x = \frac{1}{2EI}\left[\int_0^{\frac{l}{3}}\left(\frac{2F}{3}x_1\right)^2\mathrm{d}x_1 + \int_0^{\frac{2l}{3}}\left(\frac{F}{3}x_2\right)^2\mathrm{d}x_2\right] = \frac{2F^2l^3}{243EI}$$

弹簧应变能等于外力对弹簧做的功，作用在弹簧上的力为 F_{By}，弹簧的变形为

$$\Delta = \frac{F_{By}}{k} = \frac{F}{3k}$$

所以弹簧的应变能为

$$V_{\varepsilon 2} = \frac{1}{2}F_{By}\Delta = \frac{F^2}{18k}$$

总应变能

$$V_{\varepsilon} = V_{\varepsilon 1} + V_{\varepsilon 2} = \frac{2F^2l^3}{243EI} + \frac{F^2}{18k}$$

（4）计算 C 点的挠度

由卡氏定理，得

$$w_C = \frac{\partial V_{\varepsilon}}{\partial F} = \frac{4Fl^3}{243EI} + \frac{F}{9k} \ (\downarrow)$$

【例 12-9】　图 12-19（a）所示平面刚架，EI=常数，自由端 C 受一水平力 F 及铅垂力 F 的共同作用。

（1）试求其总应变能数值，并解释 $\dfrac{\partial V_{\varepsilon}}{\partial F}$ 的物理意义；

（2）用卡式定理求自由端 C 的水平 Δ_{Cx} 和竖直位移 Δ_{Cy}。

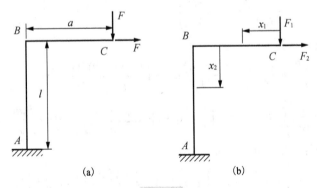

图 12-19

解：（1）只考虑杆件的弯曲应变能。

设竖直方向和水平方向的力的大小分别为 F_1、F_2，建立如图 12-19（b）所示的坐标 x_1、x_2，则弯矩方程为

CB 段，以 C 为坐标原点：$M(x_1) = -F_1 x_1$　（$0 \leqslant x_1 \leqslant a$）

BA 段，以 B 为坐标原点：$M(x_2) = -F_2 x_2 - F_1 a$　（$0 \leqslant x_1 < a$）

应变能为

$$V_\varepsilon = \int_{CB} \frac{M^2(x_1)}{2EI} \mathrm{d}x_1 + \int_{BA} \frac{M^2(x_2)}{2EI} \mathrm{d}x_2$$

$$= \int_0^a \frac{(-F_1 x_1)^2}{2EI} \mathrm{d}x_1 + \int_0^l \frac{(-F_2 x_2 - F_1 a)^2}{2EI} \mathrm{d}x_2$$

$$= \frac{1}{2EI}\left(\frac{F_1^2 a^3}{3} + \frac{F_2^2 l^3}{3} + F_1 F_2 a l^2 + F_1^2 a^2 l \right)$$

当 $F_1 = F_2 = F$ 时即为所求，此时

$$V_\varepsilon = \frac{F^2}{6EI}\left(a^3 + l^3 + 3al^2 + 3a^2 l \right)$$

$\dfrac{\partial V_\varepsilon}{\partial F}$ 的物理意义为 A 点水平位移和铅垂位移的代数和，也等于力 F 的作用点 C 沿合力方向位移的 $\sqrt{2}$ 倍。

（2）对弯矩求导。

CB 段：　　　　$\dfrac{\partial M(x_1)}{\partial F_1} = -x_1, \qquad \dfrac{\partial M(x_1)}{\partial F_2} = 0$

BA 段：　　　　$\dfrac{\partial M(x_2)}{\partial F_1} = -a, \qquad \dfrac{\partial M(x_2)}{\partial F_2} = -x_2$

根据卡氏定理，自由端 C 的水平位移为

$$\Delta_{Cx} = \frac{\partial V_\varepsilon}{\partial F_2} = \int_0^a \frac{M(x_1)}{EI} \frac{\partial M(x_1)}{\partial F_2} \mathrm{d}x_1 + \int_0^l \frac{M(x_2)}{EI} \frac{\partial M(x_2)}{\partial F_2} \mathrm{d}x_2$$

$$= \frac{1}{EI}\left[\int_0^a 0\,\mathrm{d}x_1 + \int_0^l (-F_2 x_2 - F_1 a)(-x_2)\mathrm{d}x_2 \right]$$

$$= \frac{1}{EI}\left(\frac{F_2 l^3}{3} + \frac{F_1 a l^2}{2} \right)$$

自由端 C 的竖直位移为

$$\Delta_{Cy} = \frac{\partial V_\varepsilon}{\partial F_1} = \int_0^a \frac{M(x_1)}{EI} \frac{\partial M(x_1)}{\partial F_1} \mathrm{d}x_1 + \int_0^l \frac{M(x_2)}{EI} \frac{\partial M(x_2)}{\partial F_1} \mathrm{d}x_2$$

$$= \frac{1}{EI}\left[\int_0^a F_1 x_1^2 \,\mathrm{d}x_1 + \int_0^l (F_2 x_2 + F_1 a)a\mathrm{d}x_2 \right] = \frac{1}{EI}\left(\frac{F_1 a^3}{3} + \frac{F_2 a l^2}{2} + F_1 a^2 l \right)$$

当 $F_1 = F_2 = F$ 时即为所求，此时

$$\Delta_{Cx} = \frac{Fl^2}{EI}\left(\frac{l}{3} + \frac{a}{2} \right) \ (\rightarrow), \quad \Delta_{Cy} = \frac{Fa}{EI}\left(\frac{a^2}{3} + \frac{l^2}{2} + al \right) \ (\downarrow)$$

由卡氏定理求结构某处某方向位移时，该处该方向需要有相应的载荷。如果该处该方向上没有与所求位移对应的载荷，则可以虚加一个载荷，然后计算结构虚加载荷后的应变能，并应用卡氏定理计算所需位移。最后，令所虚加的载荷为零，即得到结构的真实位移。这种处理办法称为"虚载荷法"。下面通过例子来说明"虚载荷法"的基本步骤。

【例 12-10】　如图 12-20（a）所示，外伸梁的自由端作用有集中载荷 F，全梁 EI 相同。试求 C 端竖直位移 Δ_{Cy} 和转角 θ_C。

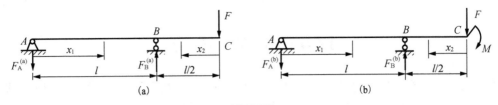

图 12-20

解:(1)求 C 端竖直位移。C 端有向下的集中力 F 作用,求竖直位移(即力的作用点沿力的方向的位移),可直接选用功能原理求解。

根据静力平衡方程,求出约束力 $F_A^{(a)} = \dfrac{F}{2}$, $F_B^{(a)} = \dfrac{3F}{2}$。

各段的弯矩方程为

BA 段,以 A 为坐标原点: $M(x_1) = -\dfrac{F}{2}x_1$ $(0 \leqslant x_1 \leqslant l)$

CB 段,以 C 为坐标原点: $M(x_2) = -Fx_2$ $\left(0 \leqslant x_2 \leqslant \dfrac{l}{2}\right)$

梁内总应变能为

$$V_\varepsilon = \int_{AB} \frac{M^2(x_1)}{2EI}dx_1 + \int_{BC} \frac{M^2(x_2)}{2EI}dx_2$$
$$= \frac{1}{2EI}\left[\int_0^l \frac{F^2}{4}x_1^2 dx_1 + \int_0^{\frac{l}{2}} F^2 x_2^2 dx_2\right] = \frac{F^2 l^3}{16EI}$$

根据功能原理 $W = V_\varepsilon$,而 $W = \dfrac{1}{2}F\Delta_{Cy}$, $V_\varepsilon = \dfrac{F^2 l^3}{16EI}$,故 $\Delta_{Cy} = \dfrac{Fl^3}{8EI}$ (↓)

(2)求得 C 端转角。由于 C 端无力偶作用,故不能用功能原理求解,可以用卡氏定理求解。在卡氏定理求解时,需要在点虚设一个集中力偶,如图 12-20(b)所示。

根据静力平衡方程,求出约束力 $F_A^{(b)} = \dfrac{F}{2} + \dfrac{M}{l}$, $F_B^{(b)} = \dfrac{3F}{2} + \dfrac{M}{l}$。

各段的弯矩方程为

AB 段,以 A 为坐标原点: $M(x_1) = -\left(\dfrac{F}{2} + \dfrac{M}{l}\right)x_1$ $(0 \leqslant x_1 \leqslant l)$

BC 段,以 C 为坐标原点: $M(x_2) = -(Fx_2 + M)$ $\left(0 < x_2 \leqslant \dfrac{l}{2}\right)$

对弯矩求导,得

AB 段: $\dfrac{\partial M(x_1)}{\partial M} = -\dfrac{x_1}{l}$

BC 段: $\dfrac{\partial M(x_2)}{\partial M} = -1$

令弯矩方程中虚加的力偶 M=0,代入卡氏定理,自由端 C 的转角为

$$\theta_C = \frac{\partial V_\varepsilon}{\partial M} = \int_0^l \frac{M(x_1)}{EI}\frac{\partial M(x_1)}{\partial M}dx_1 + \int_0^{\frac{l}{2}} \frac{M(x_2)}{EI}\frac{\partial M(x_2)}{\partial M}dx_2$$
$$= \frac{1}{EI}\left(\int_0^l \frac{Fx_1}{2}\cdot\frac{x_1}{l}dx_1 + \int_0^{\frac{l}{2}} Fx_2 dx_2\right) = \frac{7Fl^2}{24EI}$$

结果为正值,表明 C 处的转角与虚设力偶方向一致,为顺时针方向。

12.6 互 等 定 理

图 12-21(a)所示简支梁，在梁的位置 1 处作用有载荷 F_1，在位置 2 处作用有载荷 F_2，我们知道，即使按照不同的加载次序进行加载得到的梁的弹性应变能相同。

首先施加载荷 F_1，梁轴线变为第 Ⅰ 条曲线，这时在 1 和 2 处发生的位移为 Δ_{11} 和 Δ_{21}，然后施加载荷 F_2，梁轴线由第 Ⅰ 条曲线变成第 Ⅱ 条曲线。由于载荷 F_2 的作用，引起的 1 和 2 处的位移为 Δ_{12} 和 Δ_{22}，如图 12-21(b)所示。注意，以上 Δ_{ij} 的标记规则为：第一个下标 i 表示产生位移的位置和方向，第二个下标 j 表示引起该位移的载荷。按上述次序加载后，两个载荷 F_1 和 F_2 所做的总功 W_1 在数值上应等于梁的弹性应变能 $V_{\varepsilon 1}$，即

$$V_{\varepsilon 1} = W_1 = \frac{1}{2}F_1\Delta_{11} + \frac{1}{2}F_2\Delta_{22} + F_1\Delta_{12}$$

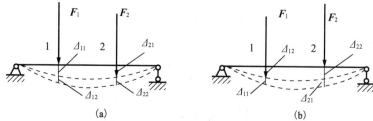

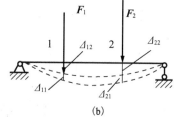

(a)　　　　　　　　　　　　　　　　(b)

图 12-21

现在再按第二种加载次序先在梁的 2 处施加载荷 F_2，这时在梁的 1 和 2 处产生的位移分别为 Δ_{12} 和 Δ_{22}，然后再加载荷 F_1，由此引起的 1 和 2 处的位移分别为 Δ_{11} 和 Δ_{21}。按第二种次序加载后，两个载荷 F_2 和 F_1 所做的总功 W_2 在数值上应等于积蓄在梁内的应变能 $V_{\varepsilon 2}$，即

$$V_{\varepsilon 2} = W_2 = \frac{1}{2}F_2\Delta_{22} + \frac{1}{2}F_1\Delta_{11} + F_2\Delta_{21}$$

由于积蓄在梁内的应变能总值与加载次序无关，因此第一种加载次序所得的变形能总值 $V_{\varepsilon 1}$ 应等于按第二种加载次序所得的变形能 $V_{\varepsilon 2}$，即

$$\frac{1}{2}F_1\Delta_{11} + \frac{1}{2}F_2\Delta_{22} + F_1\Delta_{12} = \frac{1}{2}F_2\Delta_{22} + \frac{1}{2}F_1\Delta_{11} + F_2\Delta_{21}$$

整理后得

$$F_1\Delta_{12} = F_2\Delta_{21} \tag{12-25}$$

式中，等式左边表示载荷 F_1 对由载荷 F_2 在 1 处沿 F_1 方向引起的位移 Δ_{12} 上所做的功，等式右边表示载荷 F_2 对由载荷 F_1 在 2 点处沿 F_2 方向引起的位移 Δ_{21} 上所作的功。上式称为**功的互等定理**（reciprocal theorem of work）：对于线弹性体，F_1 在由 F_2 引起的在 1 处沿 F_1 方向位移 Δ_{12} 上所做的功等于 F_2 在由 F_1 引起的在 2 处沿 F_2 方向位移 Δ_{21} 上所做的功。

若载荷 F_1 和 F_2 数值上相等，即 $F_1 = F_2 = F$，式(12-25)得

$$\Delta_{12} = \Delta_{21} \tag{12-26}$$

上式为**位移互等定理**：在 2 点处作用载荷 F 而引起在 1 点处的位移 Δ_{12}，在数值上就等于在 1 点处作用同值载荷 F 而引起在 2 点处相应的位移 Δ_{21}。

互等定理中的力和位移为广义力和广义位移。它不仅限于梁，而且对刚架或其他弹性结构亦

正确。由于位移互等定理成立，这给我们以后用力法解超静定结构时，大大减少了系数的计算。

功的互等定理和位移互等定理在能量法的理论分析中有着重要的应用。

【例 12-11】 图 12-22 所示简支梁，已知 C 处作用力 F 时，B 截面转角 $\theta_B = Fa(l^2 - a^2)/(6lEI)$；同一梁，如果在 B 截面作用力偶 M_e，试根据功的互等定理确定 C 处的挠度 w_C。

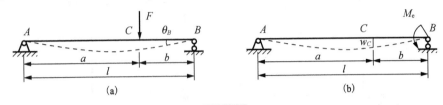

图 12-22

解： 根据功的互等定理，力 F 在力偶 M_e 在 C 处所引起的位移上所做的功等于力偶 M_e 在力 F 在 B 处所引起的位移上所做的功，于是有

$$Fw_C = M_e\theta_B$$

解得

$$w_C = \frac{M_e\theta_B}{F} = \frac{M_e a(l^2 - a^2)}{6lEI}$$

习　题

12.1　如图所示杆件的受载情况，证明构件内弹性应变能的数值与加载次序无关。

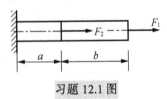

习题 12.1 图

12.2　如图所示三根杆，其长度相等，材料相同，但各杆直径均不相同。

(1)各杆在只有相同轴向载荷作用下，计算各杆的变形能。

(2)若图(b)的杆端同时作用集中力偶 M_e，图(c)的轴向载荷偏心 $d/2$ 时，计算各杆的变形能。

12.3　计算图示梁的应变能，并说明是否满足叠加原理及其原因。

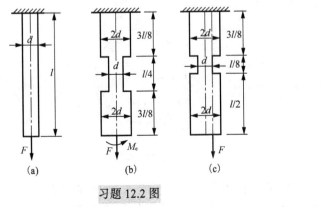

习题 12.2 图

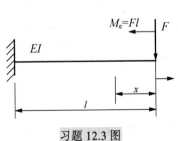

习题 12.3 图

12.4　画出下列两结构对所求位移的单位力。

(a)求 B、D 两点的相对位移 Δ_{BD}；

(b)求铰链 C 左、右两截面的相对转角 $\Delta\theta_C$。

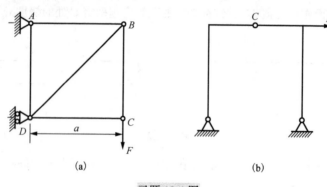

习题 12.4 图

12.5　如图所示，等截面外伸梁，抗弯刚度为 EI。在集中力 F 和均布载荷 q 作用下，已知集中力 $F=ql$。试用功能原理求集中力作用点 C 的挠度 Δ_{Cy}。

12.6　图示杆系的各杆 EA 皆相同，杆长均为 a。求杆系内的总应变能，并用功能原理求 A、B 两点的相对线位移 Δ_{AB}。

12.7　用能量法求图示桁架结构系统 A 点的竖向位移。各杆件的抗拉刚度均为 EA，长度 a 为已知。

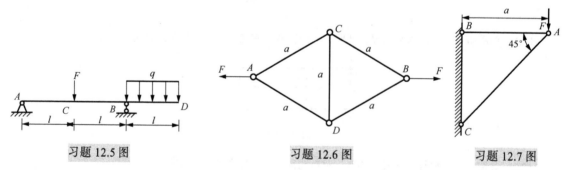

习题 12.5 图　　　　　　习题 12.6 图　　　　　　习题 12.7 图

12.8　图示刚架各杆的 EI 和 GI_p 分别相同，并均为已知。试用莫尔积分法求由于力 F 的作用使缺口两侧上下错开的距离。

12.9　图示圆弧形小曲率杆，横截面 A 与 B 间存在一夹角为 $\Delta\theta$ 的微小缝隙。设弯曲刚度 EI 为常数，试问在横截面 A 与 B 上需加何种外力，才能使该二截面恰好密合。

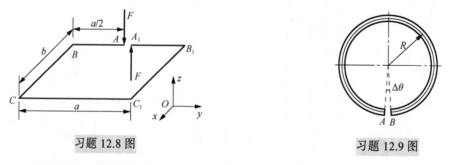

习题 12.8 图　　　　　　习题 12.9 图

12.10　图示刚架，弯曲刚度 EI 为常数。试用单位载荷法计算截面 A 的转角及截面 D 的铅垂位移。

12.11　图示圆截面刚架，横截面的直径为 d，且 $a=10d$。试按下述要求计算节点 A 的铅垂位移 Δ_A，并进行比较。

(1)同时考虑弯矩与轴力的作用;

(2)只考虑弯矩的作用。

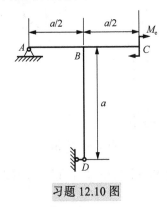

习题 12.10 图

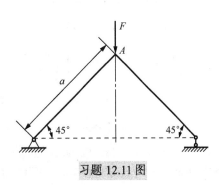

习题 12.11 图

12.12 图示桁架,在节点 B 处承受载荷 F 作用。设各杆各截面的拉压刚度均为 EA,试用莫尔定理计算该节点的水平位移 Δ_{Bx}。

12.13 用莫尔定理求图示桁架点 A 的水平位移 Δ_{Ax}。各杆 EA 均相同。

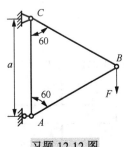

习题 12.12 图

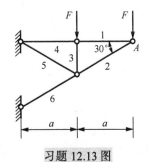

习题 12.13 图

12.14 图示结构,在截面 C 处承受载荷 F 作用。梁 BC 各截面的弯曲刚度均为 EI,杆 DG 各截面的拉压刚度均为 EA,试用莫尔定理求解 C 截面的铅垂位移 Δ_C 与转角 θ_C。(受弯构件不计剪力和轴力的影响; DG 杆不会失稳。)

12.15 如图所示角拐 BAC,A 处为一轴承,允许 AC 轴的端截面在轴承内自由转动,但不能上下移动。已知 $F=60$N,$E=210$GPa,$G=0.4E$。试用能量法求截面 B 的垂直位移。

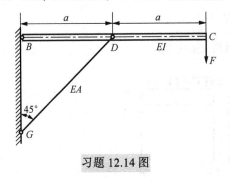

习题 12.14 图

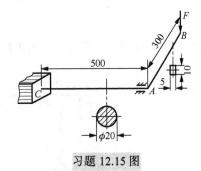

习题 12.15 图

12.16 用莫尔定理求图示刚架铰链 B 处左右两截面的相对转角 $\Delta\theta$,EI 为常数,不计轴力和剪力对变形的影响。

12.17 图示刚架在自由端受集中力 F 作用，AB、BC 的弯曲刚度为 EI。现欲使 C 点位移发生在沿力 F 的方向，试问力 F 应沿什么方向？（规定 α 角在 $0 < \alpha < \pi/2$ 区间内变化）

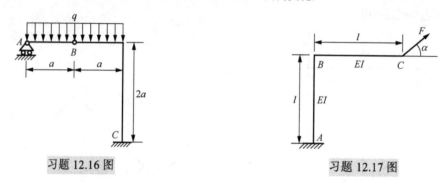

习题 12.16 图　　　　　　　习题 12.17 图

12.18 矩形截面梁 AB、CD 如图所示。已知材料的弹性模量 E，现测得力 F 作用下，中间铰 B 左右两截面相对转角 $\theta_B = 1$，试求梁横截面上的最大正应力。

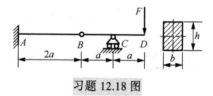

习题 12.18 图

12.19 试用卡氏定理求图示梁中点 C 的挠度和端点 A 的转角。

12.20 如图所示长为 l、直径为 d 的圆杆受一对横向压力 F 作用，求此杆长度的伸长量。已知 E 和 μ。

习题 12.19 图　　　　　　　习题 12.20 图

12.21 在外伸梁的自由端作用力偶矩 M_e，试用互等定理求跨度中点 C 的挠度 w_C。

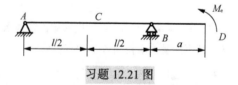

习题 12.21 图

12.22 图示各刚架，抗弯刚度 EI 为常数，试计算各刚架支座反力。

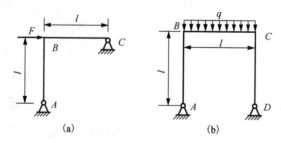

(a)　　　　　　　　(b)

习题 12.22 图

12.23 为了测定 F 力作用在 C 点时梁的挠曲线，可以利用移动千分表测各截面的铅垂位移所得到。若千分表位置固定不动而通过移动力 F 来测量原来梁的挠曲线，试根据位移互等定理确定千分表应固定的位置 x。

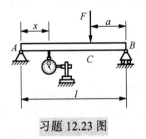

习题 12.23 图

第13章 动 应 力

13.1 概 述

前面各章节讨论的均是构件在静载荷作用下的强度、刚度以及稳定性问题。所谓静载荷指的是从零开始逐渐增加到最终值的载荷。由于加载比较缓慢，构件内各质点的加速度很小可以忽略不计。相反，载荷使构件内各质点的加速度较大且不能忽略不计，或者载荷明显随时间而改变，这类载荷称为**动载荷**。例如，起重机匀加速起吊重物时钢丝绳所承受的载荷(图 13-1)，冲击实验中重锤从一定高度自由落下时试件所承受的冲击载荷(图 13-2)。构件在动载荷作用下的应力和变形称为**动应力和动变形**。实验结果表明，只要应力不超过材料的比例极限，胡克定律仍然适用于动载荷下的应力-应变关系，动弹性模量与静弹性模量相同。本章只研究两种常见的动应力问题：①构件加速度容易确定问题，如构件平移或转动；②构件加速度不便于确定，如冲击。至于载荷按周期变化的情况将在第 14 章讨论。

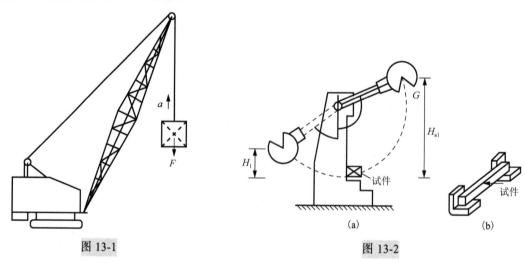

图 13-1   图 13-2

13.2 构件平移或转动时的动应力

在加速度已知的情况下，构件的内力可借用理论力学中的动静法来计算。所谓动静法即在某一瞬时，构件的惯性力、主动力、约束力在形式上构成一组平衡力系。于是在构件上虚加上惯性力，并按平衡力系的平衡方程可以计算构件的动内力以及相应的动应力、动位移。

13.2.1 构件平移时的动应力

如图 13-3(a)所示，起吊一长度为 l 的匀质细长杆，其容重为 γ，横截面面积为 A，在某瞬时加速度为 a，试分析该瞬时杆件的动应力。

由截面法用 $m-m$ 截面截取距下端 x 的一段杆为分离体，如图 13-3(b)所示，作用在这段杆上的重力沿杆轴线均匀分布，其集度为 $A\gamma$；惯性力也沿杆轴线均匀分布，其集度为 $A\gamma a/g$，方向与加速度 a 方向相反；该截面的轴力为 F_{Nd}，列平衡方程有：

$$\sum F_x = 0 , \quad F_{Nd} - A\gamma x - \frac{A\gamma a}{g}x = 0$$

求得

$$F_{Nd} = A\gamma x \left(1 + \frac{a}{g}\right)$$

上式可写成为

$$F_{Nd} = K_d F_{Nst} \tag{13-1}$$

式中，$F_{Nst} = A\gamma x$，为同一截面上的静内力。

$$K_d = 1 + \frac{a}{g} \tag{13-2}$$

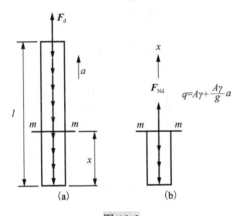

图 13-3

K_d 称为**动荷因数**（factor of dynamic load）。动荷因数反映了动载荷与相应静载荷大小的比值。杆内的动应力 $\sigma_d = F_{Nd}/A$，其静应力 $\sigma_{st} = F_{Nst}/A$，则有

$$\sigma_d = K_d \sigma_{st} \tag{13-3}$$

因此该瞬时最大动应力 $\sigma_{d,max} = K_d \sigma_{st,max}$，建立相应的强度条件为

$$\sigma_{d,max} = K_d \sigma_{st,max} \leqslant [\sigma] \tag{13-4}$$

式中，$[\sigma]$ 为静载荷情况下的许用正应力。

由此可见，对于上述动载荷问题可以归结为计算动荷因数 K_d 问题，只要将相应的静内力、静应力、静变形放大 K_d 倍就得到相应的动载荷问题。

13.2.2　构件转动时的动应力

如图 13-4(a) 所示，飞轮绕通过圆心且垂直于飞轮平面的轴以匀角速 ω 转动。飞轮轮缘的平均直径为 D，轮缘横截面的面积为 A，材料的容重为 γ，飞轮的轮缘较厚，中间的轮辐较薄，轮辐质量相对轮缘的质量较小可以忽略。因此，飞轮可简化为一薄壁圆环，如图 13-4(b) 所示。再由飞轮的径向厚度相对平均直径较小，环内各点的法向加速度 a_n 大小相等，$a_n = D\omega^2/2$，沿环轴线均匀分布的惯性力集度 $q_d = A a_n/g = A\gamma D\omega^2/(2g)$，方向与向心加速度 a_n 的方向相反，$dF_I = q_d d\theta D/2$。将圆环沿直径截分为两部分，并取上部分分析，如图 13-4(c) 所示。由平衡方程

$\sum F_y = 0$ 可得

$$2F_{\mathrm{Nd}} = \int_0^\pi \sin\theta \mathrm{d}F_1 = \int_0^\pi q_{\mathrm{d}} \cdot \sin\theta \frac{D}{2} \mathrm{d}\theta = q_{\mathrm{d}} D$$

$$F_{\mathrm{Nd}} = \frac{q_{\mathrm{d}} D}{2} = \frac{A\gamma D^2 \omega^2}{4g}$$

由此可得圆环横截面上的动应力为

$$\sigma_{\mathrm{d}} = \frac{F_{\mathrm{Nd}}}{A} = \frac{q_{\mathrm{d}} D}{2A} = \frac{\gamma D^2 \omega^2}{4g} = \frac{\gamma v^2}{g}$$

式中，$v = D\omega/2$ 为圆环轴线上的点的线速度。其强度条件为

$$\sigma_{\mathrm{d}} = \frac{\gamma v^2}{g} \leqslant [\sigma] \tag{13-5}$$

由上式可知，环内的动应力与材料容重 γ 和线速度 v 有关，与横截面面积 A 无关，因此为了保证圆环的强度，应限制转速，而增加横截面面积 A 无济于事。

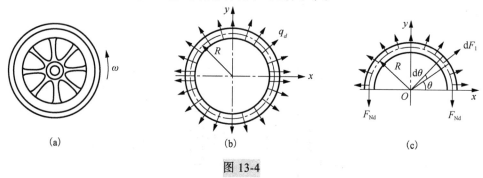

图 13-4

13.3　受冲击时构件的应力

当一运动物体与另一静止的物体相撞时，运动物体的速度将急剧减小，这一现象称为**冲击**（impact）。如锻压、冲击、打桩、高速飞转车轮或砂轮刹车等都是冲击问题。冲击前运动的物体称为冲击物，阻碍冲击物运动的物体称为被冲击物，冲击物与被冲击物之间的相互作用称为**冲击载荷**（impact load）。

13.3.1　冲击的特点和力学模型

由于冲击过程非常短暂，一般仅为 $(1/1000 \sim 1/100)\mathrm{s}$，所以加速度大小很难确定，也难以采用动静法进行分析。在有些情况下，冲击区因局部塑性变形等复杂情况。因此，取其冲击过程中的主要因素，去其次要因素，工程中一般采用如下假设的能量法进行计算。

（1）冲击物为刚体，在冲击过程中不回弹并附着在被冲击构件上一起运动；

（2）被冲击物的质量忽略不计；在冲击过程中材料始终处于线弹性范围，且满足胡克定律。

（3）冲击过程中忽略热能、光能、局部塑性变形等能量消耗，可应用机械能守恒定律。冲击物动能减少量 ΔT 和势能的减少量 ΔV 应等于受冲击体系应变能的增量 ΔV_ε

$$\Delta T + \Delta V = \Delta V_\varepsilon \tag{13-6}$$

13.3.2 冲击应力

图 13-5(a)所示重量为 F_p 的重物从距杆端为 h 处自由下落与杆端 B 接触冲击。根据冲击假设,当冲击物的速度减小到零时,杆件的冲击载荷达到最大值 F_d,杆件将发生最大伸长变形 Δ_d(图 13-5(b)),重物势能的减少量 $\Delta V = F_p\left(h+\Delta_d\right)$,在线弹性范围内杆件应变能的增量为 $\Delta V_\varepsilon = F_d\Delta_d/2 = \Delta_d^2 EA/(2l)$,由式(13-6)得

$$F_p\left(h+\Delta_d\right)=\frac{\Delta_d^2 EA}{2l} \tag{a}$$

即

$$\Delta_d^2-2\frac{F_p l}{EA}\Delta_d-2\frac{F_p l}{EA}h=0 \tag{b}$$

而 $\Delta_{st}=F_p l/EA$ 相当于冲击物的重量 F_p 当作静载荷作用在杆端时,杆端的静位移(图 13-5(c)),因此式(b)可改写为

$$\Delta_d^2-2\Delta_{st}\Delta_d-2\Delta_{st}h=0 \tag{c}$$

从而可解得

$$\Delta_d=\Delta_{st}\pm\sqrt{\Delta_{st}^2+2h\Delta_{st}}=\left(1\pm\sqrt{1+\frac{2h}{\Delta_{st}}}\right)\Delta_{st} \tag{d}$$

由于 Δ_d 应大于 Δ_{st},所以式(d)中根号前应取正号,即

$$\Delta_d=\left(1+\sqrt{1+\frac{2h}{\Delta_{st}}}\right)\Delta_{st} \tag{e}$$

引入记号

$$K_d=1+\sqrt{1+\frac{2h}{\Delta_{st}}} \tag{13-7}$$

K_d 即为动荷因数,式(e)可表示为

$$\Delta_d=K_d\Delta_{st} \tag{13-8}$$

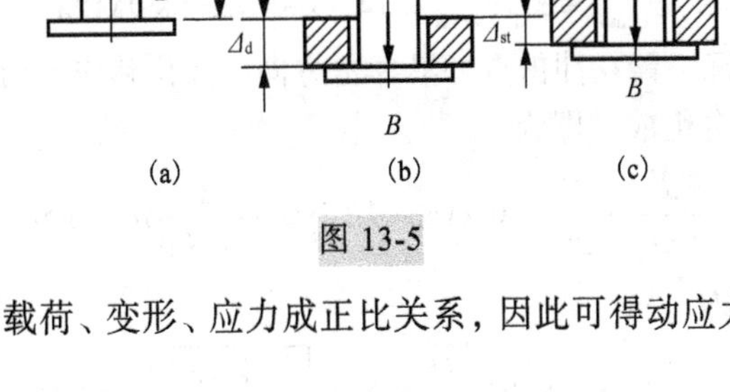

图 13-5

由于在线弹性范围内载荷、变形、应力成正比关系,因此可得动应力 σ_d 和最大冲击载荷 F_d 分别为

$$\sigma_d=K_d\sigma_{st}$$

$$F_d = K_d F_p \qquad (13-9)$$

讨论：(1)若 $h=0$ 时，即骤剧加载情况，$K_d=2$。因此骤剧加载时应力和变形都为静载荷时的2倍。

(2)若 $h \gg \Delta_{st}$ 时，$K_d \approx \sqrt{2h/\Delta_{st}}$（$2h/\Delta_{st} \geqslant 360$ 时误差 $\leqslant 5\%$ ；$2h/\Delta_{st} \geqslant 80$ 时误差 $\leqslant 10\%$）；$K_d \gg 1$，即冲击应力和变形远大于静载荷作用时的应力和变形。

其他形式的冲击，如梁的冲击，轴的扭转冲击问题，动荷因素也可用式(13-7)进行计算。由式(13-7)可以看出，构件的刚度越小，静位移 Δ_{st} 就越大，动荷因素 K_d 也就越小。因此，工程中广泛采用不同类型的柔性构件(如弹簧)来作为缓冲元件。

【例 13-1】　重量为 $F_p = 2kN$ 的重物从高度 $h=20mm$ 处自由落下，冲击到简支梁跨度中的顶面上，如图 13-6(a)所示。已知该梁由 No.20b 号工字钢制成，跨长 $l=3m$，材料的弹性模量 $E=210GPa$，试求梁横截面上的最大正应力；若梁的两端支承在相同的弹簧上，如图 13-6(b)所示，该弹簧的刚度 $C=300kN/m$，则梁横截面上的最大正应力又是多少？(梁和弹簧的自重不计)

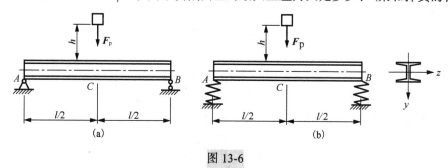

图 13-6

解： 对图 13-6(a)所示梁情况，查型钢表得 $W_z = 2.5 \times 10^5 m^3$，$I_z = 2.5 \times 10^7 m^4$。重物 F_p 以静载荷方式作于梁跨中时，梁横截面上的最大正应力为

$$\sigma_{st,max} = \frac{M_{max}}{W_z} = \frac{F_p l}{4W_z} = \frac{2 \times 10^3 \times 3}{4 \times 250 \times 10^{-6}} Pa = 6MPa$$

跨中截面的静位移为

$$\Delta_{st} = \frac{F_p l^3}{48EI_z} = \frac{2 \times 10^3 \times 3^3}{48 \times 210 \times 10^9 \times 2500 \times 10^{-8}} m = 0.2143mm$$

冲击时动荷因素为

$$K_d = 1 + \sqrt{1 + \frac{2h}{\Delta_{st}}} = 1 + \sqrt{1 + \frac{2 \times 20}{0.2143}} = 14.7$$

跨中截面的最大动应力为

$$\sigma_{d,max} = K_d \sigma_{st,max} = 14.7 \times 6MPa = 88.2MPa$$

对图 13-6(b)所示情况，梁在冲击点处沿冲击方向的静位移应当由梁中跨中截面的静挠度和两端支承弹簧的缩短两部分组成，即为

$$\Delta_{st} = \frac{F_p l^3}{48EI_z} + \frac{F_p}{2C} = 0.2143 \times 10^{-3} m + \frac{2}{2 \times 300} m = 3.5476mm$$

此时冲击的动荷因素为

$$K_d = 1 + \sqrt{1 + \frac{2h}{\Delta_{st}}} = 1 + \sqrt{1 + \frac{2 \times 20}{3.5476}} = 4.5$$

跨中截面的最大动应力为

$$\sigma_{d,max} = K_d \sigma_{st,max} = 4.5 \times 6\text{MPa} = 27\text{MPa}$$

从以上计算可见，在自由落体冲击时，刚性支承时梁内最大动应力是弹簧支承梁的 3.27 倍，这是由于改用弹簧支承后，冲击载荷作用处沿冲击方向的静位移增大了，从而降低了动荷因系。因此安装弹簧对抗冲击能力的提高效果非常明显。

利用能量守恒定律也可近似地计算其他形式的冲击问题，如图 13-7 所示重量为 F_p 货车以速度 v 水平冲击线路上的保护装置。货车速度降为零时动能的改变量 $\Delta T = F_p v^2/(2g)$，缓冲弹簧应变能的增量 $\Delta V_\varepsilon = F_d \Delta_d / 2 = F_p \Delta_d^2 / (2\Delta_{st})$，由式 (13-6) 可得

$$\frac{F_p v^2}{2g} = \frac{F_p \Delta_d^2}{2\Delta_{st}}$$

即

$$\Delta_d = \sqrt{\frac{v^2}{g\Delta_{st}}} \Delta_{st}$$

此时动荷因素 $K_d = \sqrt{v^2/(g\Delta_{st})}$，该动荷因素也适用于梁的弯曲、构件的轴向拉压水平冲击问题。

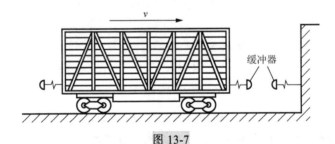

图 13-7

【例 13-2】 在 AB 轴的 B 端有一质量很大的飞轮，如图 13-8 所示。与飞轮相比，轴的质量可以不计。轴的 A 端装有刹车离合器，AB 长度 $l = 1\text{m}$，轴的剪切模量 $G = 80\text{GPa}$。飞轮的转动惯量 $J = 50\text{kg·m}^2$，转速 $n = 90\text{r/min}$。飞轮的直径 $d = 100\text{mm}$。试求：(1) 刹车使轴在 10s 内按匀减速停止转动，轴内的最大动切应力；(2) 突然刹车（即突然停止转动）时，轴内最大动切应力。

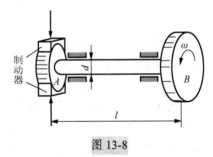

图 13-8

解： (1) 刹车后轴在 10s 内匀减速停止情况。

飞轮的角速度 ω 为

$$\omega = \frac{2\pi n}{60} = \frac{2\pi \times 90}{60}\text{rad/s} = 3\pi\,\text{rad/s}^2$$

飞轮轴的角加速度 α 为

$$\alpha = \frac{\omega}{t} = \frac{3\pi\,\text{rad/s}}{10\text{s}} = 0.3\pi\,\text{rad/s}^2$$

由动静法，刹车力偶 M 与惯性力偶 M_{IB} 组成平衡力系，且有

$$M = M_{IB} = J_z \alpha = 0.05 \times 10^3 \times 0.3\pi\,\text{N·m} = 15\pi\,\text{N·m}$$

由截面法可知轴内的扭矩 T_d 为

$$T_d = M_{IB} = 15\pi\,\text{N·m}$$

横截面上的最大动切应力为

$$\tau_{d,max} = \frac{T_d}{W_t} = \frac{15\pi}{\frac{\pi}{16}\left(100 \times 10^{-3}\right)^3} \text{Pa} = 0.24 \times 10^6 \text{Pa} = 0.24 \text{MPa}$$

（2）突然刹车情况。

飞轮的动能减少量 ΔT 为

$$\Delta T = \frac{1}{2} J \omega^2$$

轴的扭转变形的应变能增量 ΔV_ε 为

$$\Delta V_\varepsilon = \frac{T_d^2 l}{2 G I_P}$$

由能量守恒 $\Delta T = \Delta V_\varepsilon$ 可得

$$\frac{1}{2} J \omega^2 = \frac{T_d^2 l}{2 G I_P}$$

由此可得

$$T_d = \sqrt{\frac{J G I_P}{l}}\, \omega$$

轴内最大的冲击扭转切应力为

$$\tau_{d,max} = \frac{T_d}{W_t} = \frac{\sqrt{\dfrac{J G I_P}{l}}\,\omega}{W_t} = \frac{\sqrt{\dfrac{50 \times 80 \times 10^9 \times \pi \times 0.1^4}{32 \times 1} \times 3\pi}}{\dfrac{\pi}{16} \times 0.1^3} \text{Pa} = 300.8 \times 10^6 \text{Pa} = 300.8 \text{MPa}$$

由此可见，突然刹车时轴内的最大剪切应力是在 10s 内匀减速停止转动时应力的 1253 倍，因此带有大飞轮的高速旋转轴不宜突然刹车，以免造成冲击破坏。

13.4　提高构件抗冲击能力的措施

动荷因素 K_d 与静变形 Δ_{st} 有关，Δ_{st} 越大，K_d 就越小，而 Δ_{st} 与构件的刚度成反比。因此，提高构件的抗冲击能力关键是降低被冲击构件的刚度。所以可以从以下方面考虑。

在不改变构件材料和形状尺寸的情况下，增设缓冲装置，以吸收冲击时的能量，这是提高抗冲击能力最常用的一种方法，如图 13-9 所示的钢轨与钢筋混凝土轨枕之间的橡皮垫和弹性压片可以缓和钢轨与枕的冲击作用，从而延长轨枕的寿命。又如图 13-10 所示火车车厢轮轴轴箱上的螺旋弹簧、油压减振器，它们的功能也是缓和钢轨传到车厢的冲击作用。

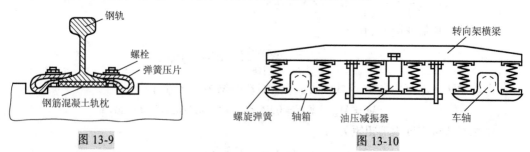

图 13-9　　　　　　　　　　　　　　　　　　　　图 13-10

在某些情况下可以合理设计构件的形状和尺寸来增大受冲击构件的柔性，从而减小动荷因素。如汽缸盖的螺钉采用长螺钉以增大螺杆的柔性（图 13-11），汽车钢板弹簧采用等强梁增大梁的柔性。

另外，还可通过采用弹性模量较低的材料来减小被冲击构件的刚度，例如铁路上用的枕木。不过弹性模量较低的材料往往许用应力也较低，也应综合考虑其强度问题。一般情况，由应变能可以得

$$\sigma_{\max} = \sqrt{2EV_\varepsilon/(fV)}, \quad \tau_{\max} = \sqrt{2GV_\varepsilon/(fV)}$$

式中 V 为构件的体积，f 为构件内部应力的分布情况，其值为 $0 < f \leqslant 1$，对于均匀分布时，$f=1$。应力分布越不均匀，f 越小。例如，同样的体积的等强悬臂梁能

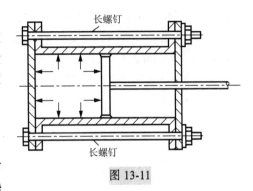
图 13-11

吸收的冲击能量是等截面梁的 3 倍，但是只有同样体积的等截面构件受轴向拉压的1/3，因此尽可能让构件受力均匀，尤其尽可能避免在很短的长度内出现截面削弱的情况。例如，汽缸盖的长螺钉光杆部分的直径与螺纹的内径接近相等，这样使螺钉的各部分能较为均匀地吸收能量。

习 题

13.1　用两根吊索向上匀加速平行地吊起一根 No.14 工字钢。已知加速度 $a=10\text{m}/\text{s}^2$，工字钢长 $l=12\text{m}$，吊索横截面面积 $A=72\text{mm}^2$。只考虑工字钢重，不计吊索自重，试求工字钢的最大弯曲正应力和吊索的动应力。

13.2　图示钢轴 AB 的直径为 80mm，轴上有一直径为 80mm 的钢质圆管 CD，CD 垂直于 AB。若 AB 以匀角速度 $\omega = 40\text{rad}/\text{s}$ 转动，材料的许用应力 $[\sigma] = 70\text{MPa}$，单位体积重量为 $78\text{kN}/\text{m}^3$，试校核 AB 轴和 CD 杆的强度。

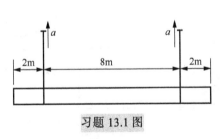
习题 13.1 图

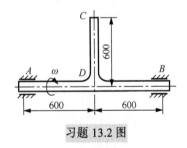
习题 13.2 图

13.3　图示重物 $F_P = 1\text{kN}$，自高度为 0.04m 处下落到 AB 梁的自由端 B 点。已知梁长 $l = 2\text{m}$，截面为矩形，高宽比 $h/b = 1.5$，材料的弹性模量 $E = 10\text{GPa}$，许用应力 $[\sigma] = 11\text{MPa}$，试根据强度条件确定截面尺寸 h 和 b。

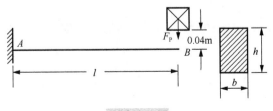
习题 13.3 图

13.4 梁的支承情况如图所示，已知弹簧刚度 $C = 100\,\text{N/mm}$ ，梁的弹性模量 $E = 200\text{GPa}$ 。一重为 $F_\text{p} = 2\text{kN}$ 的物体 P 自高度 $H = 30\text{mm}$ 处自由落体到梁上。求梁 2 截面处的最大冲击正应力及 1 截面处的挠度。

13.5 如图所示杆 AB 的上端固定，下端有一弹簧，弹簧在 1kN 静载荷作用下缩短 0.625mm，杆的直径 $d = 40\text{mm}$ ， $l = 4\text{m}$ ，杆的许用应力 $[\sigma] = 120\text{MPa}$ ，弹性模量 $E = 200\text{GPa}$ 。杆上方重物 P 的重量 $F_\text{p} = 15\text{kN}$ ，自高度 h 处沿杆轴自由下落在弹簧上。试确定物体自由下落许可的高度 h 。若没有弹簧，物体自由下落许可的高度 h 为多少？

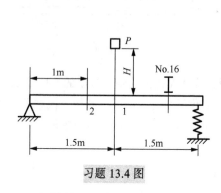

习题 13.4 图

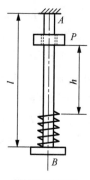

习题 13.5 图

13.6 如图所示 AB 杆的下端固定，长为 l ，在 C 点受到水平运动的物体的冲击，物体的重量为 F_p 、与杆件接触时的速度为 v 。设杆件的 E 、 I 和 W 皆为已知量，试求冲击时杆 AB 的最大应力。

13.7 如图所示 AB 杆的左端固定，长 $l = 400\text{mm}$ ，直径 $d = 30\text{mm}$ ，在 B 点受到水平运动的物体的冲击，冲击时冲击物的动能为 $2\text{N} \cdot \text{m}$ 。杆件的弹性模量 $E = 210\text{GPa}$ ，在不考虑杆的质量的情况下，试求冲击时杆 AB 的最大正应力。

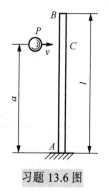

习题 13.6 图

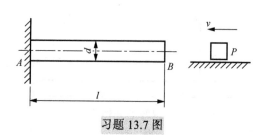

习题 13.7 图

第14章 交变应力

14.1 交变应力概述

工程中某些构件所受的载荷是随时间周期性变化的，即承受交变载荷的作用。图 14-1(a)所示的装有电动机的梁，在电动机的重力 F_P 的作用下，梁处于平衡位置。当电动机转动时，因转子的偏心引起的惯性力 F_I 将迫使梁在静平衡位置上下作周期性振动，危险点的应力将随时间作周期性的变化，如图 14-1(b)所示。

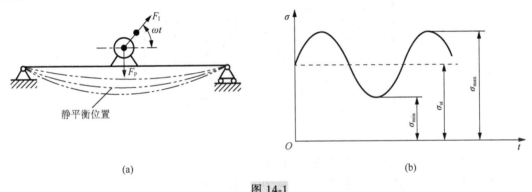

(a)

(b)

图 14-1

此外，还有一些构件，虽然所受载荷没有变化，但由于构件本身在转动，构件内各点处的应力也随时间作周期性的变化。图 14-2(a)所示的火车轮轴，承受车厢传来的载荷 F，F 并不随时间变化。轴的弯矩图如图 14-2(b)所示。但由于轴在转动，横截面上除圆心以外各点处的正应力都随时间作周期性变化。如截面边缘上的 i 点处的应力为

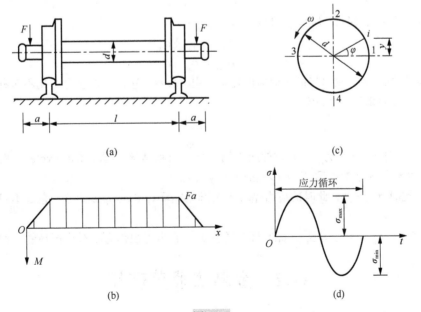

(a)

(c)

(b)

(d)

图 14-2

$$\sigma = \frac{M}{I_z}y = \frac{M}{I_z}\frac{d}{2}\sin\varphi = \frac{M}{I_z}\frac{d}{2}\sin\omega t$$

式中

$$y = \frac{d}{2}\sin\omega t，\quad \varphi = \omega t$$

当 i 点转至位置 1 时，如图 14-2(c)所示，i 点正处于中性轴上，$\sigma = 0$；当 i 点转至位置 2 时，$\sigma = \sigma_{max}$；当 i 点转至位置 3 时，又在中性轴上，$\sigma = 0$；当 i 点转至位置 4 时，$\sigma = \sigma_{min}$。可见，轴每转一周，i 点处的正应力重复一次，称为一个**应力循环**(stress cycle)，如图 14-2(d)所示。重复变化的次数称为**循环次数**。

在上述两种情况下，构件中都将产生随时间作周期性变化的应力，这种应力称为**交变应力**(alternating stress)。对于图 14-3 所示的随时间作周期性变化的交变应力可以用以下的参数加以描述。

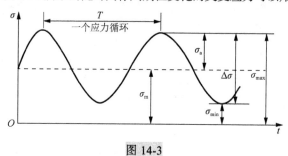

图 14-3

(1) **最大应力**：应力循环中代数值最大的应力，用 σ_{max} 表示。

(2) **最小应力**：应力循环中代数值最小的应力，用 σ_{min} 表示。

(3) **平均应力**：最大应力与最小应力的均值，用 σ_m 表示。

$$\sigma_m = \frac{\sigma_{max} + \sigma_{min}}{2} \tag{14-1}$$

(4) **应力幅**(stress amplitude)：最大应力与最小应力代数差的一半，用 σ_a 表示。

$$\sigma_a = \frac{\sigma_{max} - \sigma_{min}}{2} \tag{14-2}$$

由式(14-1)和式(14-2)可得 σ_{max} 和 σ_{min} 为

$$\sigma_{max} = \sigma_m + \sigma_a \tag{14-3}$$

$$\sigma_{min} = \sigma_m - \sigma_a \tag{14-4}$$

(5) **循环特征**：最小应力与最大应力的比值，用 r 表示。它是反映应力变化不对称程度的一物理量，又称为**应力比**(stress ratio)。

$$r = \frac{\sigma_{min}}{\sigma_{max}} \tag{14-5}$$

$r = -1$，此时 $\sigma_{max} = -\sigma_{min}$，此时的应力循环称为**对称循环**(symmetric cycle)，对称循环以外的应力循环都称作为**不对称循环**(unsymmetric cycle)。

$r = 0$，此时 $\sigma_{min} = 0$，此时的应力循环称为**脉动循环**(pulasting cycle)，它是不对称循环的一种特殊情况。

$r = 1$，此时 $\sigma_{max} = \sigma_{min} = \sigma_m$，此时即为**静应力**，它也可视作为不对称循环的一种特殊情况。

14.2　金属的疲劳破坏

实验结果以及大量工程构件的破坏现象表明，构件在交变应力作用下的破坏形式与静载荷作用下全然不同。在交变应力作用下，即使应力低于材料的屈服极限（或强度极限），但经过长期重复作用之后，构件往往会骤然断裂。对于由塑性很好的材料制成的构件，也往往在没有明显塑性变形的情况下突然发生断裂。例如 45 号钢制成的标准小试件在弯曲对称循环下，当 $\sigma_{max} = -\sigma_{min} \approx 260MPa$ 时，经过约 10^7 次应力循环后，就可能发生疲劳破坏。而 45 号钢的 $\sigma_s = 350MPa$，$\sigma_b = 600MPa$。这种构件在交变应力作用下发生的脆性断裂的破坏称为**疲劳破坏**（fatigue failure）。工程实际中发生的疲劳破坏，占全部力学破坏的 50%～90%，是机械、结构失效的最常见形式。

金属材料的疲劳破坏，一般有三个主要特征：（1）工作应力远低于强度极限或屈服极限；（2）破坏前没有明显的塑性变形，破坏表现为脆性断裂；（3）破坏断口表面呈现部分光滑、部分粗糙的两个截然不同的区域，如图 14-4 所示。

疲劳破坏由于问题复杂，且涉及多学科领域，至今对其机理还没有很清楚地了解，金属材料的疲劳破坏一般由以下三个阶段来解释：由于构件不可避免地存在材料不均匀、有夹杂物等缺陷，构件受载后，这些部位会产生应力集中；在交变应力长期反复作用下，这些部位将产生细微的裂纹（称为裂纹源），将这一过程称为疲劳裂纹的形成阶段。目前工程上把长度为 $0.05\sim0.1mm$ 的裂纹定为工程起始裂纹。在这些细微裂纹的尖端，不仅应力情况复杂，而且有严重的应力集中现象。反复作用的交变应力又导致细微裂纹扩展成宏观裂纹，这一阶段称为裂纹的扩展阶段。在裂纹

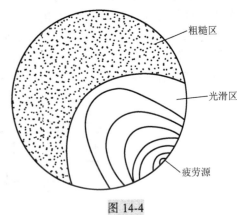

粗糙区

光滑区

疲劳源

图 14-4

扩展阶段，裂纹两边的材料时而分离，时而压紧，起到类似"研磨"的作用，从而形成断口的光滑区。随着裂纹的不断扩展，构件的有效截面逐渐减小。当截面削弱到一定程度时，在一个偶然的振动或冲击下，构件就会沿此截面突然断裂，此阶段称为脆性断裂阶段。可见，构件的疲劳破坏实质上是由于材料的缺陷而引起细微裂纹，进而扩展成宏观裂纹，裂纹不断扩展后，最后发生脆性断裂的过程。虽然近代的上述研究结果已否定了材料是由于"疲劳"而引起构件的断裂破坏，但习惯上仍然称这种破坏为疲劳破坏。

14.3　材料的持久极限及其测定

构件在交变应力作用下，即使是最大工作应力小于屈服极限（或强度极限），也会发生疲劳破坏。可见，材料的屈服极限、强度极限等静载荷下测定的强度指标不能用作构件在交变应力作用下的疲劳强度指标，疲劳强度极限指标需要重新测定。

材料在交变应用力作用下是否发生破坏，不仅与最大应力 σ_{max} 有关，还与循环特征 r 和循环次数 N 有关。材料发生疲劳破坏所经历的循环次数又称为**疲劳寿命**（fatigue life）。试验表明，在同一循环特征 r 下，最大应力 σ_{max} 越大，到达破坏时的循环次数 N 就越小，即寿命越短；反之，如最大应力 σ_{max} 越小，则到达破坏时的循环次数 N 就越大，即寿命越长。当 σ_{max} 减小到某一限定值时，虽然经过"无限多次"应力循环，材料仍不发生疲劳破坏，该应力限定值就称为**材料的持久极限**或**疲劳极限**（fatigue limit），以 σ_r 表示。实际上不可能做无限次应力循环的试验，通常规定一个循环基数 N_0，对于钢材一般取 $N_0 = 2\times10^6\sim1\times10^7$，有色金属取 $N_0 = 10^8$。同一种材料在不同循环特征下的疲劳极限 σ_r 是不相同的，对称循环下的疲劳极限 σ_{-1} 是衡量材料疲劳强度的一个基本指标。不同材料的 σ_{-1} 是不相同的。

　　材料的疲劳极限可按国家标准由疲劳试验来测定。图 14-5 所示为弯曲疲劳试验机，可用它来测定材料在弯曲对称循环下的持久极限。现以钢材为例说明持久极限的测定。将钢材加工成直径为 6~10mm 且表面光滑的标准试件（常称为光滑小试件），通常用 8~12 根试件。第一根试件所加载荷应使试件中的最大应力约为静强度极限的 60% 左右，经过一定的循环次数后，试件发生断裂，计数器自动记录下断裂前所经过的循环次 N_1。第二根试件的载荷按一定的级差（一般分为 7 级，高应力水平其极差应取大些，应力水平较低时级差应小些）减小，再测出试件断裂前所经过的循环次 N_2。如此逐级减小载荷，进行试验。当载荷降低到一定水平时，若经过规定的循环基数 N_0 后不发生断裂，可在此基础上提高半级荷载，用另一根试件再进行试验，如果经过 N_0 后仍不发生疲劳破坏，可把此时的应力值作为持久极限。现以正应力为纵坐标，以循环次数 N 为横坐标，把上述各试件的试验数据用相应点绘出图 14-6 所示的曲线，此曲线称为 $S-N$ 曲线（应力-寿命曲线）。应当指出：上述用少数试件经疲劳试验而绘出的 $S-N$ 曲线只能提供粗略的数据。要得到精度高的 $S-N$ 曲线需要采用成组试验法和升降法，并按数理统计方法找出每一应力水平下寿命的分布规律，其详细内容可参阅有关试验指导和国家标准。

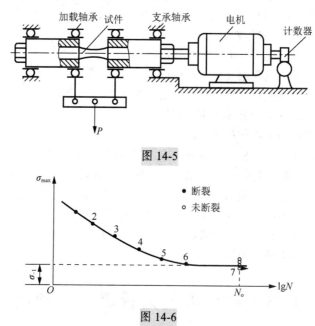

图 14-5

图 14-6

　　应该指出，材料的疲劳极限，不仅与材料性质有关，而且还与循环特征 r 以及变形形式有关。各种材料的持久极限可从相关手册中查得。试验结果表明，钢材在对称循环下的持久极限和静强度极限 σ_b 之间存在如下的近似关系：

　　σ_{-1}（拉、压）$= 0.28\sigma_b$；　σ_{-1}（弯曲）$= 0.40\sigma_b$；　σ_{-1}（扭转）$= 0.22\sigma_b$。

14.4　影响构件持久极限的主要因素

　　材料的持久极限是用标准的光滑小试件测得的，但疲劳试验的结果表明，构件外形、尺寸、表面加工质量、工作环境等都将影响材料持久极限，因此需要对材料的持久极限进行适当修正。现将三种常见的影响因素进行简单的介绍。

14.4.1 构件外形引起的应力集中的影响

构件外形尺寸的突变，如构件上的槽、孔、缺口、轴肩等，将引起应力集中。在应力集中的部位将更容易萌生疲劳裂纹并促使其发展，这使持久极限明显降低。

在对称循环下，光滑试件的持久极限 σ_{-1} 或 τ_{-1} 与同样尺寸但有应力集中的试件的持久极限 $(\sigma_{-1})_k$ 或 $(\tau_{-1})_k$ 之比值，称为有效应力集中系数，并用 K_σ 或 K_τ 表示。即

$$K_\sigma = \frac{\sigma_{-1}}{(\sigma_{-1})_k} \qquad 或 \qquad K_\tau = \frac{\tau_{-1}}{(\tau_{-1})_k} \tag{14-6}$$

式中，K_σ 和 K_τ 是大于 1 的系数。工程上为了使用方便，把试验得到的有效应力集中系数的数据，整理成曲线或表格，图 14-7、图 14-8 和图 14-9 分别给出了阶梯形钢轴在弯曲、扭转和拉、压对称循环下的有效应力集中系数。而这些都是在 $D/d = 2$ 且 $d = 30\sim50$mm 的条件下测得的，如果 $D/d < 2$ 时，其有效应力集中系数可由下式得出，即

$$K_\sigma = 1 + \zeta(K_{\sigma 0} - 1) \tag{14-7}$$
$$K_\tau = 1 + \zeta(K_{\tau 0} - 1) \tag{14-8}$$

式中，$K_{\sigma 0}$ 和 $K_{\tau 0}$ 为 $D/d = 2$ 时的有效应力集中系数；ζ 为与 D/d 有关的修正系数，其值可由图 14-10 查得。

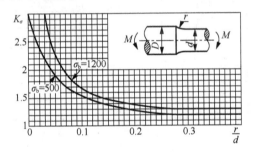

弯曲时有效应力集中系数 $K_{\sigma 0}$，$D/d=2$，$d=30\sim50$mm

图 14-7

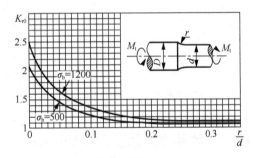

扭转时有效应力集中系数 $K_{\tau 0}$，$D/d=2$，$d=30\sim50$mm

图 14-8

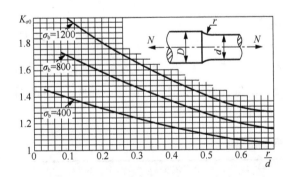

拉压时有效应力集中系数 $K_{\sigma 0}$，$D/d=2$，$d=30\sim50$mm

图 14-9

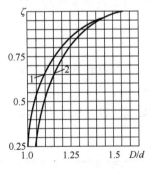

$D/d<2$ 时的修正系数
曲线 1—弯曲与拉压；曲线 2—扭转

图 14-10

从以上各图可见：圆角半径 R 越小，有效应力集中系数 K_σ 和 K_τ 就越大；材料的静强度极限 σ_b 越高，应力集中对持久极限的影响就越显著。

14.4.2　构件尺寸大小的影响

σ_{-1} 和 τ_{-1} 是直径为 6～10mm 的光滑小试件测得,对于 σ_{max} 相同,而直径不同的轴,大直径轴高应力区的面积较大,较多的材料处于高应力区,而且尺寸越大,包含缺陷的概率也越大,因而越易于形成疲劳裂纹。

截面尺寸对持久极限的影响可用尺寸系数 ε_σ 和 ε_τ 来表示。其值小于 1,弯曲的尺寸系数 ε_σ 为

$$\varepsilon_\sigma = \frac{(\sigma_{-1})_d}{\sigma_{-1}} \tag{14-9}$$

扭转的尺寸系数 ε_τ 为

$$\varepsilon_\tau = \frac{(\tau_{-1})_d}{\tau_{-1}} \tag{14-10}$$

常钢材和合金钢的尺寸系数如表 14-1 所示。钢构件在轴向拉-压对称循环下的尺寸系数 ε_σ 基本上等于 1。

表 14-1　尺寸系数

直径 d/mm		>20～30	>30～40	>40～50	>50～60	>60～70
ε_σ	碳钢	0.91	0.88	0.84	0.81	0.78
	合金钢	0.83	0.77	0.73	0.70	0.68
各种钢 ε_τ		0.89	0.81	0.78	0.76	0.74
直径 d/mm		>70～80	>80～100	>100～120	>120～150	>150～500
ε_σ	碳钢	0.75	0.73	0.70	0.68	0.60
	合金钢	0.66	0.64	0.62	0.60	0.54
各种钢 ε_τ		0.73	0.72	0.70	0.68	0.60

14.4.3　构件表面加工质量的影响

构件的最大应力一般发生在表层,表面加工的刀痕、擦伤等会引起应力集中,从而降低持久极限。反之,用表面强化方法提高表面质量,则可提高持久极限。表面加工质量对持久极限的影响可用表面质量系数 β 来表示,即

$$\beta = \frac{(\sigma_{-1})_\beta}{\sigma_{-1}} \tag{14-11}$$

式中,$(\sigma_{-1})_\beta$ 为用其他加工的光滑小试件在对称循环下的持久极限。不同的加工表面的 β 值如表 14-2 所示。由表中数据可以看出,随着表面质量的降低,高强度钢材的值明显降低。这说明优质钢材更需要高质量的加工才能提高其持久极限,显示其高强度的特性。

表 14-2　表面质量系数

加工方法	表面质量 R_a/μm	σ_b/MPa		
		400	800	1200
磨削	0.1～0.2	1	1	1
车削	1.6～4.3	0.95	0.90	0.80
粗车	3.2～12.5	0.85	0.80	0.65
未加工表面	—	0.75	0.65	0.45

综合考虑以上三种因素，对称循环下构件的持久极限正应力 σ_{-1}^0 和切应力 τ_{-1}^0 分别为

$$\sigma_{-1}^0 = \frac{\varepsilon_\sigma \beta}{K_\sigma} \sigma_{-1} \tag{14-12}$$

$$\tau_{-1}^0 = \frac{\varepsilon_\tau \beta}{K_\tau} \tau_{-1} \tag{14-13}$$

除了以上因素外，构件所处工作环境(如高温、腐蚀介质等)也影响构件的持久极限，这些影响可以通过相关的手册查阅。此外热轧型钢和焊接构件都有较大的残余应力，也将严重影响构件的持久极限。

14.5 构件的疲劳强度计算

14.5.1 对称循环下构件的强度校核

构件的持久极限与构件的最大工作应力之比值，即为构件在交变应力下的工作安全系数 n_σ 或 n_τ，将它与疲劳安全系数 n 进行可以建立疲劳强度条件。构件在对称弯曲、拉压循环下的疲劳强度条件为

$$n_\sigma = \frac{\sigma_{-1}^0}{\sigma_{\max}} \geqslant n \tag{14-14}$$

构件在对称扭转循环下的疲劳强度条件为

$$n_\tau = \frac{\tau_{-1}^0}{\tau_{\max}} \geqslant n \tag{14-15}$$

【例 14-1】 图 14-11 所示阶梯形轴的材料为碳钢，其 $\sigma_b = 500\text{MPa}$，$\sigma_{-1} = 220\text{MPa}$，该轴表面经磨削加工。轴在旋转时，弯矩 $M = 0.72\text{kN·m}$，疲劳安全系数 $n = 1.7$，试校核轴的疲劳强度。

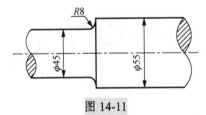

图 14-11

解：确定有效应力集中系数 K_σ 的值，按 $D/d = 2$，$R/d = 8/45 = 0.178$ 以及 $\sigma_b = 500\text{MPa}$ 由图 14-7 查得 $K_{\sigma 0} = 1.35$，再由 $D/d = 55/45 = 1.22$，由图 14-10 查得修正系数 $\zeta = 0.82$；由式(14-7)算得有效应力集中系数 K_σ 为

$$K_\sigma = 1 + \zeta(K_{\sigma 0} - 1) = 1 + 0.82 \times (1.35 - 1) = 1.29$$

由表 14-1 查得尺寸系数 $\varepsilon_\sigma = 0.84$。由于该轴表面经过磨削加工，因此表面质量系 $\beta = 1$。

该轴弯曲对称循环下的最大工作应力为

$$\sigma_{\max} = \frac{|M|_{\max}}{W} = \frac{32 \times 0.72 \times 10^3}{\pi \times 45^3 \times 10^{-9}} \text{Pa} = 80.5\text{MPa}$$

该轴在弯曲对称循环下的工作安全系数为

$$n_\sigma = \frac{\sigma_{-1}^0}{\sigma_{\max}} = \frac{\sigma_{-1}}{\sigma_{\max}} \times \frac{\varepsilon_\sigma \beta}{K_\sigma} = \frac{220}{80.5} \times \frac{0.84 \times 1}{1.29} = 1.78 > n = 1.7$$

因此该轴的疲劳强度足够。

14.5.2　非对称循环下构件的强度校核

1. 材料的持久极限曲线及其简化折线

将所研究材料加工成若干组相同的标准试件，并测得若干循环特征下的持久极限 σ_r，也可得到相应的应力幅值 σ_{ra} 和平均应力 σ_{rm}，在 $\sigma_{rm} - \sigma_{ra}$ 坐标系中画出不同循环特征下的相应点，最后拟合成曲线 ACB，如图 14-12 所示，该曲线称为材料的**持久极限曲线**，又称为寿命曲线。

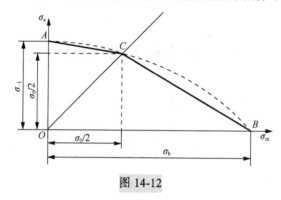

图 14-12

为了减少试验并偏于安全考虑，可用折线 ACB 来近似替代持久极限曲线，该折线称为材料的持久极限简化折线。

2. 非对称循环下构件的强度计算

作为一种实用的计算，实际的构件，应力集中、结构的尺寸和表面加工质量等因素的影响可以认为只对持久极限的应力幅值有影响，对平均应力没有影响。因此只需将材料的持久极限的纵坐标乘以系数 $\varepsilon_\sigma \beta / K_\sigma$，横坐标保持不变，即得构件的持久极限简化折线，如图 14-13 所示。由持久极限简化折线图可得

$$\tan \gamma = \frac{\sigma_{-1}\dfrac{\varepsilon_\sigma \beta}{K_\sigma} - \sigma_0 \dfrac{\varepsilon_\sigma \beta}{2K_\sigma}}{\dfrac{\sigma_0}{2}} = \frac{\varepsilon_\sigma \beta}{K_\sigma} \times \frac{(2\sigma_{-1} - \sigma_0)}{\sigma_0}$$

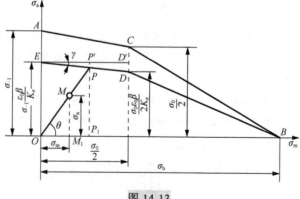

图 14-13

引入记号

$$\psi_\sigma = \frac{2\sigma_{-1} - \sigma_0}{\sigma_0} \qquad (14\text{-}16)$$

可得

$$\tan\gamma = \frac{\varepsilon_\sigma \beta}{K_\sigma} \times \psi_\sigma \qquad (14\text{-}17)$$

钢材的 ψ_σ 和 ψ_τ 可通过表 14-3 查得。

表 14-3　钢的系数 ψ_σ 和 ψ_τ

系　数	静　强　度　极　限/MPa				
	350~520	520~700	700~1000	1000~1200	1200~1400
ψ_σ (拉压，弯曲)	0	0.05	0.10	0.20	0.25
ψ_τ (扭　转)	0	0	0.05	0.10	0.15

$$\tan\theta = \frac{\sigma_a}{\sigma_m} = \frac{\sigma_{max} - \sigma_{min}}{\sigma_{max} + \sigma_{min}} = \frac{1-r}{1+r} \qquad (14\text{-}18)$$

由上式可知，循环特征相同的应力循环都在同一条过坐标原点的射线上。

现讨论非对称循环下的疲劳强度条件。构件在循环特征 r 及最大的交变应力 σ_{max}，可得一点 M，如图 14-14 所示，作射线 $\overline{OM}$ 与直线 $\overline{DE}$ 交于 P 点，P 点的横、纵坐标之和即为该循环特征下的持久极限。过 M 和 P 点分别作与横坐标轴成 45° 直线 MN 和 PQ。由三角形相似可得构件的工作安全系数 n_σ 为

$$n_\sigma = \frac{\sigma_r}{\sigma_{max}} = \frac{\overline{OQ}}{\overline{ON}} = \frac{\overline{OP}}{\overline{OM}} = \frac{\overline{PP_1}}{\overline{MM_1}} = \frac{\sigma_{ra}}{\sigma_a} \qquad (a)$$

式中

$$\sigma_{ra} = \overline{OE} - \overline{PP'} = \sigma_{-1}\frac{\varepsilon_\sigma\beta}{K_\sigma} - \sigma_{rm}\tan\gamma \qquad (b)$$

又因

$$\sigma_{rm} = \sigma_{ra}\frac{\sigma_m}{\sigma_a} \qquad (c)$$

将式(c)和式(14-17)代入式(b)得

$$\sigma_{ra} = \frac{\sigma_{-1}}{\frac{K_\sigma}{\varepsilon_\sigma\beta} + \frac{\sigma_m}{\sigma_a}\psi_\sigma} \qquad (d)$$

将式(d)代入式(a)并可建立非对称循环下的疲劳强度条件为

$$n_\sigma = \frac{\sigma_{-1}}{\frac{K_\sigma}{\varepsilon_\sigma\beta}\sigma_a + \sigma_m\psi_\sigma} \geq n \qquad (14\text{-}19)$$

同理可得扭转非对称循环下的疲劳强度条件为

$$n_\tau = \frac{\tau_{-1}}{\frac{K_\tau}{\varepsilon_\tau\beta}\tau_a + \tau_m\psi_\tau} \geq n \qquad (14\text{-}20)$$

在强度校核时，还应充分考虑塑性材料构件不能出现明显的塑性变形，即应满足拉压、弯曲

的强度条件：

$$n_\sigma' = \frac{\sigma_s}{\sigma_{max}} = \frac{\sigma_s}{\sigma_m + \sigma_a} \geqslant n_s \tag{14-21}$$

式中，n_s 为屈服破坏安全系数。同理，对于受扭圆轴来说，其强度条件为

$$n_\tau' = \frac{\sigma_s}{\tau_{max}} = \frac{\tau_s}{\tau_m + \tau_a} \geqslant n_s \tag{14-22}$$

在图 14-14 中作一条在两坐标轴上的截距均为 σ_s 的直线 GT 与 DE 相交于 K 点，KT 称为屈服线。根据构件内交变应力的循环特征 r 所作的射线 OP，若与直线 EK 相交，应按疲劳强度条件校核，若与直线 KT 相交应按屈服破坏的强度条件进行计算。后者只有当 $r>0$ 才能出现，当 r 接近零时，通常要同时校核构件的疲劳强度和屈服强度。

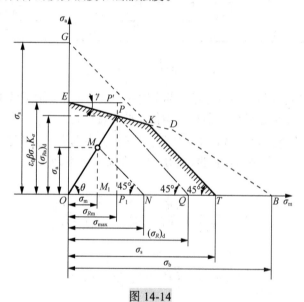

图 14-14

【例 14-2】 阶梯形轴如图 14-15 所示，轴的材料为铬镍合金钢，$\sigma_b = 900\text{MPa}$，$\sigma_s = 500\text{MPa}$，$\sigma_{-1} = 400\text{MPa}$，$\psi_\sigma = 0.1$。已知轴的尺寸为 $d = 40\text{mm}$，$D = 50\text{mm}$，$R = 5\text{mm}$，该轴工作时非对称交变弯矩 $M_{max} = 2000\text{N·m}$，$M_{min} = 500\text{N·m}$，轴表面经过磨削加工。若规定的安全系数为 $n = 1.6$，$n_s = 1.5$，试校核轴的强度。

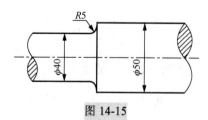

图 14-15

解：(1)该轴在应力循环中的最大和最小弯曲正应力分别为

$$\sigma_{max} = \frac{M_{max}}{W} = \frac{32 \times 2000}{\pi \times 40^3 \times 10^{-9}}\text{Pa} = 318.3\text{MPa}$$

$$\sigma_{min} = \frac{M_{min}}{W} = \frac{32 \times 500}{\pi \times 40^3 \times 10^{-9}}\text{Pa} = 79.6\text{MPa}$$

故危险点处交变应力的平均应力和应力幅值分别为

$$\sigma_m = \frac{\sigma_{max} + \sigma_{min}}{2} = \frac{318.3 + 79.6}{2} MPa = 199 MPa$$

$$\sigma_a = \frac{\sigma_{max} - \sigma_{min}}{2} = \frac{318.3 - 79.6}{2} MPa = 119.4 MPa$$

(2) 确定各影响因数

由 $\sigma_b = 900 MPa$ ，$R/d = 5/40 = 0.125$ ，再由图 14-7 按内插值法求得 $K_{\sigma0} = 1.54$ ；再按 $D/d = 50/40 = 1.25$ ，由图 14-10 查出修正系数 $\zeta = 0.85$ ；即可得应力集中因素 $K_\sigma = 1 + \zeta(K_{\sigma0} - 1)$ $= 1 + 0.85 \times (1.54 - 1) = 1.46$ 。由表 14-1，再按 $d = 40 mm$ 查得尺寸系数 $\varepsilon_\sigma = 0.77$ ，因该轴表面经过磨削加工，故表面质量系数 $\beta = 1$ 。

(3) 疲劳强度校核

$$n_\sigma = \frac{\sigma_{-1}}{\dfrac{K_\sigma}{\varepsilon_\sigma \beta} \sigma_a + \sigma_m \psi_\sigma} = \frac{400}{\dfrac{1.46}{0.77 \times 1} \times 119.4 + 199 \times 0.1} = 1.624 \geqslant n$$

(4) 疲劳强度校核

$$n_\sigma' = \frac{\sigma_s}{\sigma_{max}} = \frac{500}{318.3} = 1.57 \geqslant n_s$$

因此，该轴安全。

14.5.3 弯扭组合交变下构件的强度计算

若构件在弯扭组合交变下工作时，其疲劳强度校核只需将静载荷下的极限应力换成相应的交变应力下的持久极限。实验表明，钢制小试件在弯扭组合对称循环下的试验结果与第四强度理论基本相符，因此按第四强度理论来推广疲劳强度条件。

静载荷下弯扭组合第四强度理论的强度条件为

$$\sqrt{\sigma^2 + 3\tau^2} \leqslant \frac{\sigma_s}{n_s}$$

上式左右平方并除以 σ_s^2 可得

$$\frac{\sigma^2}{\sigma_s^2} + \frac{3\tau^2}{\sigma_s^2} \leqslant \frac{1}{n_s^2}$$

按第四强度理论，拉伸屈服极限 σ_s 与剪切屈服极限 τ_s 间的关系为 $\tau_s = \sigma_s / \sqrt{3}$ ，则上式可写成

$$\left(\frac{\sigma}{\sigma_s}\right)^2 + \left(\frac{\tau}{\tau_s}\right)^2 \leqslant \frac{1}{n_s^2}$$

由于 σ_s / σ 为单独考虑弯曲正应力的工作安全系数 n_σ ，τ_s / τ 为单独考虑扭转切应力的工作安全系数 n_τ ，因此上式可以改写为

$$\frac{1}{n_\sigma^2} + \frac{1}{n_\tau^2} \leqslant \frac{1}{n_s^2}$$

即可得

$$\frac{n_\sigma n_\tau}{\sqrt{n_\sigma^2 + n_\tau^2}} \geqslant n_s$$

因此上式推广到弯扭组合变下构件的疲劳强度条件为

$$n_{\sigma\tau} = \frac{n_\sigma n_\tau}{\sqrt{n_\sigma^2 + n_\tau^2}} \geqslant n \tag{14-23}$$

式中，n 为疲劳安全系数；$n_{\sigma\tau}$ 为构件在弯扭组合变形下的工作安全系数；n_σ 和 n_τ 分别构件在弯曲交变和扭转交变时的工作安全系数。

在弯扭组合对称循环下，弯曲交变与扭转交变的工作安全系数分别为

$$n_\sigma = \frac{\varepsilon_\sigma \beta}{K_\sigma} \times \frac{\sigma_{-1}}{\sigma_{max}} , \qquad n_\tau = \frac{\varepsilon_\tau \beta}{K_\tau} \times \frac{\tau_{-1}}{\tau_{max}}$$

在弯扭组合非对称循环下，弯曲交变与扭转交变的工作安全系数分别为

$$n_\sigma = \frac{\sigma_{-1}}{\dfrac{K_\sigma}{\varepsilon_\sigma \beta}\sigma_a + \psi_\sigma \sigma_m} , \qquad n_\tau = \frac{\tau_{-1}}{\dfrac{K_\tau}{\varepsilon_\tau \beta}\tau_a + \psi_\tau \tau_m}$$

为了防止在危险点出现明显的塑性变形，也应考虑屈服破坏的强度条件，第四强度理论的强条件用安全系数可改写为

$$\frac{\sigma_s}{\sqrt{\sigma_{max}^2 + 3\tau_{max}^2}} \geqslant n_s \tag{14-24}$$

14.6 提高构件疲劳强度的措施

构件的疲劳破坏由裂纹的扩展引起，裂纹的形成一般在构件的应力集中部位和构件的表面，因此要提高疲劳强度应从减小应力集中和提高表面质量方面考虑。以下是提高构件疲劳强度的一些常见措施。

14.6.1 减小应力集中

为了减小应力集中，构件在设计时应尽量避免截面尺寸急剧变化，如图 14-16(a)所示阶梯轴，在轴肩出应采用半径 R 足够大的过渡圆角，如图 14-16(b)所示，由图 14-7～图 14-9 中曲线可知，R/d 的比值越大，有效应力集中因数就越小。有时因结构上的原因不能加大过渡圆角的半径，这时可在轴较粗的部分开卸荷槽(图 14-17)或退刀槽(图 14-18)以减小直径较粗的刚度，达到减小应力集中的影响。

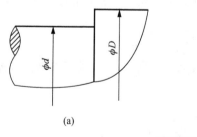

(a)

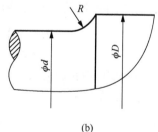

(b)

图 14-16

对于构件之间的过盈配合问题，如图 14-19 所示，轮毂与轴之间的配合，可将轴配合部分加粗并倒圆角过渡并在轮毂上开卸荷槽以减小其刚度来缓和轴与轮毂交界处应力集中的影响。此外焊缝采用图 14-20(a)所示的坡口焊接其应力集中比图 14-20(b)无坡口焊接要小得多。

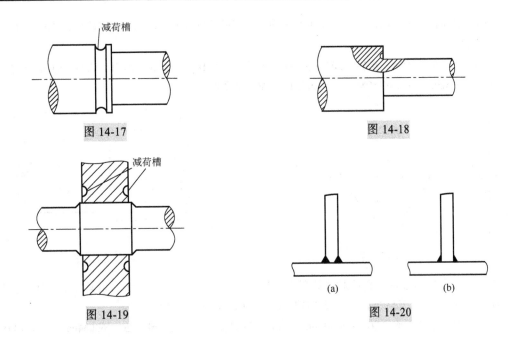

图 14-17　　　　　　　　　　图 14-18

图 14-19　　　　　　　　　　图 14-20

14.6.2　提高表面加工质量

弯曲交变和扭转交变的构件，其最大应力均在构件的表面，构件表面加工质量对疲劳强度的影响很大，因此对疲劳强度要求高的构件，表面质量的要求也更高。高强度材料对表面质量更为敏感，必须经过精加工才能显示其高强度的性能。在使用中，应尽量避免对构件的表面的损伤（如划伤、打印或腐蚀、生锈等）。

14.6.3　提高表面强度

工程中常通过热处理和化学处理来强化构件的表面强度，达到提高构件的疲劳强度，如表面淬火、渗碳、氮化等。但采用这些方法时应严格控制工艺过程，否则将造成表面微细裂纹，反而降低了构件的持久极限。有时也通过机械强化的方法，如在构件表面进行滚压、喷丸等强化构件表面，使其形成预压应力层，抵消一部分易于引起裂纹的表层拉应力，从而提高构件的疲劳强度。一些研究表明，对于大应变（塑性应变）疲劳问题，上述工艺方法可能会造成不利的结果，应当慎重选用。

习　　题

14.1　图示直径为 d 的圆轴在匀速旋转中，所受外力的大小和空间位置保持不变。试求危险点的平均应力、应力幅值和应力比 r。

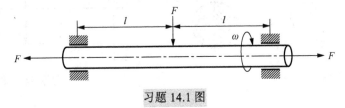

习题 14.1 图

14.2　某危险点交变应力的应力-时间历程曲线如图所示应力单位为 MPa，试计算其平均应力、应力幅值和应力比 r。

14.3　图示阶梯形轴，该轴在旋转过程中承受不变弯矩 $M = 1\text{kN·m}$ 的作用。轴的表面为精车加工，材料的 $\sigma_b = 600\text{MPa}$，$\sigma_{-1} = 250\text{MPa}$，求该轴的工作安全系数。

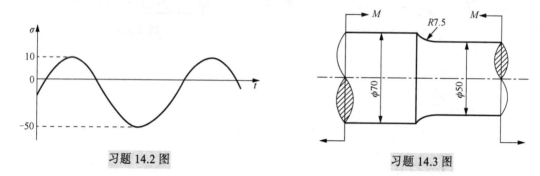

习题 14.2 图　　　　　　　　　　　　　　习题 14.3 图

14.4　图示阶梯形轴，作用对称循环交变扭矩 $T = 1\text{kN·m}$ 的作用。轴的表面为精车加工，材料的 $\sigma_b = 600\text{MPa}$，$\tau_{-1} = 130\text{MPa}$，疲劳安全系数 $n = 2$，试校核该轴的疲劳强度。

14.5　图示电动机轴的直径 $d = 30\text{mm}$，轴上开有端洗加工键槽。轴的 $\sigma_b = 600\text{MPa}$，$\tau_b = 400\text{MPa}$，$\tau_s = 260\text{MPa}$，$\tau_{-1} = 190\text{MPa}$，轴在 $n = 750\text{r/min}$ 的转速下传递的功率为 $P = 14.7\text{kW}$。轴时而工作时而停止，但无反向旋转，可作为脉冲循环。轴的表面为精磨削加工，若规定疲劳安全系数 $n = 2$，$n_s = 1.5$，试校核该轴的强度。

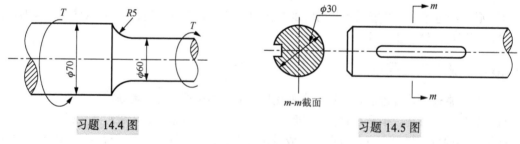

习题 14.4 图　　　　　　　　　　　　　　习题 14.5 图

14.6　图示带径向孔的圆截面钢杆，承受非对称循环的轴向拉力作用，轴向拉力在零和 P 之间变化。杆的表面经过磨削加工。轴的 $\sigma_b = 600\text{MPa}$，$\sigma_s = 340\text{MPa}$，$\sigma_{-1} = 200\text{MPa}$，$\psi_\sigma = 0.1$，横孔处的有效应力集中系数 $K_\sigma = 2$，若规定疲劳安全系数 $n = 1.7$，试计算外力 F 的最大允许值。

14.7　图示阶梯轴的 $D = 50\text{mm}$，$d = 40\text{mm}$，$R = 2\text{mm}$，承受交变弯矩和扭矩的作用，正应力从 50MPa 变到 -50MPa，切应力从 40MPa 变到 20MPa。轴的材料为碳钢，$\sigma_b = 550\text{MPa}$，$\sigma_{-1} = 220\text{MPa}$，$\tau_{-1} = 120\text{MPa}$，$\sigma_s = 300\text{MPa}$，$\tau_s = 180\text{MPa}$，取 $\psi_\tau = 0.1$，$\beta = 1$，试求此轴的工作安全系数。

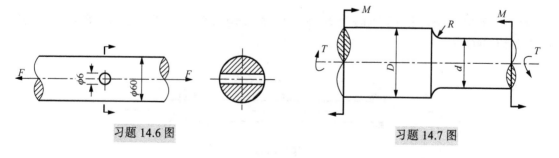

习题 14.6 图　　　　　　　　　　　　　　习题 14.7 图

部分习题答案

第 1 章 绪 论

1.3 $F_{N1} = \dfrac{F}{2\sin\alpha}$; $F_{N2} = \dfrac{F}{2\tan\alpha}$, $F_{S2} = \dfrac{F}{2}$, $M_2 = \dfrac{Fl}{4}$

1.4 沿半径和外圆周方向的线应变均为 3×10^{-5}

1.5 $(\gamma_A)_a = 0$, $(\gamma_A)_b = 2\alpha$

第 2 章 轴向拉伸与压缩

2.5 $\sigma = 76.4\text{MPa}$

2.6 $\sigma = 0.067\text{MPa}$, $\tau = 0.25\text{MPa}$

2.7 $\sigma_p = \sigma_s = 246.3\text{MPa}$, $E = 203\text{GPa}$, $\sigma_b = 448.5\text{MPa}$

2.8 $E = 67.7\text{GPa}$, $\sigma_p = 240\text{MPa}$, $\varepsilon = 0.75\%$, $\varepsilon_e = 0.52\%$, $\varepsilon_p = 0.23\%$

2.9 (1) 17.8mm; (2) 32.6mm; (3) 15.7kN

2.10 $\sigma = 34.3\text{MPa}$,满足强度要求

2.11 $[F] = 50\text{kN}$

2.12 $h = 162\text{mm}$, $b = 116\text{mm}$

2.13 $\theta = \arctan\sqrt{2}$, $A_1/A_2 = \sqrt{3}$

2.14 (1) $n = 3.95$; (2) 14 个

2.16 (1) $\sigma = \dfrac{pr}{\delta}$; (2) $\Delta r = \dfrac{pr^2}{E\delta}$

2.17 $\Delta l = 0.2\text{mm}$

2.18 (1) $F = 53.0\text{kN}$; (2) $[F] = 56.5\text{kN}$, $\Delta_D = 1.5\text{mm}$

2.19 $F_{N1} = \dfrac{5F}{6}$, $F_{N2} = \dfrac{5F}{3}$, $F_{N3} = -\dfrac{F}{6}$

2.20 (2) 和 (3)

2.21 $\sigma_{BD} = -26.2\text{MPa}$, $\sigma_{BC} = 30.3\text{MPa}$

2.22 $[F] = 698\text{kN}$

2.23 $\sigma_{铜} = 145.5\text{MPa}$, $\sigma_{钢} = 131.2\text{MPa}$

2.24 $\sigma_{DF} = 145.5\text{MPa}$, $\sigma_{AB} = \sigma_{AC} = -168\text{MPa}$

第 3 章 连接件的实用计算

3.1 $a \geqslant 11\text{mm}$, $l \geqslant 87.7\text{mm}$

3.2　$[F] = 37.7\text{kN}$

3.3　$\tau_{铜} = 51\text{MPa}$，$\tau_{销} = 61.2\text{MPa}$

3.4　$\sigma = 166.67\text{MPa}$，$\tau = 52.61\text{MPa}$，$\sigma_{bs} = 90.91\text{MPa}$，满足强度要求

3.5　$d \geqslant 3.26\text{mm}$

3.6　$\tau = 28.6\text{MPa} \leqslant [\tau]$，满足剪切强度要求

　　　$\sigma_{bs} = 95.9\text{MPa} \leqslant [\sigma_{bs}]$，满足挤压强度要求

3.7　$\tau = 43.3\text{MPa}$，$\sigma_{bs} = 59.5\text{MPa}$

3.8　$d \leqslant 5.95\text{mm}$

3.9　$\sigma_{AB} = 18.9\text{MPa}$，$\sigma_{BC} = 8.4\text{MPa}$

第 4 章　扭 转

4.2　$m = 13.26\text{N}\cdot\text{m}/\text{m}$

4.4　$\tau_{\rho} = 35.0\text{MPa}$，$\tau_{\max} = 87.6\text{MPa}$

4.5　(1) $\tau_{\max} = 70.77\text{MPa}$；(2) 6.25%；(3) 6.67%

4.6　$\tau_{\max} = 67.53\text{MPa} < [\tau]$，安全

4.7　$D_1 \geqslant 64.7\text{mm}$，取 $D_1 = 65\text{mm}$；$D_2 \geqslant 46.0\text{mm}$，取 $D_2 = 46\text{mm}$

4.8　AE 段：$\tau_{\max} = 45.17\text{MPa} < [\tau]$，$\theta = 0.46°/\text{m} < [\theta]$，安全

　　　BC 段：$\tau_{\max} = 71.30\text{MPa} < [\tau]$，$\theta = 1.02°/\text{m} < [\theta]$，安全

4.9　$\varphi_B = ml^2 \big/ \left(2GI_p\right)$

4.10　(1) $[M_e] = 110\text{N}\cdot\text{m}$，(2) $\varphi = 0.022\text{rad}$

4.11　(1) $\tau_{\max} = 47.7\text{MPa}$，(2) $\theta_{\max} = 1.37°/\text{m}$

4.12　(1) $d_1 = 85\text{mm}$，$d_2 = 75\text{mm}$，(2) $d = 85\text{mm}$，(3) 略

4.13　$\tau_{\max} = 23.9\text{MPa} < [\tau]$，$\theta_{\max} = 0.43°/\text{m} < [\theta]$，安全

4.14　$d = 65\text{mm}$

4.15　$T_1 = T_2 = \psi G_1 G_2 I_{p1} I_{p2} \big/ \left(aG_2 I_{p2} + bG_1 I_{p1}\right)$

4.16　$M_A = \left[M_{e1}(b+c) + M_{e2}c\right]/(a+b+c)$，$M_B = \left[M_{e1}a + M_{e2}(a+b)\right]/(a+b+c)$

4.17　$[M_e] = 602\text{N}\cdot\text{m}$

第 5 章　弯曲内力

5.1　(a) $F_{S1} = 2qa$，$M_1 = -3qa^2/2$；$F_{S2} = 2qa$，$M_2 = -qa^2/2$

　　　(b) $F_{S1} = 10\text{kN}$，$M_1 = 4\text{kN}\cdot\text{m}$；$F_{S2} = 0$，$M_2 = 4\text{kN}\cdot\text{m}$；$F_{S3} = 0$，$M_3 = 4\text{kN}\cdot\text{m}$

　　　(c) $F_{S1} = 1.33\text{kN}$，$M_1 = 267\text{N}\cdot\text{m}$；$F_{S2} = -0.667\text{kN}$，$M_2 = 333\text{N}\cdot\text{m}$

　　　(d) $F_{S1} = 1\text{kN}$，$M_1 = 9\text{kN}\cdot\text{m}$；$F_{S2} = -8\text{kN}$，$M_2 = 0$

　　　(e) $F_{S1} = 1\text{kN}$，$M_1 = 2\text{kN}\cdot\text{m}$；$F_{S2} = -3\text{kN}$，$M_2 = -8\text{kN}\cdot\text{m}$；$F_{S3} = 0$，$M_3 = 0$

　　　(f) $F_{S1} = 5\text{kN}$，$M_1 = 10\text{kN}\cdot\text{m}$；$F_{S2} = -5\text{kN}$，$M_2 = 0$；$F_{S3} = 8\text{kN}$，$M_3 = 8\text{kN}\cdot\text{m}$

5.4　$\Delta a = \Delta F(l-a)/(F+\Delta F)$

第6章　截面的几何性质

6.1　(a) $-3 \times 10^4 \, \text{mm}^3$ ；　(b) $4.23 \times 10^4 \, \text{mm}^3$ ；　(c) $-3.65 \times 10^5 \, \text{mm}^3$

6.2　$I_y = I_z = \pi R^4 / 16$ ，　$I_{yz} = R^4 / 8$

6.3　(a) $I_z = 1.71 \times 10^6 \, \text{mm}^4$ ；　(b) $I_z = 2.91 \times 10^6 \, \text{mm}^4$ ；　(c) $I_z = 93.18 \times 10^6 \, \text{mm}^4$

6.4　(a) $I_z = 0.023 a^4$ ；(b) $I_z = 1.06 \times 10^9 \, \text{mm}^4$ ；(c) $I_z = 46.51 \times 10^6 \, \text{mm}^4$ ；(d) $I_z = 1.51 \times 10^8 \, \text{mm}^4$ ；

6.5　$I_y = I_z = 3.36 \times 10^6 \, \text{mm}^4$ ，　$I_{yz} = 0.50 \times 10^6 \, \text{mm}^4$

6.6　$I_{y_1} = 87.5 \times 10^6 \, \text{mm}^4$ ，　$I_{z_1} = 537.5 \times 10^6 \, \text{mm}^4$ ，　$I_{y_1 z_1} = 87.5 \times 10^6 \, \text{mm}^4$

6.7　$\alpha_0 = 23.78°$ 或 $\alpha_0 = -66.22°$ ，　$I_{y_0} = 20.07 \times 10^4 \, \text{mm}^4$ ，　$I_{z_0} = 3.59 \times 10^4 \, \text{mm}^4$

第7章　弯曲应力及弯曲强度

7.1　$\sigma_{\max} = 1 \text{MPa}$

7.2　$\sigma_a = -6.04 \text{MPa}$ ，　$\sigma_b = 12.9 \text{MPa}$

7.3　$F = 47.4 \text{kN}$

7.4　$h/b = \sqrt{2}$

7.5　$\sigma_{\max} = 63.3 \text{MPa}$

7.6　$\sigma_{\max} = 196 \text{MPa} < [\sigma]$ ，安全

7.7　$b \geqslant 277 \text{mm}$ ，　$h \geqslant 416 \text{mm}$

7.8　(1) $d = 122 \text{mm}$ ；　(2) $D_1 = 145 \text{mm}$ ，　$d_1 = 116 \text{mm}$ ；　(3) $A_1 / A_2 = 1.97$

7.9　$[F] = 56.9 \text{kN}$

7.10　$[q] = 15.7 \text{kN/m}$

7.11　$n = 3.71$

7.12　$\sigma_{\text{t,max}} = 26.2 \text{MPa} < [\sigma_\text{t}]$ ，　$\sigma_{\text{c,max}} = 52.4 \text{MPa} < [\sigma_\text{c}]$ ，安全；倒置后，B 截面上边缘的

　　　$\sigma_{\text{t,max}} = 52.4 \text{MPa} > [\sigma_\text{t}]$ ，不合理

7.13　$[F] = 309.8 \text{kN}$ ，　$\Delta l = 0.25 \text{mm}$

7.14　$\sigma_{\max} = 142 \text{MPa}$ ，　$\tau_{\max} = 18.1 \text{MPa}$

7.15　$\tau = 16.2 \text{MPa} < [\tau]$ ，安全

7.16　$b \geqslant 107 \text{mm}$ ，　$h \geqslant 214 \text{mm}$

7.17　No.28a 工字钢；　$\tau_{\max} = 13.9 \text{MPa} < [\tau]$ ，安全

7.18　$[F] = 3.75 \text{kN}$

7.19　$a = 1.39 \text{m}$

7.20　$\sigma_{\max} = 138 \text{MPa} < [\sigma]$ ，　$a_{\min} = 5.22 \text{m}$

7.21　(1) $2 \text{m} \leqslant x \leqslant 2.67 \text{m}$ ；　(2) No.50a 工字钢

7.22　$b(x) = 0.71 x$ ，　$b_{\min} = 3 \text{mm}$

第8章　弯曲变形

8.1　(a) $w_A = 0$，$w_B = 0$，$w_A^- = w_A^+$，$\theta_A^- = \theta_A^+$；

　　　(b) $w_A = 0$，$w_B = ql/(2C)$；

　　　(c) $w_A = 0$，$w_B = qll_1/(2EA)$；

　　　(d) $w_A = 0$，$\theta_A = 0$，$w_B = 0$，$w_B^- = w_B^+$，$\theta_B^- = \theta_B^+$，$w_C^- = w_C^+$；

8.2　(a) $|\theta|_{max} = q_0 l^3/(24EI)(\frown)$，$|w|_{max} = q_0 l^4/(30EI)(\downarrow)$；

　　　(b) $|\theta|_{max} = 5Fa^2/(2EI)(\frown)$，$|w|_{max} = 7Fa^3/(2EI)(\downarrow)$；

　　　(c) $|\theta|_{max} = 3ql^3/(128EI)(\frown)$，$|w|_{max} = 5.04ql^4/(768EI)(\downarrow)$；

　　　(d) $|\theta|_{max} = qa^3/(2EI)(\frown)$，$|w|_{max} = 11qa^4/(24EI)(\downarrow)$；

8.3　(a) $w_A = Fl^3/(6EI)(\downarrow)$，$\theta_B = 9Fl^2/(8EI)(\frown)$；

　　　(b) $w_A = -ql^4/(16EI)(\uparrow)$，$\theta_B = -ql^3/(12EI)(\frown)$；

　　　(c) $w_A = -Fl^3/(24EI)(\uparrow)$，$\theta_B = 13Fl^2/(48EI)(\frown)$；

　　　(d) $w_A = -Fa(3l^2 - 16al - 16a^2)/(48EI)(\uparrow)$，$\theta_B = -F(24a^2 + 16al - 3l^2)/(48EI)(\frown)$

　　　(e) $w_B = 5qa^4/(24EI)(\downarrow)$，$\theta_B = qa^3/(4EI)(\frown)$；

　　　(f) $w_A = -qal^2(5l+6a)/(24EI)(\uparrow)$，$\theta_A = ql^2(5l+12a)/(24EI)(\frown)$；

8.4　(a) $w_C = 45qa^4/(8EI)(\downarrow)$；

　　　(b) $w_C = Ma^2/(3EI)(\downarrow)$。

8.5　$w_B = 8.22\text{mm}(\downarrow)$。

8.6　$w_C = 5Ma^2/(4EI_1)(\downarrow)$，$\theta_C = 3Ma/(2EI_1)(\frown)$。

8.7　$w_D = Fa^3/(3EI)(\downarrow)$。

8.8　正应力强度条件 $d \geq 317\text{mm}$，切应力强度条件 $d \geq 263\text{mm}$，刚度条件 $d \geq 148\text{mm}$，所以取 $d = 317\text{mm}$

8.9　$|w|_{max} = 12.0\text{mm} < [\delta]$，安全

8.10　略

8.11　$F_B = 17qa/8(\uparrow)$

8.12　(1) $F_C = 5F/4(\uparrow)$；

　　　(2) M_{max} 减少了 $Fl/2$，w_B 减少了 $25Fl^3/(192EI)$

8.13　$F_1 = F I_1 l_2^3/(I_2 l_1^3 + I_1 l_2^3)$，$F_2 = F I_2 l_1^3/(I_2 l_1^3 + I_1 l_2^3)$

8.14　$\sigma_{max} = 109.1\text{MPa}$，$\sigma_{BC} = 31.0\text{MPa}$

第9章　应力状态及强度理论

9.1　(1)图(a)：若不计自重，轴上各点都同样危险；若考虑自重，轴固定端截面上各点为危

险点；图(b)：在 B、C 之间各横截面圆轴圆周上各点均为危险点；图(c)：固定端离水平中性轴最远的两点(铅垂直径的两端点)为危险点；图(d)：圆柱面上各点为危险点。

9.2 (a) $\sigma_\alpha = -10\text{MPa}$, $\tau_\alpha = -17.3\text{MPa}$ ； (b) $\sigma_\alpha = -0.680\text{Pa}$, $\tau_\alpha = 20.4\text{MPa}$ ；

(c) $\sigma_\alpha = 40\text{MPa}$, $\tau_\alpha = 10\text{MPa}$

9.3 (1) $\sigma_\alpha = -50.3\text{MPa}$, $\tau_\alpha = -10.7\text{MPa}$ ；

(2) $\sigma_1 = 114.6\text{MPa}$, $\sigma_2 = 0$, $\sigma_3 = -50.9\text{MPa}$, $\alpha_0 = 33.69°$

9.4 (a) $\sigma_1 = 50\text{MPa}$, $\sigma_2 = 10\text{MPa}$, $\sigma_3 = 0$ 水平方向为第一主方向；

(b) $\sigma_1 = 120\text{MPa}$, $\sigma_2 = 20\text{MPa}$, $\sigma_3 = 0$, 取 $\sigma = 45\text{MPa}$ 为 y 轴正向，$\alpha_0 = 33.29°$

9.5 (a) $\sigma_1 = 50\text{MPa}$, $\sigma_2 = 25\text{MPa}$, $\sigma_3 = -25\text{MPa}$, $\tau_{\max} = 37.5\text{MPa}$ ；

(b) $\sigma_1 = 50\text{MPa}$, $\sigma_2 = 4.7\text{MPa}$, $\sigma_3 = -84.7\text{MPa}$, $\tau_{\max} = 67.4\text{MPa}$

9.6 $\sigma_x = 80\text{MPa}$, $\sigma_y = 0$

9.7 $\Delta l_{AB} = F(1-\mu)/(\sqrt{2}Eb)$

9.8 $\sigma_1 = \sigma_2 = -29.6\text{MPa}$, $\sigma_3 = -60\text{MPa}$ ； $\varepsilon_1 = \varepsilon_2 = 0$, $\varepsilon_3 = -579 \times 10^{-6}$

9.9 $\Delta l_{AC} = 9.29 \times 10^{-3}\text{mm}$

9.10 $M_e = 8.82\text{kN·m}$

9.11 $\sigma_{r3} = 300\text{MPa} = [\sigma]$, $\sigma_{r4} = 264\text{MPa} < [\sigma]$, 安全

9.12 (a) $\sigma_{r3} = 90\text{MPa}$ ； (b) $\sigma_{r3} = 90\text{MPa}$ ； (c) $\sigma_{r3} = 90\text{MPa}$ ； (d) $\sigma_{r3} = 90\text{MPa}$

9.13 $\sigma_{rM} = 28.4\text{MPa} < [\sigma_t]$, 安全

9.14 $[F] = 10.3\text{kN}$

第 10 章　组合变形

10.1 (a) $F_N = -1740\text{N}$, $|F_S| = 725\text{N}$, $T = -142.5\text{N·m}$, $|M_y| = 342\text{N·m}$, $M_x = 174\text{N·m}$ ；

(b) $F_N = -F_2/2$, $T = -F_1 a/2$, $F_{Sy} = -F_1/2$, $M_x = -3F_1 a/4$, $M_y = -F_2 a/2$ (右凹)

10.2 $\sigma_A = 8.33\text{MPa}$, $\sigma_B = 3.83\text{MPa}$, $\sigma_C = -12.2\text{MPa}$, $\sigma_D = -7.17\text{MPa}$

10.3 (1) $\sigma_{\max} = 123\text{MPa}$, $\sigma_{\min} = -123\text{MPa}$ ； (2)略

10.4 (1) $b = 90\text{mm}$, $h = 180\text{mm}$ ； (2)略

10.5 $\sigma_{\max} = 129\text{MPa} < [\sigma]$, 安全

10.6 $\sigma_{t,\max} = 6.44\text{MPa}$, $\sigma_{c,\max} = -7.06\text{MPa}$

10.7 $\sigma_{c,\max} = -\dfrac{8F}{a^2}\text{MPa}$, $\sigma_{t,\max} = \dfrac{4F}{a^2}\text{MPa}$

10.8 $e = 161\text{mm}$

10.9 $F = 18.38\text{kN}$, $e = 1.785\text{mm}$

10.10 $a \leqslant [\sigma]W/(\sqrt{5}F) = 299\text{mm}$

10.11 $F = 13.5\text{kN}$, $\sigma_{r3} = \sqrt{5}E\varepsilon = 123\text{MPa}$

10.12 $\delta = 2.65\text{mm}$

10.13 $\sigma_{r3} = 89.2\text{MPa} < [\sigma]$, 安全

10.14 $\sigma_{r3} = 54.4\text{MPa}$, 安全

第 11 章　压杆稳定

11.1　(1) $F_{cr} = 37.8\text{kN}$ ；　(2) $F_{cr} = 52.6\text{kN}$ ；　(3) $F_{cr} = 459\text{kN}$

11.3　(a) 2540kN ，　(b) 2644kN ，　(c) 3135kN

11.4　$F_{cr} = 402\text{kN}$

11.5　$F_{cr} = 65.1\text{kN}$

11.6　$\dfrac{h}{b} = 1.429$

11.7　$n_{st} = 3.09$（直线公式）

11.8　$n = 5.79$（抛物线公式），安全

11.9　$\theta = 18.4°$

11.10　$F_{cr} = 595\text{kN}$ ，反向时 $F_{cr} = 303\text{kN}$

11.11　杆 1：$\sigma = 67.5\text{MPa} < [\sigma]$；杆 2：$n = 2.87 > n_{st}$ ，能安全工作

11.12　$[F] = 51.5\text{kN}$

11.13　$d = 97\text{mm}$

11.14　$[F] = 82.2\text{kN}$

第 12 章　能量法

12.2　(1) $V_{\varepsilon a} = \dfrac{2F^2 l}{E\pi d^2}$ ，　$V_{\varepsilon b} = \dfrac{7F^2 l}{2E\pi d^2}$ ，　$V_{\varepsilon c} = \dfrac{11F^2 l}{16E\pi d^2}$

　　　(2) $V_{\varepsilon b} = \dfrac{7F^2 l}{2E\pi d^2} + \dfrac{19M^2 l}{2E\pi d^4}$ ，　$V_{\varepsilon c} = \dfrac{17F^2 l}{8E\pi d^2}$

12.3　不满足，因为荷载与应变能不是线性关系

12.5　$\Delta_{Cy} = \dfrac{ql^4}{24EI}$

12.6　$\Delta_{AB} = \dfrac{5Fa}{3EA}$ （拉开）

12.7　$\Delta_{Ay} = \dfrac{(1 + 2\sqrt{2})Fa}{2EA}$

12.8　$\dfrac{F(a^3 + 4b^3)}{6EI} + \dfrac{Fab(a/2 + b)}{GI_p}$

12.9　加一大小为 $M_e = EI\Delta\theta/(2\pi R)$ 的力偶，可使缝隙处该二截面恰好密合

12.10　$\theta_A = \dfrac{M_e a}{3EI}(\curvearrowright)$ ，　$\Delta_D = \dfrac{M_e a^2}{6EI}$ （↓）

12.11　(1) $\Delta_A = \dfrac{16030F}{3\pi Ed}$ （↓），(2) $\Delta_A = \dfrac{16000F}{3\pi Ed}$ （↓）

12.12　$\Delta_{Bx} = \dfrac{\sqrt{3}Fa}{12EA}$ （←）

12.13 $\quad \Delta_{Ax} = \dfrac{2\sqrt{3}Fa}{EA} \quad (\rightarrow)$

12.14 $\quad \Delta_C = \dfrac{2Fa^3}{3EI} + \dfrac{8\sqrt{2}Fa}{EA} \ (\downarrow)$, $\quad \theta_C = \dfrac{5Fa^2}{6EI} + \dfrac{4\sqrt{2}F}{EA} (\curvearrowright)$

12.15 $\quad \varphi_A = \dfrac{ml^2}{2GI_p}$, $\quad \Delta_{By} = 8.2\text{mm}$

12.16 $\quad \theta_{BB'} = \dfrac{14qa^3}{3EI}$

12.17 $\quad \alpha = \pi/8$

12.18 $\quad \sigma_{\max} = \dfrac{6Eh}{27a}$

12.19 $\quad w_C = \dfrac{Fl^3}{48EI} \ (\downarrow)$, $\quad \theta_A = \dfrac{Fl^2}{16EI}(\curvearrowright)$

12.20 $\quad \Delta l = \dfrac{4\mu F}{\pi dE}$

12.21 $\quad w_C = \dfrac{Ml^2}{16EI} \ (\downarrow)$

12.22 $\quad$ (a) $F_{Cx} = -F$, $\quad F_{Ax} = F_{Ay} = F_{Cy} = 0$

$\qquad$ (b) $F_{Ax} = F_{Dx} = \dfrac{ql}{20}$, $\quad F_{Ay} = F_{Dy} = \dfrac{ql}{2}$

12.23 $\quad l - a$

第 13 章　动应力

13.1 $\quad$ 梁 $\sigma_{d,\max} = 125\text{MPa}$，吊索 $\sigma_{d,\max} = 27.9\text{MPa}$

13.2 $\quad CD$ 杆 $\sigma_{d,\max} = 2.27\text{MPa} < [\sigma]$，$AB$ 轴 $\sigma_{d,\max} = 68.2\text{MPa} < [\sigma]$，安全

13.3 $\quad b = 160\text{mm}$，$h = 240\text{mm}$

13.4 $\quad \sigma_{d,\max} = 31.6\text{MPa}$，$\Delta_d = 24.5\text{mm}$

13.5 $\quad$ 有弹簧时 $h = 388\text{mm}$，无弹簧时 $h = 9.75\text{mm}$

13.6 $\quad \sigma_{d,\max} = \dfrac{v}{W}\sqrt{\dfrac{3EIP}{ga}}$

第 14 章　交变应力

14.1 $\quad r = (d - 4l)/(d + 4l)$

14.2 $\quad \sigma_m = -20\text{MPa}$，$\sigma_a = 30\text{MPa}$，$r = -1/5$

14.5 $\quad n_\tau = 5.07 > n$，安全

14.6 $\quad F_{\max} \leqslant 88.3\text{kN}$

14.7 $\quad n_{\sigma\tau} = 2.05$

参 考 文 献

范钦珊. 1998. 工程力学教程（Ⅰ）. 北京：高等教育出版社

蒋平. 2009（a）. 工程力学基础（Ⅰ）. 2 版. 北京：高等教育出版社

蒋平. 2009（b）. 工程力学基础（Ⅱ）. 2 版. 北京：高等教育出版社

刘鸿文. 2005. 简明材料力学. 2 版. 北京：高等教育出版社

邱棣华，胡性侃，陈忠安，秦飞. 2004. 材料力学. 北京：高等教育出版社

屈本宁，张曙红. 2008. 工程力学. 北京：科学出版社

单辉祖. 1999. 材料力学（Ⅰ）. 北京：高等教育出版社

单辉祖，谢传锋. 2004. 工程力学（静力学与材料力学）. 北京：高等教育出版社

宋瑜，万德立，史云沛. 1997. 工程力学. 北京：石油工业出版社

孙训方，方孝淑，关来泰（a）. 2002. 材料力学（Ⅰ）. 4 版. 北京：高等教育出版社

孙训方，方孝淑，关来泰（b）. 2002. 材料力学（Ⅱ）. 4 版. 北京：高等教育出版社

陶春达，黄云. 2011. 工程力学. 北京：科学出版社

张定华. 2004. 工程力学. 北京：高等教育出版社

附录 型 钢 表

附录 A 热轧等边角钢（GB 9787—1988）

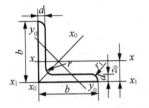

符号意义：

b ——边宽度；　　　　　　　　I ——惯性矩；

d ——边厚度；　　　　　　　　i ——惯性半径；

r ——内圆弧半径；　　　　　　W——截面系数；

r_1 ——边端内圆弧半径；　　　　z_0——重心距离。

型号	尺寸/mm			截面面积 /cm²	理论质量 /(kg/m)	外表面积 /(m²/m)	参考数值										
							x-x			x_0-x_0			y_0-y_0			x_1-x_1	z_0/cm
	b	d	r				I_x /cm⁴	i_x /cm	W_x /cm³	I_{x0} /cm⁴	i_{x0} /cm	W_{x0} /cm³	I_{y0} /cm⁴	i_{y0} /cm	W_{y0} /cm³	I_{x1} /cm⁴	
2	20	3	3.5	1.132	0.889	0.078	0.40	0.59	0.29	0.63	0.75	0.45	0.17	0.39	0.20	0.81	0.60
		4		1.459	1.145	0.077	0.50	0.58	0.36	0.78	0.73	0.55	0.22	0.38	0.24	1.09	0.64
2.5	25	3		1.432	1.124	0.098	0.82	0.76	0.46	1.29	0.95	0.73	0.34	0.49	0.33	1.57	0.73
		4		1.859	1.459	0.097	1.03	0.74	0.59	1.62	0.93	0.92	0.43	0.48	0.40	2.11	0.76
3.0	30	3		1.749	1.373	0.117	1.46	0.91	0.68	2.31	1.15	1.09	0.61	0.59	0.51	2.71	0.85
		4		2.276	1.786	0.117	1.84	0.90	0.87	2.92	1.13	1.37	0.77	0.58	0.62	3.63	0.89
3.6	36	3	4.5	2.109	1.656	0.141	2.58	1.11	0.99	4.09	1.39	1.61	1.07	0.71	0.76	4.68	1.00
		4		2.756	2.163	0.141	3.29	1.09	1.28	5.22	1.38	2.05	1.37	0.70	0.93	6.25	1.04
		5		3.382	2.654	0.141	3.95	1.08	1.56	6.24	1.36	2.45	1.65	0.70	1.09	7.84	1.07
4.0	40	3	5	2.359	1.852	0.157	3.59	1.23	1.23	5.69	1.55	2.01	1.49	0.79	0.96	6.41	1.09
		4		3.086	2.422	0.157	4.60	1.22	1.60	7.29	1.54	2.58	1.91	0.79	1.19	8.56	1.13
		5		3.791	2.976	0.156	5.53	1.21	1.96	8.76	1.52	3.10	2.30	0.78	1.39	10.74	1.17
4.5	45	3	5	2.659	2.088	0.177	5.17	1.40	1.58	8.20	1.76	2.58	2.14	0.89	1.24	9.12	1.22
		4		3.486	2.736	0.177	6.65	1.38	2.05	10.56	1.74	3.32	2.75	0.89	1.54	12.18	1.26
		5		4.292	3.369	0.176	8.04	1.37	2.51	12.74	1.72	4.00	3.33	0.88	1.81	15.25	1.30
		6		5.076	3.985	0.176	9.33	1.36	2.95	14.76	1.70	4.64	3.89	0.88	2.06	18.36	1.33
5	50	3	5.5	2.971	2.332	0.197	7.18	1.55	1.96	11.37	1.96	3.22	2.98	1.00	1.57	12.50	1.34
		4		3.897	3.059	0.197	9.26	1.54	2.56	14.70	1.94	4.16	3.82	0.99	1.96	16.69	1.38
		5		4.803	3.770	0.196	11.21	1.53	3.13	17.79	1.92	5.08	4.64	0.98	2.31	20.90	1.42
		6		5.688	4.465	0.196	13.05	1.52	3.68	20.68	1.91	5.85	5.42	0.98	2.63	25.14	1.46
5.6	56	3	6	3.343	2.624	0.221	10.19	1.75	2.48	16.14	2.20	4.08	4.24	1.13	2.02	17.56	1.48
		4		4.390	3.446	0.220	13.18	1.73	3.24	20.92	2.18	5.28	5.46	1.11	2.52	23.43	1.53
		5		5.415	4.251	0.220	16.02	1.72	3.97	25.42	2.17	6.42	6.61	1.10	2.98	29.33	1.57
		8		8.367	6.568	0.219	23.63	1.68	6.03	37.37	2.11	9.44	9.89	1.09	4.16	47.24	1.68

续表

型号	尺寸/mm b	d	r	截面面积/cm²	理论质量/(kg/m)	外表面积/(m²/m)	参考数值 x-x I_x/cm⁴	i_x/cm	W_x/cm³	x_0-x_0 I_{x0}/cm⁴	i_{x0}/cm	W_{x0}/cm³	y_0-y_0 I_{y0}/cm⁴	i_{y0}/cm	W_{y0}/cm³	x_1-x_1 I_{x1}/cm⁴	z_0/cm
6.3	63	4	7	4.978	3.907	0.248	19.03	1.96	4.13	30.17	2.46	6.78	7.89	1.26	3.29	33.35	1.70
		5		6.143	4.822	0.248	23.17	1.94	5.08	36.77	2.45	8.25	9.57	1.25	3.90	41.73	1.74
		6		7.288	5.721	0.247	27.12	1.93	6.00	43.03	2.43	9.66	11.20	1.24	4.46	50.14	1.78
		8		9.515	7.469	0.247	34.46	1.90	7.75	54.56	2.40	12.25	14.33	1.23	5.47	67.11	1.85
		10		11.657	9.151	0.246	41.09	1.88	9.39	64.85	2.36	14.56	17.33	1.22	6.36	84.31	1.93
7	70	4	8	5.570	4.372	0.275	26.39	2.18	5.14	41.80	2.74	8.44	10.99	1.40	4.17	45.74	1.86
		5		6.875	5.397	0.275	32.21	2.16	6.32	51.08	2.73	10.32	13.34	1.39	4.95	57.21	1.91
		6		8.160	6.406	0.275	37.77	2.15	7.48	59.93	2.71	12.11	15.61	1.38	5.67	68.73	1.95
		7		9.424	7.398	0.275	43.09	2.14	8.59	68.35	2.69	13.81	17.82	1.38	6.34	80.29	1.99
		8		10.667	8.373	0.274	48.17	2.12	9.68	76.37	2.68	15.43	19.98	1.37	6.98	91.92	2.03
7.5	75	5	9	7.142	5.818	0.295	39.97	2.33	7.32	63.30	2.92	11.94	16.63	1.50	5.77	70.56	2.04
		6		8.797	6.905	0.294	46.95	2.31	8.64	74.38	2.90	14.02	19.51	1.49	6.67	84.55	2.07
		7		10.160	7.976	0.294	53.57	2.30	9.93	84.96	2.89	16.02	22.18	1.48	7.44	98.71	2.11
		8		11.503	9.030	0.294	59.96	2.28	11.20	95.07	2.88	17.93	24.86	1.47	8.19	112.97	2.15
		10		14.126	11.089	0.293	71.98	2.26	13.64	113.92	2.84	21.48	30.05	1.46	9.56	141.71	2.22
8	80	5	9	7.912	6.211	0.315	48.79	2.48	8.34	77.33	3.13	13.67	20.25	1.60	6.66	85.36	2.15
		6		9.397	7.376	0.314	57.35	2.47	9.87	90.98	3.11	16.08	23.72	1.59	7.65	102.50	2.19
		7		10.860	8.525	0.314	65.58	2.46	11.37	104.07	3.10	18.40	27.09	1.58	8.58	119.70	2.23
		8		12.303	9.658	0.314	73.49	2.44	12.83	116.60	3.08	20.61	30.39	1.57	9.46	136.97	2.27
		10		15.126	11.874	0.313	88.43	2.42	15.64	140.09	3.04	24.76	36.77	1.56	11.08	171.74	2.35
9	90	6	10	10.637	8.350	0.354	82.77	2.79	12.61	131.26	3.51	20.63	34.28	1.80	9.95	145.87	2.44
		7		12.301	9.656	0.354	94.83	2.78	14.54	150.47	3.50	23.64	39.18	1.78	11.19	170.30	2.48
		8		13.944	10.946	0.353	106.47	2.76	16.42	168.97	3.48	26.55	43.97	1.78	12.35	194.80	2.52
		10		17.167	13.476	0.353	128.58	2.74	20.07	203.90	3.45	32.04	53.26	1.76	14.52	244.07	2.59
		12		20.306	15.940	0.352	149.22	2.71	23.57	236.21	3.41	37.12	62.22	1.75	16.49	293.76	2.67
10	100	6	12	11.932	9.366	0.393	114.95	3.10	15.68	181.98	3.90	25.74	47.92	2.00	12.69	200.07	2.67
		7		13.796	10.830	0.393	131.86	3.09	18.10	208.97	3.89	29.55	54.74	1.99	14.26	233.54	2.71
		8		15.638	12.276	0.393	148.24	3.08	20.47	235.07	3.88	33.24	61.41	1.98	15.75	267.09	2.76
		10		19.261	15.120	0.392	179.51	3.05	25.06	284.68	3.84	40.26	74.35	1.96	18.54	334.48	2.84
		12		22.800	17.898	0.391	208.90	3.03	29.48	330.95	3.81	46.80	86.84	1.95	21.08	402.34	2.91
		14		26.256	20.611	0.391	236.53	3.00	33.73	374.06	3.77	52.90	99.00	1.94	23.44	470.75	2.99

续表

型号	尺寸/mm			截面面积/cm²	理论质量/(kg/m)	外表面积/(m²/m)	参考数值											z0/cm
							x-x			x0-x0			y0-y0			x1-x1		
	b	d	r				I_x/cm⁴	i_x/cm	W_x/cm³	I_{x0}/cm⁴	i_{x0}/cm	W_{x0}/cm³	I_{y0}/cm⁴	i_{y0}/cm	W_{y0}/cm³	I_{x1}/cm⁴		
11	110	7	12	15.196	11.928	0.433	177.16	3.41	22.05	280.94	4.30	36.12	73.38	2.20	17.51	310.64		2.96
		8		17.238	13.532	0.433	199.46	3.40	24.95	316.49	4.28	40.69	82.42	2.19	19.39	355.20		3.01
		10		21.261	16.690	0.432	242.19	3.38	30.60	384.39	4.25	49.42	99.98	2.17	22.91	444.65		3.09
		12		25.200	19.782	0.431	282.55	3.35	36.05	448.17	4.22	57.62	116.93	2.15	26.15	534.60		3.16
		14		29.056	22.809	0.431	320.71	3.32	41.31	508.01	4.18	65.31	133.40	2.14	29.14	625.16		3.24
12.5	125	8	14	19.750	15.504	0.492	297.03	3.88	32.52	470.89	4.88	53.28	123.16	2.50	25.86	521.01		3.37
		10		24.373	19.133	0.491	361.67	3.85	39.97	573.89	4.85	64.93	149.46	2.48	30.62	651.93		3.45
		12		28.912	22.696	0.491	423.16	3.83	41.17	671.44	4.82	75.96	174.88	2.46	35.03	783.42		3.53
		14		33.367	26.193	0.490	481.65	3.80	54.16	763.73	4.78	86.41	199.57	2.45	39.13	915.61		3.61
14	140	10	14	27.373	21.488	0.551	514.65	4.34	50.58	817.27	5.46	82.56	212.04	2.78	39.20	915.11		3.82
		12		32.512	25.522	0.551	603.68	4.31	59.80	958.79	5.43	96.85	248.57	2.76	45.02	1099.28		3.90
		14		37.567	29.490	0.550	688.81	4.28	68.75	1093.56	5.40	110.47	284.06	2.75	50.45	1284.22		3.98
		16		42.539	33.393	0.549	770.24	4.26	77.46	1221.81	5.36	123.42	318.67	2.74	55.55	1470.07		4.06
16	160	10	16	31.502	24.729	0.630	779.53	4.98	66.70	1237.30	6.27	109.36	321.76	3.20	52.76	1365.33		4.31
		12		37.441	29.391	0.630	916.58	4.95	78.98	1455.68	6.24	128.67	377.49	3.18	60.74	1639.57		4.39
		14		43.296	33.987	0.629	1048.36	4.92	90.95	1665.02	6.20	147.17	431.70	3.16	68.24	1914.68		4.47
		16		49.067	38.518	0.629	1175.08	4.89	102.63	1865.57	6.17	164.89	484.59	3.14	75.31	2190.82		4.55
18	180	12	16	42.241	33.159	0.710	1321.35	5.59	100.82	2100.10	7.05	165.00	542.61	3.58	78.41	2332.80		4.89
		14		48.896	38.383	0.709	1514.48	5.56	116.25	2407.42	7.02	189.14	621.53	3.56	88.38	2723.48		4.97
		16		55.467	43.542	0.709	1700.99	5.54	131.13	2703.37	6.98	212.40	698.60	3.55	97.83	3115.29		5.05
		18		61.955	48.634	0.708	1875.12	5.50	145.64	2988.24	6.94	234.78	762.01	3.51	105.14	3502.43		5.13
20	200	14	18	54.642	42.894	0.788	2103.55	6.20	144.70	3343.26	7.82	236.40	863.83	3.98	11.82	3734.10		5.46
		16		62.013	48.680	0.788	2366.15	6.18	163.65	3760.89	7.79	265.93	971.41	3.96	123.96	4270.39		5.54
		18		69.301	54.401	0.787	2620.64	6.15	182.22	4164.54	7.75	294.48	1076.74	3.94	135.52	4808.13		5.62
		20		76.505	60.056	0.787	2867.30	6.12	200.42	4554.55	7.72	322.06	1180.04	3.93	146.55	5347.51		5.69
		24		90.661	71.168	0.785	3338.25	6.07	236.17	5294.97	7.64	374.41	1381.53	3.90	166.65	6457.16		5.87

注：截面图中的 $r_1 = \dfrac{1}{2}d$ 及表中 r 值的数据用于孔型设计，不做交货条件。

附录 B　热轧不等边角钢（GB 9788—1988）

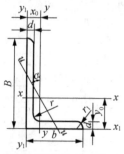

符号意义：

B —— 长边宽度；　　　　　　　　　　b —— 短边厚度；

d —— 边厚度；　　　　　　　　　　　r —— 内圆弧半径；

r_1 —— 边端内圆弧半径；　　　　　　　I —— 惯性矩；

i —— 惯性半径；　　　　　　　　　　W —— 截面系数；

x_0 —— 重心距离；　　　　　　　　　y_0 —— 重心距离。

型号	尺寸/mm				截面面积/cm²	理论质量/(kg/m)	外表面积/(m²/m)	参考数值														
								x-x			y-y			x₁-x₁		y₁-y₁		u-u			
	B	b	d	r				I_x/cm⁴	i_x/cm	W_x/cm³	I_y/cm⁴	i_y/cm	W_y/cm³	I_{x1}/cm⁴	y_0/cm	I_{y1}/cm⁴	x_0/cm	I_u/cm⁴	i_u/cm	W_u/cm³	$\tan\alpha$
2.5/1.6	25	16	3	3.5	1.162	0.912	0.080	0.70	0.78	0.43	0.22	0.44	0.19	1.56	0.86	0.43	0.42	0.14	0.34	0.16	0.392
			4		1.499	1.176	0.079	0.88	0.77	0.55	0.27	0.43	0.24	2.09	0.90	0.59	0.46	0.17	0.34	0.20	0.381
3.2/2	32	20	3	3.5	1.492	1.171	0.102	1.53	1.01	0.72	0.46	0.55	0.30	3.27	1.08	0.82	0.49	0.28	0.43	0.25	0.382
			4		1.939	1.522	0.101	1.93	1.00	0.93	0.57	0.54	0.39	4.37	1.12	1.12	0.53	0.35	0.42	0.32	0.374
4/2.5	40	25	3	4	1.890	1.484	0.127	3.08	1.28	1.15	0.93	0.70	0.49	5.39	1.32	1.59	0.59	0.56	0.54	0.40	0.385
			4		2.467	1.936	0.127	3.93	1.26	1.49	1.18	0.69	0.63	8.53	1.37	2.14	0.63	0.71	0.54	0.52	0.381
4.5/2.8	45	28	3	2	2.149	1.687	0.143	4.45	1.44	1.47	1.34	0.79	0.62	9.10	1.47	2.23	0.64	0.80	0.61	0.51	0.383
			4		2.806	2.203	0.143	5.69	1.42	1.91	1.70	0.78	0.80	12.13	1.51	3.00	0.68	1.02	0.60	0.66	0.380
5/3.2	50	32	3	5.5	2.431	1.908	0.161	6.24	1.60	1.84	2.02	0.91	0.82	12.49	1.60	3.31	0.73	1.20	0.70	0.68	0404
			4		3.177	2.494	0.160	8.02	1.59	2.39	2.58	0.90	1.06	16.65	1.65	4.45	0.77	1.53	0.69	0.87	0.402
5.6/3.6	56	36	3	6	2.473	2.153	0.181	8.88	1.80	2.32	2.92	1.03	1.05	17.54	1.78	4.70	0.80	1.73	0.79	0.87	0.408
			4		3.590	2.818	0.180	11.45	1.79	3.03	3.76	1.02	1.37	23.39	1.82	6.33	0.85	2.23	0.79	1.13	0.408
			5		4.415	3.466	0.180	13.86	1.77	3.71	4.49	1.01	1.65	29.25	1.87	7.94	0.88	2.67	0.78	1.36	0.404
6.3/4	63	40	4	7	4.058	3.185	0.202	16.49	2.02	3.87	5.23	1.14	1.70	33.30	2.04	8.63	0.92	3.12	0.88	1.40	0.398
			5		4.993	3.920	0.202	20.02	2.00	4.74	6.31	1.12	2.71	41.63	2.08	10.86	0.95	3.76	0.87	1.71	0.396
			6		5.908	4.638	0.201	23.36	1.96	5.59	7.29	1.11	2.43	49.98	2.12	13.12	0.99	4.34	0.86	1.99	0.393
			7		6.802	5.339	0.201	26.53	1.98	6.40	8.24	1.10	2.78	58.07	2.15	15.47	1.03	4.97	0.86	2.29	0.389
7/4.5	70	45	4	7.5	4.547	3.570	0.226	23.17	2.26	4.86	7.55	1.29	2.17	45.92	2.24	12.26	1.02	4.40	0.98	1.77	0.410
			5		5.609	4.403	0.225	27.95	2.23	5.92	9.13	1.28	2.65	57.10	2.28	15.39	1.06	5.40	0.98	2.19	0.407
			6		6.647	5.218	0.225	32.54	2.21	6.95	10.62	1.26	3.12	68.35	2.32	18.58	1.09	6.35	0.98	2.59	0.404
			7		7.657	6.011	0.225	37.22	2.20	8.03	12.01	1.25	3.57	79.99	2.36	21.84	1.13	7.16	0.97	2.94	0.402
(7.5/5)	75	50	5	8	6.125	4.808	0.245	34.86	2.39	6.83	12.61	1.44	3.30	70.00	2.40	21.04	1.17	7.41	1.10	2.74	0.435
			6		7.260	5.699	0.245	41.12	2.38	8.12	14.70	1.42	3.88	84.30	2.44	25.37	1.21	8.54	1.08	3.19	0.435
			8		9.467	7.431	0.244	52.39	2.35	10.52	18.53	1.40	4.99	112.50	2.52	34.23	1.29	10.87	1.07	4.10	0.429
			10		11.590	9.098	0.244	62.71	2.33	12.79	21.96	1.38	6.04	140.80	2.60	43.43	1.36	13.10	1.06	4.99	0.423

续表

型号	尺寸/mm				截面面积/cm²	理论质量/(kg/m)	外表面积/(m²/m)	参考数值														
								x-x			y-y			x₁-x₁		y₁-y₁		u-u			
	B	b	d	r				I_x/cm⁴	i_x/cm	W_x/cm³	I_y/cm⁴	i_y/cm	W_y/cm³	I_{x1}/cm⁴	y_0/cm	I_{y1}/cm⁴	x_0/cm	I_u/cm⁴	i_u/cm	W_u/cm³	$\tan\alpha$
8/5	80	50	5	8	6.375	5.005	0.255	41.96	2.56	7.78	12.82	1.42	3.32	85.21	2.60	21.06	1.14	7.66	1.10	2.74	0.388
			6		7.560	5.935	0.255	49.49	2.56	9.25	14.95	1.41	3.91	102.53	2.65	25.41	1.18	8.85	1.08	3.20	0.387
			7		8.724	6.848	0.255	56.16	2.54	10.58	16.96	1.39	4.48	119.33	2.69	29.82	1.21	10.18	1.08	3.70	0.384
			8		9.867	7.745	0.254	62.83	2.52	11.92	18.85	1.38	5.03	136.41	2.73	34.32	1.25	11.38	1.07	4.16	0.381
9/5.6	90	56	5	9	7.212	5.661	0.287	60.45	2.90	9.92	18.32	1.59	4.21	121.32	2.91	29.53	1.25	10.98	1.23	3.49	0.385
			6		8.557	6.717	0.286	71.03	2.88	11.74	21.42	1.58	4.96	145.59	2.95	35.58	1.29	12.90	1.23	4.18	0.384
			7		9.880	7.756	0.286	81.01	2.86	13.49	24.36	1.57	5.70	169.60	3.00	41.71	1.33	14.67	1.22	4.72	0.382
			8		11.183	8.779	0.286	91.03	2.85	15.27	27.15	1.56	6.41	194.17	3.04	47.93	1.36	16.34	1.21	5.29	0.380
10/6.3	100	63	6	10	9.617	7.550	0.320	99.06	3.21	14.64	30.94	1.79	6.35	199.71	3.24	50.50	1.43	18.42	1.38	5.25	0.394
			7		11.111	8.722	0.320	113.45	3.20	16.88	35.26	1.78	7.29	233.00	3.28	59.14	1.47	21.00	1.38	6.02	0.393
			8		12.584	9.878	0.319	127.37	3.18	19.08	39.39	1.77	8.21	266.32	3.32	67.88	1.50	23.50	1.37	6.78	0.391
			10		15.467	12.142	0.319	153.81	3.15	23.32	47.12	1.74	9.98	333.06	3.40	85.73	1.58	28.33	1.35	8.24	0.387
10/8	100	80	6	10	10.637	8.350	0.354	107.04	3.17	15.19	61.24	2.40	10.16	199.83	2.95	102.68	1.97	31.65	1.72	8.37	0.627
			7		12.301	9.656	0.354	122.73	3.16	17.52	70.08	2.39	11.71	233.20	3.00	119.98	2.01	36.17	1.72	9.60	0.626
			8		13.944	10.946	0.353	137.92	3.14	19.81	78.58	2.37	13.21	266.61	3.04	137.37	2.05	40.58	1.71	10.80	0.625
			10		17.167	13.476	0.353	166.87	3.12	24.24	94.65	2.35	16.12	333.63	3.12	172.48	2.13	49.10	1.69	13.12	0.622
11/7	110	70	6	10	10.637	8.350	0.354	133.37	3.54	17.85	42.92	2.01	7.90	265.78	3.53	69.08	1.57	25.36	1.54	6.53	0.403
			7		12.301	9.656	0.354	153.00	3.53	20.60	49.01	2.00	9.09	310.07	3.57	80.82	1.61	28.95	1.53	7.50	0.402
			8		13.944	10.946	0.353	172.04	3.51	23.30	54.87	1.98	10.25	354.39	3.62	92.70	1.65	32.45	1.53	8.45	0.401
			10		17.167	13.476	0.353	208.39	3.48	28.54	65.88	1.96	12.48	443.13	3.70	116.83	1.72	39.20	1.51	10.29	0.397
12.5/8	125	80	7	11	14.096	11.066	0.403	227.98	4.02	26.86	74.42	2.30	12.01	454.99	4.01	120.32	1.80	43.81	1.76	9.92	0.408
			10		19.712	15.474	0.402	312.04	3.98	37.33	100.67	2.26	16.56	650.09	4.14	173.40	1.92	59.45	1.74	13.64	0.404
			12		23.351	18.330	0.402	364.41	3.95	44.01	116.67	2.24	19.43	780.39	4.22	209.67	2.00	69.35	1.72	16.01	0.400
14/9	140	90	8	12	18.038	14.160	0.453	365.64	4.50	38.48	120.69	2.59	17.34	730.53	4.50	195.79	2.04	70.83	1.98	14.31	0.411
			10		22.261	17.475	0.452	445.50	4.47	47.31	140.03	2.56	21.22	913.20	4.58	245.92	2.12	85.82	1.96	17.48	0.409
			12		26.400	20.724	0.451	521.59	4.44	55.87	169.79	2.54	24.95	1096.09	4.66	296.89	2.19	100.21	1.95	20.54	0.409
			14		30.456	23.908	0.451	594.10	4.42	64.18	192.10	2.51	28.54	1279.26	4.74	348.82	2.27	114.13	1.94	23.52	0.403
16/10	160	100	10	13	25.315	19.872	0.512	668.69	5.14	62.13	205.03	2.85	26.56	1362.89	5.24	336.59	2.28	121.74	2.19	21.92	0.390
			12		30.054	23.592	0.511	784.91	5.11	73.49	239.06	2.82	31.28	1635.56	5.32	405.94	2.36	142.33	2.17	25.79	0.388
			14		34.709	27.247	0.510	896.30	5.08	84.56	271.20	2.80	35.83	1908.50	5.40	476.42	2.43	162.23	2.16	29.56	0.385
			16		39.281	30.835	0.510	1003.04	5.05	95.33	301.60	2.77	40.24	2181.79	5.48	548.22	2.51	182.57	2.16	33.44	0.382
18/11	180	110	10	14	28.373	22.273	0.571	956.25	5.80	78.96	278.11	3.13	32.49	1940.40	5.89	447.22	2.44	166.50	2.42	26.88	0.376
			12		33.712	26.464	0.571	1124.72	5.78	93.53	325.03	3.10	38.32	2328.38	5.98	538.94	2.52	194.87	2.40	31.66	0.374
			14		38.967	30.589	0.570	1286.91	5.75	107.76	369.55	3.08	43.97	2716.60	6.06	631.95	2.59	222.30	2.39	36.32	0.372
			16		44.139	34.649	0.569	1443.06	5.72	121.64	411.85	3.06	49.44	3105.15	6.14	726.46	2.67	248.94	2.38	40.87	0.369
20/12.5	200	125	12	14	37.912	29.761	0.641	1570.90	6.44	116.73	483.16	3.57	49.99	3193.85	6.54	787.74	2.83	285.79	2.74	41.23	0.392
			14		43.867	34.436	0.640	1800.97	6.41	134.65	550.83	3.54	57.44	3726.17	6.62	922.47	2.91	326.58	2.73	47.34	0.390
			16		49.739	39.045	0.639	2023.35	6.38	152.18	615.44	3.52	64.69	4258.86	6.70	1058.86	2.99	366.21	2.71	53.32	0.388
			18		55.526	43.588	0.639	2238.30	6.35	169.33	677.19	3.49	71.74	4792.00	6.78	1197.13	3.06	404.83	2.70	59.18	0.385

注：（1）括号内型号不推荐使用。

　　（2）截面图中的 $r_1 = \frac{1}{3}d$ 及表中 r 值的数据用于孔型设计，不做交货条件。

附录 C　热轧普通槽钢（GB 707—1988）

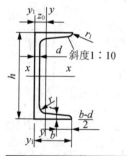

符号意义：

h ——高度；　　　　　　　　　　r_1 ——腿端圆弧半径；

b ——腿宽度；　　　　　　　　　I ——惯性矩；

d ——腰厚度；　　　　　　　　　W ——截面系数；

t ——平均腿厚度；　　　　　　　i ——惯性半径；

r ——内圆弧半径；　　　　　　　z_0 ——y-y 轴与 y_1-y_1 轴间距。

| 型号 | 尺寸/mm | | | | | | | 截面面积 /cm² | 理论质量 /(kg/m) | 参考数值 | | | | | | |
| | | | | | | | | | | x-x | | | y-y | | | y₁-y₁ | z₀/cm |
	h	b	d	t	r	r_1			W_x /cm³	I_x /cm⁴	i_x /cm	W_y /cm³	I_y /cm⁴	i_y /cm	I_{y1} /cm³	
5	50	37	4.5	7.0	7.0	3.5	6.928	5.438	10.4	26.0	1.94	3.55	8.30	1.10	20.9	1.35
6.3	63	40	4.8	7.5	7.5	3.8	8.451	6.634	16.1	50.8	2.45	4.50	11.9	1.19	28.4	1.36
8	80	43	5.0	8.0	8.0	4.0	10.248	8.045	25.3	101	3.15	5.79	16.6	1.27	37.4	1.43
10	100	48	5.3	8.5	8.5	4.2	12.748	10.007	39.7	198	3.95	7.8	25.6	1.41	54.9	1.52
12.6	126	53	5.5	9.0	9.0	4.5	15.692	12.318	62.1	391	4.95	10.2	38.0	1.57	77.1	1.59
14a	140	58	6.0	9.5	9.5	4.8	18.516	14.535	80.5	564	5.52	13.0	53.2	1.70	107	1.71
14b	140	60	8.0	9.5	9.5	4.8	21.316	16.733	87.1	609	5.35	14.1	61.1	1.69	121	1.67
16a	160	63	6.5	10	10.0	5.0	21.962	17.240	108	866	6.28	16.3	73.3	1.83	144	1.80
16	160	65	8.5	10	10.0	5.0	25.162	19.752	117	935	6.10	17.6	83.4	1.82	161	1.75
18a	180	68	7.0	10.5	10.5	5.2	25.669	20.174	141	1270	7.04	20.0	98.6	1.96	190	1.88
18	180	70	9.0	10.5	10.5	5.2	29.299	23.000	152	1370	6.84	21.5	111	1.95	210	1.84
20a	200	73	7.0	11.0	11.0	5.5	28.837	22.637	178	1780	7.86	24.2	128	2.11	244	2.01
20	200	75	9.0	11.0	11.0	5.5	32.837	25.777	191	1910	7.64	25.9	144	2.09	268	1.95
22a	220	77	7.0	11.5	11.5	5.8	31.846	24.999	218	2390	8.67	28.2	158	2.23	298	2.10
22	220	79	9.0	11.5	11.5	5.8	36.246	28.453	234	2570	8.42	30.1	176	2.21	326	2.03
25a	250	78	7.0	12	12.0	6.0	34.917	27.410	270	3370	9.82	30.6	176	2.24	322	2.07
25b	250	80	9.0	12	12.0	6.0	39.917	31.335	282	3530	9.41	32.7	196	2.22	353	1.98
25c	250	82	11.0	12	12.0	6.0	44.917	35.260	295	3690	9.07	35.9	218	2.21	384	1.92
28a	280	82	7.5	12.5	12.5	6.2	40.034	31.427	340	4760	10.9	35.7	218	2.33	388	2.10
28b	280	84	9.5	12.5	12.5	6.2	45.634	35.823	366	5130	10.6	37.9	242	2.30	428	2.02
28c	280	86	11.5	12.5	12.5	6.2	51.234	40.219	393	5500	10.4	40.3	268	2.29	463	1.95
32a	320	88	8.0	14	14.0	7.0	48.513	38.083	475	7600	12.5	46.5	305	2.50	552	2.24
32b	320	90	10.0	14	14.0	7.0	54.913	43.107	509	8140	12.2	49.2	336	2.47	593	2.16
32c	320	92	12.0	14	14.0	7.0	61.313	48.131	543	8690	11.9	52.6	374	2.47	643	2.09
36a	360	96	9.0	16	16.0	8.0	60.910	47.814	660	11900	14.0	63.5	455	2.73	818	2.44
36b	360	98	11.0	16	16.0	8.0	68.110	53.466	703	12700	13.6	66.9	497	2.70	880	2.37
36c	360	100	13.0	16	16.0	8.0	75.310	59.118	746	13400	13.4	70.0	536	2.67	948	2.34
40a	400	100	10.5	18	18.0	9.0	75.068	58.928	879	17600	15.3	78.8	592	2.81	1070	2.49
40b	400	102	12.5	18	18.0	9.0	83.068	65.208	932	18600	15.0	82.5	640	2.78	1140	2.44
40c	400	104	14.5	18	18.0	9.0	91.068	71.488	986	19700	14.7	86.2	688	2.75	1220	2.42

注：截面图和表中标注的圆弧半径 r、r_1 值的数据用于孔型设计，不做交货条件。

附录D 热轧普通工字钢（GB 706—1988）

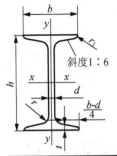

斜度1:6

符号意义：

h ——高度；

b ——腿宽度；

d ——腰厚度；

t ——平均腿厚度；

r ——内圆弧半径；

r_1 ——腿端圆弧半径；

I ——惯性矩；

W ——截面系数；

i ——惯性半径；

S ——半截面的静力矩。

型号	尺寸/mm						截面面积/cm²	理论质量/(kg/m)	参考数值						
									x-x				y-y		
	h	b	d	t	r	r_1			I_x/cm⁴	W_x/cm³	i_x/cm	$I_x:S_x$/cm	I_y/cm⁴	W_y/cm³	i_y/cm
10	100	68	4.5	7.6	6.5	3.3	14.345	11.261	245	49.0	4.14	8.59	33.0	9.72	1.52
12.6	126	74	5.0	8.4	7.0	3.5	18.118	14.223	488	77.5	5.20	10.8	46.9	12.7	1.61
14	140	80	5.5	9.1	7.5	3.8	21.516	16.890	712	102	5.76	12.0	64.4	16.1	1.73
16	160	88	6.0	9.9	8.0	4.0	26.131	20.513	1130	141	6.58	13.8	93.1	21.2	1.89
18	180	94	6.5	10.7	8.5	4.3	30.756	24.143	1660	185	7.36	15.4	122	26.0	2.00
20a	200	100	7.0	11.4	9.0	4.5	35.578	27.929	2370	237	8.15	17.2	158	31.5	2.12
20b	200	102	9.0	11.4	9.0	4.5	39.578	31.069	2500	250	7.96	16.9	169	33.1	2.06
22a	220	110	7.5	12.3	9.5	4.8	42.128	33.070	2400	309	8.99	18.9	225	40.9	2.31
22b	220	112	9.5	12.3	9.5	4.8	46.528	36.524	3570	325	8.78	18.7	239	42.7	2.27
25a	250	116	8.0	13.0	10.0	5.0	48.541	38.105	5020	402	10.2	21.6	280	48.3	2.40
25b	250	118	10.0	13.0	10.0	5.0	53.541	42.030	5280	423	9.94	21.3	309	52.4	2.40
28a	280	122	8.5	13.7	10.5	5.3	55.404	43.492	7110	508	11.3	24.6	345	56.6	2.50
28b	280	124	10.5	13.7	10.5	5.3	61.004	47.888	7480	534	11.1	24.2	379	61.2	2.49
32a	320	130	9.5	15.0	11.5	5.8	67.156	52.717	11100	692	12.8	27.5	460	70.8	2.62
32b	320	132	11.5	15.0	11.5	5.8	73.556	57.741	11600	726	12.6	27.1	502	76.0	2.61
32c	320	134	13.5	15.0	11.5	5.8	79.956	62.765	12200	760	12.3	26.8	544	81.2	2.61
36a	360	136	10.0	15.8	12.0	6.0	76.480	60.037	15800	875	14.4	30.7	552	81.2	2.69
36b	360	138	12.0	15.8	12.0	6.0	83.680	65.689	16500	919	14.1	30.3	582	84.3	2.64
36c	360	140	14.0	15.8	12.0	6.0	90.880	71.341	17300	962	13.8	29.9	612	87.4	2.60
40a	400	142	10.5	16.5	12.5	6.3	86.112	67.598	21700	1090	15.9	34.1	660	93.2	2.77
40b	400	144	12.5	16.5	12.5	6.3	94.112	73.878	22800	1140	15.6	33.6	692	96.2	2.71
40c	400	146	14.5	16.5	12.5	6.3	102.112	80.158	23900	1190	15.2	33.2	727	99.6	2.65
45a	450	150	11.5	18.0	13.5	6.8	102.446	80.420	32200	1430	17.7	38.6	855	114	2.89
45b	450	152	13.5	18.0	13.5	6.8	111.446	87.485	33800	1500	17.4	38.0	894	118	2.84

型号	尺寸/mm						截面面积/cm²	理论质量/(kg/m)	参考数值						
									x-x				y-y		
	h	b	d	t	r	r_1			I_x/cm⁴	W_x/cm³	i_x/cm	I_x:S_x/cm	I_y/cm⁴	W_y/cm³	i_y/cm
45c	450	154	15.5	18.0	13.5	6.8	120.446	94.550	35300	1570	17.1	37.6	938	112	2.79
50a	500	158	12.0	20.0	14.0	7.0	119.304	93.654	46500	1860	19.7	42.8	1120	142	3.07
50b	500	160	14.0	20.0	14.0	7.0	129.304	101.504	48600	1940	19.4	42.4	1170	146	3.01
50c	500	162	16.0	20.0	14.0	7.0	139.304	109.354	50600	2080	19.0	41.8	1220	151	2.96
56a	560	166	12.5	21.0	14.5	7.3	135.435	106.316	65600	2340	22.0	47.7	1370	165	3.18
56b	560	168	14.5	21.0	14.5	7.3	146.635	115.108	68500	2450	21.6	47.2	1490	174	3.16
56c	560	170	16.5	21.0	14.5	7.3	157.835	123.900	71400	2550	21.3	46.7	1560	183	3.16
63a	630	176	13.0	22.0	15.0	7.5	154.658	121.407	93900	2980	24.5	54.2	1700	193	3.31
63b	630	178	15.0	22.0	15.0	7.5	167.258	131.298	98100	3160	24.2	53.5	1812	204	3.29
63c	630	180	17.0	22.0	15.0	7.5	179.858	141.189	102000	3300	23.8	52.9	1920	214	3.27

注：截面图和表中标注的圆弧半径 r、r_1 值的数据用于孔型设计，不做交货条件。

中英文对照

滑移线 slip lines

J

集度 density

畸变能密度 distortional strain energy density

几何相容条件 geometrically compatibility
     condition

基本静定系统 primary statically determinate
     system

挤压 bearing

挤压力 bearing force

挤压应力 bearing stress

极限应力 ultimate stress

极惯性矩 polar moment of inertia

剪力 shearing force

剪力方程 equation of shear force

剪力图 shear force diagram

剪切 shear

剪切胡克定律 Hooke's law in shear

剪切面 shear surface

简支梁 simply supported beam

交变应力 alternating stress

截面尺寸设计 allowable dimension design

截面法 section method

截面核心 core of section

静定问题 statically determinate problem

静载荷 static load

静矩 static moment

局部变形阶段 stage of local deformation

均匀性假设 homogenization assumption

K

卡氏定理 Castigliano's theorem

抗拉（压）刚度 tensile or compressive
     rigidity

抗弯刚度 flexural rigidity

抗弯截面系数 bending factor of section

抗扭刚度 torsional rigidity

抗扭截面系数 torsional factor of section

可动铰支座 roller

块体 body

L

拉压杆 axially loaded bar

力学性能 mechanical properties

连续性假设 continuity assumption

连续性条件 continuity condition

梁 beam

临界压力 critical compressive force

临界应力 critical stress

临界应力总图 total diagram of critical
     stress

M

脉动循环 pulse cycle

名义屈服极限 nominal yield limit

莫尔定理 Mohr's theorem

N

挠度 deflection

挠曲线 deflection curve

内力 internal force

内力分量 components of internal forces

能量法 energy method

扭转 torsion

扭矩 torsional moment, torque

扭矩图 torque diagram

扭转刚度 torsional rigidity

O

欧拉公式 Euler's formula

P

疲劳极限 fatigue limit

疲劳破坏 fatigue failure

疲劳寿命 fatigue life

偏心距 eccentricity

偏心拉伸 eccentric tension

偏心压缩 eccentric compression

平均应力 mean stress

平面假设 plane assumption

平面弯曲 plane bending

平面应力状态 state of plane stress

平行移轴公式 paralled axis formula

Q

强度 strength

强度极限 ultimate strength

强度失效 strength failure

强度设计准则 criterion for strength design

强度校核 strength verification

强化阶段 hardening stage

壳 shell

翘曲 warping

切应力 shearing stress

切应变 shearing strain

切应力互等定理 theorem of conjugate shearing stress

切变模量 shear modulus

屈服 yield

屈服阶段 yielding stage

屈服极限 yield limit

屈服强度 yield strength

曲杆 curved bar

曲率 curvature

R

柔度 slenderness

S

三向应力状态 state of triaxial stress

上屈服极限 upper yield strength

失效 failure

圣维南原理 Saint-Venant principle

塑性变形 plastic deformation

塑性材料 ductile materials

T

弹性变形 elastic deformation

弹性阶段 elastic stage

弹性极限 elastic limit

弹性模量 elastic modulus

弹性应变能 elastic strain energy

体积应变 volume strain

体积改变能密度 strain energy density of volume change

体积弹性模量 modulus of volume elasticity

W

外伸梁 overhang beam

弯曲 bending

弯矩 bending moment

弯矩方程 equation of bending moment

弯矩图 bending moment diagram

弯曲中心 bending center

温度应力 temperature stress

稳定性 stability

稳定安全因数 safe factor of stability

X

细长压杆 slender column

下屈服极限 lower yield strength

线应变 line strain

相对扭转角 relative torsion angle

相当系统 equivalent system

小柔度杆 stocky column

小变形条件 condition of small deformation

形状改变能密度 distortional strain energy density

形状改变能密度强度理论 distortional strain energy density theory

形心轴 centroidal axis

形心主惯性矩 centroidal principal moment of inertia

形心主惯性轴 centroidal principal axis of inertia

许用载荷设计 allowable load design

许用应力 allowable stress

悬臂梁 cantilever beam

Y

杨氏模量 Young's modulus

一次矩 first-order moment

应力状态 state of stress

应力　stress

应力比　stress ratio

应力幅　stress amplitude

应力循环　stress cycle

应力状态　state of stress

应力-应变曲线　stress-strain curve

应力集中　stress concentration

应力集中系数　stress concentration factor

应变能密度　strain energy density

应变硬化　strain hardening

约束扭转　constrained torsion

约束条件　constraint condition

Z

载荷　load

正应力　normal stress

中性层　neutral surface

中性轴　ncutral axis

中柔度杆　intermediate column

轴向拉伸　axial tension

轴向压缩　axial compression

轴力　axial force

轴力图　axial force diagram

轴　shaft

主惯性矩　principal moment of inertia

主惯性轴　principal axis of inertia

主方向　principal direction

主平面　principal plane

主应力　principal stress

主应变　principal strain

转角　slope rotation angle

装配应力　assemble stress

自由扭转　free torsion

组合变形　combined deformation